Algorithmik für Einsteiger

Armin P. Barth

Algorithmik für Einsteiger

Für Studierende, Lehrer und Schüler in den
Fächern Mathematik und Informatik

2., überarbeitete Auflage

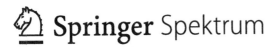 Springer Spektrum

Armin P. Barth
Kantonsschule Baden
Baden, Schweiz
armin.barth@bluewin.ch

ISBN 978-3-658-02281-5   ISBN 978-3-658-02282-2 (eBook)
DOI 10.1007/978-3-658-02282-2

Die Deutsche Nationalbibliothek verzeichnet diese Publikation in der Deutschen Nationalbibliografie; detaillierte bibliografische Daten sind im Internet über http://dnb.d-nb.de abrufbar.

Springer Spektrum
© Springer Fachmedien Wiesbaden 2013

Lektorat: Ulrike Schmickler-Hirzebruch | Barbara Gerlach

Gedruckt auf säurefreiem und chlorfrei gebleichtem Papier.

Springer Spektrum ist eine Marke von Springer DE. Springer DE ist Teil der Fachverlagsgruppe Springer Science+Business Media
www.springer-spektrum.de

Vorwort

Im März 2013 erschien das Buch „informatik@gymnasium", verfasst von zwei emeritierten Professoren für Informatik und einem emeritierten Professor für Mathematik[1]. Darin wird gut begründet, weshalb Informatik unbedingt ein Schulfach sein sollte, und es wird auch detailliert beschrieben, wie Unterricht in diesem Fach aussehen könnte: Im Zentrum, so wird vorgeschlagen, sollten Algorithmen stehen, also exakte Beschreibungen eines Rechenablaufs, und Programme, Information und Daten. Die Schülerinnen und Schüler sollten kleine Programme schreiben, zum Beispiel, um eine Liste zu sortieren. Sie sollten für einfache Probleme selbständig Algorithmen entwickeln, entscheiden, welche Daten nötig sind, dann die Algorithmen in eine Programmiersprache übersetzen und auf einem Computer zum Laufen bringen. – Diese Ratschläge sind für mich als Autor ein Glücksfall, denn was hier vorgeschlagen wird, ist präzise das, was das vorliegende Buch zum Inhalt hat.

Freilich gibt es viele weitere gute Gründe dafür, sich vertieft mit Algorithmen auseinanderzusetzen. Wir sind umgeben von Automaten und Algorithmen und nutzen sie täglich und intensiv: Wir benutzen Smartphones, Computer, Tablets und programmierbare Waschmaschinen. Ist ein Steamer oder ein Auto defekt, so liefert ein Diagnosegerät Hinweise auf die Art des Fehlers. Wir vertrauen auf Roboter, die unseren Rasen mähen, große Lager bewirtschaften, Fahrzeuge herstellen und dem Chirurgen im Operationssaal „zur Hand gehen". Wir verlassen uns auf Algorithmen, die im Internet unsere Kreditkartenangaben verschlüsseln, die Ampeln komplizierter Kreuzungen steuern und uns auf Autofahrten den Weg zum Ziel weisen. Da wir in steigendem Masse von autonom agierenden Maschinen und Programmen umgeben sind, ist es überaus sinnvoll, die Grundlagen dessen zu erlernen, was Geräten zu diesem autonomen Verhalten verhilft; und eben dies sind die Algorithmen.

Zudem entwickeln sich die Anforderungen der Hochschulen in den MINT-Fächern (Mathematik, Informatik, Naturwissenschaft und Technik) so, dass immer häufiger Programmierfähigkeit oder wenigstens ein Grundverständnis der zugrundeliegenden Algorithmen gefragt ist. Und dass gerade Fachleute der MINT-Fächer auf den Arbeitsmärkten der meisten europäischen Länder besonders gesucht sind, ist ein offenes Geheimnis.

---

[1] Kohlas, J., Schmid, J., Zehnder, C.A.: informatik@gymnasium. Verlag Neue Zürcher Zeitung (2013).

Aus diesen und ähnlichen Gründen habe ich dieses Buch geschrieben, vor allem aber, weil mich die Algorithmik bis zum heutigen Tag fasziniert. Die Frage, wie gewisse Probleme automatisch oder mechanisch gelöst werden können, dank einer anfänglichen glänzenden Idee, aber danach ganz ohne weiteres menschliches Zutun, übt einen starken Reiz auf mich aus. Und gar unwiderstehlich wird dieser Reiz, wenn ich mir vor Augen führe, dass zahlreiche Probleme nicht algorithmisch gelöst werden können, und zwar grundsätzlich nicht, mit keinem Computer dieser Welt, jetzt nicht und in Zukunft nicht – und dass wir das sogar beweisen können. Es wird in diesem Buch also nicht nur darum gehen aufzuzeigen, was Algorithmen sind und wie sie uns und unsere Maschinen befähigen, Probleme zu lösen; es wird immer auch darum gehen einzusehen, dass die Algorithmik eine zwar vortreffliche, aber durchaus auch limitierte Art des Erkenntnisgewinns ist, dass sie prinzipielle Schranken hat, die sie auch mit der bestmöglichen Technik nie wird überwinden können.

Wenn Sie, geneigte Leserinnen und Leser, nun dieses Buch bearbeiten, so möchte ich Ihnen den Rat geben, den folgenden Algorithmus zu benutzen:

Die Voraussetzung ist, dass Sie Zeit haben, denn Algorithmik gehört zur Mathematik, und man kann ein Mathematikbuch nicht so zügig lesen wie einen Roman; vielmehr braucht man Zeit, um Passagen erneut zu lesen, sich Dinge einzuprägen, sich Erklärungen zurechtzulegen, Aufgaben zu lösen, schöne Ideen zu genießen. Als Input bringen Sie am besten Basiskenntnisse in Mathematik mit und natürlich Neugier und ein starkes Interesse an den Möglichkeiten und Grenzen der Informatik. Falls ein Kapitel mathematisch zu anspruchsvoll sein sollte, so geben Sie bitte nicht gleich auf; das nächste Kapitel wird wieder deutlich einfacher sein.

Beginnen Sie ganz vorne und lesen Sie die Buchteile in der Reihenfolge, wie sie hier abgedruckt sind. Die Unterkapitel von Kap. 2 haben untereinander keinen Zusammenhang; dort können Sie also auswählen, welche Teile Sie besonders interessieren, ohne dass dadurch das Verständnis leidet. Erscheint Ihnen eine Passage zu banal, so überspringen Sie sie einfach. Ist eine Passage zu anspruchsvoll, so überspringen Sie sie ebenfalls; ich möchte nicht dafür verantwortlich sein, wenn Sie sich durch endloses Zurückspringen in einer Unendlichschleife verfangen. Arbeiten Sie nie länger, als es Ihnen guttut; der Algorithmus kann also beliebig oft, aber nicht für beliebig lange unterbrochen werden. Ein zu langer Unterbruch führt automatisch zu einem Abbruch.

Für jeden Buchteil gilt: Lesen Sie zuerst den Trailer. Dort erfahren Sie, worum es in diesem Buchteil geht und welches die grundlegenden Fragen sind. Falls Sie nach der Lektüre des Trailers gar keine Lust auf den Buchteil verspüren, gehen Sie zum nächsten Buchteil, falls es noch einen gibt, oder beenden den Algorithmus. Innerhalb eines jeden Buchteils gibt es einiges zu lesen. Dabei werden Sie immer wieder Literaturverweise antreffen. An einer solchen Stelle haben Sie immer die Möglichkeit, ein Unterprogramm aufzurufen, welches darin besteht, die entsprechende Literatur zu konsultieren, um danach wieder an die entsprechende Stelle in diesem Buch zurückzukehren. In fast jedem Buchteil werden Sie auch anregenden Fragen begegnen. Es ist sicher sinnvoll, wenn Sie sich jeweils eine gewisse, endliche Zeit für die Beantwortung dieser Fragen reservieren, denn damit denken Sie sehr viel vertiefter über das Thema nach und verschaffen sich überdies Erfolgserlebnisse. Die zentralen Aussagen und Definitionen sind stets besonders markiert, so dass Sie sie bei Bedarf ganz schnell finden können, ohne einen aufwändigen Suchalgorithmus starten zu müssen. Am Ende jedes Kapitels finden Sie gemischte Aufgaben. Je nach Belieben und Bedürfnis können Sie einige davon oder alle lösen. Bei Unsicherheiten finden Sie die Lösungen der meisten Aufgaben am Ende dieses Buches. Wenn Sie am Ende des letzten Buchteils angekommen sind, bricht der Algorithmus ab.

Nun wünsche ich Ihnen spannende, lehrreiche und aufschlussreiche Einblicke in die Algorithmik.

Armin P. Barth

Inhaltsverzeichnis

Was ist ein Algorithmus? – Eine erste Antwort

1

> Es gibt Dinge, die für das Leben der Menschen von ungeheurer Wichtigkeit sind und dennoch kaum je von einem menschlichen Auge wahrgenommen werden: Sauerstoff und Stickstoff, Neuronen und Synapsen, DNA und Blutkörperchen, Magnetismus und Gravitation und vieles mehr. Die Algorithmen gehören unbedingt auch in diese Liste. Jeder und jede von uns konsumiert täglich Algorithmen und verlässt sich auf sie. Das Leben der heutigen Menschen würde sich drastisch verändern, wenn man von heute auf morgen alle Algorithmen abschaffen würde (und könnte). Sie arbeiten von den meisten Menschen unbemerkt zu Tausenden in Maschinen und Geräten aller Art, in Automaten, Rechnern, Computern und auf Computerchips. Und dass sie von Auge meist nicht wahrgenommen werden, ist wohl der Grund dafür, dass viele Menschen nicht einmal wissen, was Algorithmen sind.
>
> Das Ziel dieses Kapitels ist darum ein mehrfaches: Wir geben eine erste Antwort auf die Frage, was ein Algorithmus ist, liefern zahlreiche Beispiele, rollen kurz die Geschichte der Algorithmik auf und geben einen Einblick in den gewaltigen Entwicklungsschub, den die Algorithmen nahmen, nachdem sie lernten, sich in Computern zu entfalten.

1.1 Hartgekochte Eier, ein moderner Automat und ein alter Grieche

Algorithmen sind automatisierbare Verfahren, die nach genau definierten Schritten ablaufen und dabei ein bestimmtes Ziel erreichen. Dass damit noch lange nicht alles Wichtige gesagt ist, zeigt schon die folgende Anekdote, die der österreichische Computerpionier Heinz Zemanek erzählte (Zemanek 1983):

Eine Delegation der IBM war in einem einfachen Hotel in Stockholm untergekommen, um von dort ein Symposium zum Thema „Man and Society – Automated Information Processing" zu besuchen. Ein paar Mitglieder der Delegation wünschten zum Frühstück ein

A. P. Barth, *Algorithmik für Einsteiger*, DOI 10.1007/978-3-658-02282-2_1, © Springer Fachmedien Wiesbaden 2013

Abb. 1.1 In der Waschstraße

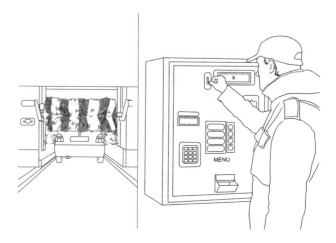

3-Minuten-Ei, erhielten aber ausnahmslos hartgekochte Eier. Nach mehreren enttäuschen-
den Erlebnissen dieser Art bat ein Mitglied der Delegation den Koch zu sich, machte ihn
auf den Missstand aufmerksam und schlug vor, er möge die Eier doch bitte nach folgendem
Algorithmus kochen:

Algorithmus *3-Minuten-Ei*

```
1. Setze eine Pfanne mit Wasser auf den Herd und warte, bis das
   Wasser kocht.
2. Lege die Eier in die Pfanne.
3. Nimm die Eier nach genau 3 Minuten aus der Pfanne und serviere
   sie.
End
```

Der Koch versprach, den Algorithmus streng zu befolgen, verschwand in die Küche und
kehrte kurze Zeit später mit dem Resultat seiner Bemühungen zurück: mit hartgekochten
Eiern. Bei den folgenden Untersuchungen musste die Delegation feststellen, dass das Hotel
aus unerfindlichen Gründen jeden Morgen eine große Packung hartgekochter Eier geliefert
bekam. Ganz offensichtlich darf ein Algorithmus also niemals die Voraussetzungen außer
Acht lassen, unter denen er laufen soll.

Der Mensch benutzt im Alltag häufig Algorithmen, ohne sich dessen bewusst zu sein.
Angenommen, wir haben uns dazu entschlossen, unser Auto in einer Waschstraße waschen
zu lassen. Wir stehen nun vor dem Automaten, an dem wir das Menü eingeben und für den
Dienst bezahlen können und benutzen den folgenden Algorithmus (Abb. 1.1):

Algorithmus *Waschstraße*
1. Wähle das Menü aus.
2. Warte, bis der zu bezahlenden Betrag B angezeigt wird.
3. Falls Abbruch erwünscht, drücke die Rücksetz-Taste und beginne wieder bei Schritt 1.
4. Wiederhole nun
       Einwurf einer Münze
       bis für die Summe S der Münzwerte gilt: $S \geq B$.
5. Drücke die Start-Taste.
6. Falls $S > B$ ist, entnehme das Wechselgeld.
End

Dieses Beispiel macht deutlich, dass wir uns alltäglicher Algorithmen selten bewusst sind und dass sie auch kaum je in der für die Mathematik oder Informatik nötigen Präzision vorliegen. Im Alltag fließt so viel Umweltwissen mit ein, dass es schwierig oder gar unmöglich ist, die Schritte des Algorithmus so zu formulieren, dass alle möglichen Missverständnisse und Zweideutigkeiten vermieden werden. Zum Beispiel ist uns allen klar, dass wir nur Münzen der in unserem Land gängigen Währung einwerfen dürfen, und wir wissen auch genau, wo wir diese Münzen einzuwerfen haben. Wir wissen ferner, dass wir die Rücksetz-Taste auch dann noch benützen können, wenn wir mit dem Münzeinwurf schon begonnen haben. Und dass wir die Start-Taste nicht eine Stunde lang drücken, sondern nur ganz kurz, bis der Automat auf irgendeine Weise eine Bestätigung anzeigt, und so weiter. All das und mehr wird in unserem Algorithmus aber unterschlagen, und das ist in diesem Fall auch nicht weiter bedauerlich. Sobald wir aber anstreben, einen Algorithmus zu automatisieren, seine Abwicklung also einer Maschine anzuvertrauen, müssen wir uns bewusst sein, dass wirklich die gesamte für die Ausführung nötige Information unmissverständlich und unzweideutig ausformuliert ist.

Das dritte Beispiel soll genau diesem Anliegen Rechnung tragen. Angenommen, wir möchten die Quadratwurzel der Zahl 2 bestimmen, haben aber lediglich einen ganz einfachen Taschenrechner dabei, der bloß die vier Grundoperationen beherrscht. Das Problem ist, dass die Quadratwurzel von 2 *irrational* ist; sie lässt sich also nicht als Bruch mit ganzzahligem Zähler und Nenner darstellen, eine Entdeckung, die wahrscheinlich auf den Pythagoras-Schüler Hippasos zurückgeht (siehe auch Barth 2012). Wenn man sie in einer Dezimalbruchentwicklung darstellt, so weist diese nach dem Komma unendlich viel Stellen und keine Periode auf. In einem gewissen Sinn ist es also gar nicht möglich, die Wurzel von 2 zu bestimmen, dann nämlich, wenn wir ein exaktes Resultat erwarten. Wir können bestenfalls eine Approximation herstellen, die freilich so gut ist, dass sie unseren praktischen Bedürfnissen gerecht wird.

Wie können wir das allein mit den vier Grundoperationen schaffen? Wir suchen also diejenige positive Zahl x, für die $x^2 = 2$ gilt. Nach Division durch x erhalten wir

$$x = \frac{2}{x} \, .$$

Würde in dieser Gleichung anstelle der Zahl 2 die Zahl 9 stehen, so wäre es ein leichtes, den richtigen Wert für x zu erraten; dann wäre natürlich $x = 3$. Da wir nun aber die Wurzel von 2 suchen und diese Wurzel irrational ist, ist es unmöglich, dass wir den Wert für x richtig erraten; wir werden immer entweder zu tief oder zu hoch raten. Genauer: Welchen Wert wir für x in obiger Gleichung auch immer vorschlagen, er wird stets entweder kleiner als die Wurzel von 2 sein oder grösser. Gleichwohl führt uns gerade dieser Mangel auf eine interessante Idee: Wenn wir mit x zu tief greifen, also eine Zahl wählen, die kleiner als die Wurzel von 2 ist, dann greifen wir mit $2/x$ zu hoch, und wenn unser x die gesuchte Wurzel zu hoch schätzt, dann schätzt $2/x$ sie zu tief, weil das Produkt beider Terme 2 ergibt. Es ist also verführerisch zu denken, dass, was auch immer unsere erste Schätzung für x sein mag, wir in der Regel eine bessere Approximation erreichen, wenn wir den Mittelwert zwischen x und $2/x$ wählen. Formal ausgedrückt heißt das, dass wir nach jeder Schätzung x_n immer sofort zur wahrscheinlich besseren Schätzung

$$x_{n+1} = \frac{1}{2}\left(x_n + \frac{2}{x_n}\right)$$

übergehen. Beginnen wir zum Beispiel mit der sehr groben Schätzung $x_0 = 1$, so liefert diese Rekursionsformel für $n = 0,1,2,...$ der Reihe nach die Werte

$$x_0 = 1$$
$$x_1 = 1.5$$
$$x_2 = 1.416666...$$
$$x_3 = 1.41421568627...$$
$$x_4 = 1.41421356237...$$
$$x_5 = 1.41421356237...$$

und hierfür sind in der Tat lediglich die vier Grundoperationen nötig. Dies zeigt sehr deutlich, dass zwar kein Wert der obigen Folge die gesuchte Wurzel exakt angibt, dass die Folge aber sehr schnell (mit quadratischer Geschwindigkeit) gegen die Wurzel von 2 konvergiert. Wir haben also einen Algorithmus, der das Problem, die Quadratwurzel von 2 zu finden, effizient löst; er geht auf einen alten Griechen zurück, nämlich auf Heron von Alexandria, der das Verfahren im ersten Buch seines Werkes *Metrica* beschrieb.

Algorithmus *Heron für Wurzel von 2*
```
1. Wähle eine erste Näherung x₀.
2. Wiederhole:
      Berechne x_{n+1} = ½(x_n + 2/x_n) für n = 0,1,2,...
      bis |2 - x²_{n+1}| < 0.000000001.
3. Schreibe: „Die Wurzel von 2 ist" x_{n+1}.
End
```

Während bei diesem Algorithmus die Schritte 2 und 3 klar und unzweideutig sind, ist der erste Schritt noch vage. Wie genau soll denn diese erste Näherung zustande kommen? Wir können diesen Mangel leicht beseitigen, indem wir den ersten Schritt entfernen und dem Algorithmus vor seinem Start den Startwert von außen übergeben. Wir sagen dann im konkreten Fall einfach, der Algorithmus möge mit dem Wert $x_0 = 1$ starten oder mit irgendeinem anderen. Und natürlich können wir den Algorithmus auch dadurch noch verbessern, dass wir ihn nicht nur zur Berechnung der Wurzel aus 2 konzipieren, sondern zur Berechnung der Wurzel irgendeiner positiven Zahl a. Damit nimmt er folgende Gestalt an:

Algorithmus *Heron* (a, x_0)
```
1. Wiederhole
      Berechne x_{n+1} = 1/2 (x_n + a/x_n) für n = 0,1,2,...
      bis |a - x²_{n+1}| < 0.000000001.
2. Schreibe: „Die Wurzel von a ist" x_{n+1}.
End
```

Die Klammer hinter dem Algorithmus-Namen bedeutet nun gerade, dass die zu radizierende Zahl sowie der Startwert von außen übergeben werden; der Algorithmus kennt diese Werte also schon, wenn er seine Arbeit aufnimmt. Mit dieser Fassung sind wir nun recht nah an einer Version, die von einer Maschine verstanden werden kann.

An dieser Stelle soll darauf hingewiesen werden, dass Algorithmen natürlich nicht der einzige Weg zur Lösungsfindung sind. Auf die Bitte, die Gleichung $x^2 = 2$ zu lösen, könnte durchaus auch jemand mit folgenden Überlegungen reagieren: Betrachten wir einmal den Graphen der Funktion $x \mapsto x^2 - 2$ (Abb. 1.2).

An der Stelle $x = 1$ ist der Funktionswert negativ, an der Stelle $x = 2$ ist er positiv. Da die Funktion zudem stetig ist, muss die Kurve irgendwo zwischen den beiden erwähnten Stellen die Abszisse schneiden. Folglich muss eine Zahl x existieren, für die $x^2 - 2 = 0$ gilt; das ist die Quadratwurzel von 2.

Eine solche dialektische Argumentation ist überaus reizvoll, denn sie erzeugt Verständnis und fördert die Einsicht in den behaupteten Sachverhalt. Sie liefert allerdings keine Resultate, mit denen sich praktische Berechnungen durchführen ließen. Gleichwohl sind viele mathematische Beweisführungen dialektischer Natur. Am bekanntesten ist wohl der *Fundamentalsatz von Gauß*, wonach jedes nicht-konstante Polynom eine (wenn auch vielleicht komplexe) Nullstelle besitzt. Der Satz und sein Beweis sind von umwerfender Schönheit, aber sie garantieren eben nur die Existenz einer solchen Nullstelle, bieten aber keine Möglichkeit, diese Nullstelle konstruktiv zu ermitteln. In diesem Fall lässt sich dieser Mangel, wenn es denn einer ist, auch nicht beheben. Algorithmen zur Auffindung einer solchen Nullstelle gibt es nämlich nur für Polynome vom Grad 1, 2, 3 oder 4, nicht aber für Polynome höheren Grades, wie Abel und Galois in ganz jungen Jahren gezeigt haben. Dieses Beispiel macht deutlich, dass es keine Selbstverständlichkeit ist, dass zu einer Problemstellung ein Algorithmus gefunden werden kann, der sie löst. Manchmal bleibt der Wunsch nach einem Algorithmus aufgrund von praktischen, aber auch aufgrund von prinzipiellen Schranken, über die wir später noch sehr viel mehr sagen werden, unerfüllbar.

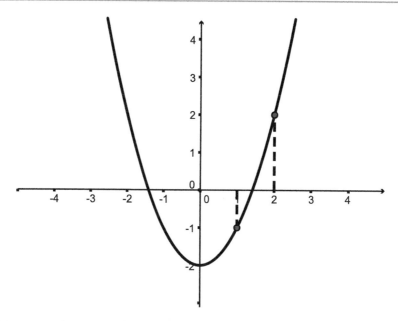

Abb. 1.2 Um 2 nach unten verschobene Normalparabel

1.2 Algorithmen, soweit das Auge reicht

Ist der Blick für Algorithmen einmal geschärft, findet man unzählige und zwar in den unterschiedlichsten Bereichen. Im Alltag befolgen wir einen strengen Algorithmus, wenn wir etwa im Online-Banking eine Zahlung erfassen, aber auch, wenn wir einen Lift benützen, ein Auto starten, mit viel Mühe eine Gebrauchsanweisung anwenden, wenn Piloten vor dem Start die Checkliste abarbeiten, wenn Techniker ein Kraftwerk herunterfahren oder neu aufstarten. Im weitesten Sinne sind auch Kochrezepte Algorithmen, wobei sie es aber notgedrungen an der Präzision mangeln lassen; wer weiß schon ganz genau, was eine „Prise" ist oder wie lange man rühren muss, bis das Prädikat „schaumig" erfüllt ist? Präziser sind da beispielsweise die Algorithmen, die man in Strickanleitungen findet, auch wenn folgendem Algorithmus das Abbruchkriterium fehlt:

Algorithmus *Strickanleitung*
```
1. Beginne mit der ersten Reihe.
2. Stricke immer abwechselnd 2 Maschen rechts und 2 Maschen links,
   bis die Reihe beendet ist.
3. Stricke in der nächsten Reihe immer abwechselnd 2 Maschen links,
   dann 2 Maschen links abheben, bis die Reihe beendet ist.
4. Gehe bei der nächsten Reihe wieder zu Schritt 2.
```
End

In der Mathematik sind Algorithmen unverzichtbar. Der Euklidische Algorithmus berechnet den größten gemeinsamen Teiler zweier Zahlen. Der Heron-Algorithmus approximiert Wurzelwerte. Der Gauß-Algorithmus löst lineare Gleichungssysteme. Der Algorithmus von Newton-Raphson berechnet Nullstellen. Wieder andere Algorithmen plotten Kurven, ermöglichen Simulationen, berechnen Funktionswerte, lösen Gleichungen oder verschlüsseln und entschlüsseln Daten.

Seit über einem halben Jahrhundert bedienen sich auch die angewandten Wissenschaften in steigendem Masse der Algorithmen. Sie arbeiten in der Bildverarbeitung und entdecken und korrigieren Fehler bei der Wiedergabe von CDs und DVDs. Sie berechnen Aktienkurse und tätigen in Sekundenbruchteilen Investitionen. Sie steuern Handynetzwerke und regulieren Flusskraftwerke. Wer in Google nach einem Begriff fragt, erhält als Antwort eine Liste von Webseiten, deren Reihenfolge durch den Page-Rank-Algorithmus bestimmt wird und je nach Nationalität und Standort anders ausfällt. Wer Auto fährt und zur Zielfindung das GPS benützt, lässt einen Algorithmus für sich arbeiten. Und Roboter sind geradezu gierig nach Algorithmen, denn sie brauchen sie, um die Bewegungen des Chirurgen auf ihr Skalpell zu übertragen oder um sich in natürlichem Umfeld autonom fortbewegen zu können. Ohne Algorithmen würde die Welt, so wie wir sie heute kennen, zusammenbrechen. Douglas R. Hofstadter (siehe Hofstadter 1986) ist sogar der Meinung, dass

…das Denken in all seinen Aspekten als eine Beschreibung hoher Stufe eines Systems verstanden werden kann, das auf einer tieferen Stufe von einfachen, sogar formalen Regeln beherrscht wird.

Neuerdings findet man Algorithmen in Bereichen, in denen man sie nicht erwarten würde. Vier Studenten der Northwestern University in Illinois haben einen Algorithmus namens Stats Monkey entwickelt, der automatisch Sportnachrichten erzeugen kann, indem er online verfügbare Informationen über Spielort, Spieler und Spielverlauf sowie vorgefertigte Textbausteine zu einem publizierbaren Artikel zusammenschustert (siehe Bunz 2012; Carr 2009). Das liest sich dann etwa so:

BOSTON – Things looked bleak for the Angels when they trailed by two runs in the ninth inning, but Los Angeles recovered thanks to a key single from Vladimir Guerrero to pull out a 7–6 victory over the Boston Red Sox at Fenway Park on Sunday.

In der Musik gibt es Algorithmen, die den Komponisten unterstützen, indem sie automatisch Basslinien einfügen oder Stücke gleich selber komponieren. Der Algorithmus AARON nützt künstliche Intelligenz, um ständig neue Gemälde als Bildschirmschoner auf den Computerbildschirm zu zaubern. Und der Algorithmus Cybernetic Poet von Raymond Kurzweil verfasst selbständig Gedichte wie zum Beispiel dieses:

You broke my soul
    the juice of eternity,
    the spirit of my lips.

1.3   Versuch einer Definition

Alles bisher Gesagte gibt uns eine noch wacklige Vorstellung davon, was ein Algorithmus ist. Es ist in der Tat auch gar nicht so einfach, eine präzise Definition anzugeben, die mathematischen Standards genügt. Später werden wir einsehen, dass eine präzise Definition des Algorithmusbegriffs zwingend notwendig und überaus lehrreich und fruchtbar ist; im Augenblick aber reicht es völlig aus, wenn wir unsere wacklige Vorstellung ein wenig präzisieren, ohne gleich allzu viel Aufwand für Details aufzuwenden.

Wir haben schon festgehalten, dass wir unter Algorithmen automatisierbare Verfahren verstehen, die nach genau definierten Schritten ablaufen und dabei ein bestimmtes Ziel erreichen. Meist arbeiten Algorithmen aufgrund von gewissen Eingabeinformationen; man denke nur an den Heron-Algorithmus. Darum kann man auch sagen, dass ein Algorithmus ein automatisierbares Verfahren ist, welches gegebene Eingabeinformationen aufgrund eines Systems von Anweisungen, Befehlen, Rechenschritten und so weiter in Ausgabeinformationen umformt. Einige ähnliche Formulierungen sollen dieses Bild abrunden:

> Bei der Lösung des Problems [mit einem Algorithmus] wird eine Regel angewendet, deren Vorschrift so klar ist, dass jedermann zu jeder Zeit dieses Problem auf die gleiche Art und Weise löst (aus Krämer 1988).
>
> Informally speaking, an algorithm is a collection of simple instructions for carrying out some task. Commonplace in everyday life, algorithms sometimes are called *procedures* or *recipes* (aus Sipser 1997).
>
> Algorithms are general step-by-step procedures for solving problems (aus Garey und Johnson 1979).

Eine erste nötige Präzisierung lässt sich erreichen, wenn wir festhalten, welche Bedingungen wir an die Anweisungen oder Berechnungsschritte stellen und welcher Art diese überhaupt sein sollen. Darum beschreiben wir die charakteristischen Eigenschaften eines Algorithmus nun etwas detaillierter:

▶   Ein *Algorithmus* ist ein automatisierbares Verfahren, welches einen Input zu einem Output verarbeitet. Diese Verarbeitung geschieht

1. in endlich vielen Schritten, von denen jeder in endlicher Zeit zu einem Abschluss kommt, (Forderung nach Endlichkeit) und
2. so, dass jeder Schritt aus einer präzisen, unmissverständlichen und unzweideutig formulierten Anweisung besteht. (Forderung nach Determiniertheit)

Als Anweisungen kommen in Frage:

• einfache Sequenz-Anweisungen der Form

Tue dies: ....

- Verzweigungen der Form

> Falls *Bedingung* tue dies: [..........]
> (sonst tue das: [........................])

- Schleifen der Form

> Für $i = 1, 2, 3, ..., n$ tue dies:
> [........................]

oder

> Wiederhole dies:
> [........................]
> bis *Bedingung* eintritt.

oder

> Solange *Bedingung* gilt, wiederhole dies:
> [........................]

Einiges davon muss erläutert werden: Wenn wir Determiniertheit verlangen, so ausdrücklich nur in dem Sinn, dass unmissverständlich klar sein muss, was ein Schritt zu leisten hat; der Output des Schrittes braucht deswegen aber nicht determiniert zu sein. Beispielsweise wollen wir auch einen Schritt zulassen, bei dem ein Zufallsgenerator eine 1 oder eine 0 liefert und der Algorithmus dann entsprechend und unterschiedlich reagiert. Wir fordern zudem ausdrücklich, dass ein Algorithmus terminiert. Wir werden uns aber dennoch an einigen Stellen die Ungenauigkeit leisten, einen nicht-terminierenden Vorgang Algorithmus zu nennen; es wird dann aber immer darum gehen, seine praktische Wertlosigkeit festzustellen. Unter einer Sequenz verstehen wir eine Abfolge von Schritten der einfachsten Form, die ganz ohne Verzweigungen und Schleifen auskommt. Anstelle von Schleife sagen wir auch Wiederholungsanweisung oder Loop.

Falls uns dabei Computerprogramme in den Sinn kommen, ist das sehr erwünscht. In der Tat könnte man auch sagen, ein Algorithmus sei eine endliche Folge von Anweisungen, die in ein nicht-abstürzendes und in endlicher Zeit terminierendes Computerprogramm umgearbeitet werden können. Bei den meisten Programmiersprachen kommen ja auch tatsächlich die oben erwähnten Typen von Anweisungen vor: Sequenz, Verzweigung und Schleife. Es ist also möglich und sogar günstig, bei einem Algorithmus immer an ein Computerprogramm zu denken, welches ein vorgegebenes Problem löst oder eine formalisierte Frage beantwortet.

1.4   Von der Antike bis zu Zuse – Eine kurze Geschichte der Algorithmik

Eine kurze Geschichte der Algorithmik kann die wichtigsten Stationen bloß streifen und muss Vieles weglassen. Zudem ist gar nicht klar, wo man anfangen soll, was also schon ein Algorithmus ist und was gerade noch nicht. Klar ist, dass mit der Erschaffung der ersten Rechenmaschinen und Computer die Algorithmen enorm an Bedeutung zulegten. Wo aber findet man Algorithmen vor etwa 1950? Die folgende Zusammenstellung durchkämmt die drei Jahrtausende vor der Entwicklung der Computer mit einem ganz groben Kamm.

In den Jahren 1927–1931 wurde bei Ausgrabungen in der Nähe des oberen Tigris eine hohle Tonkugel gefunden, in deren Inneren sich 48 tönerne Steine befanden. Gemäß einer Interpretation des Assyrologen Leo Oppenheim (siehe Oppenheim 1959) sollen die Steine einer archaischen Form der Buchführung gedient haben: Die wirtschaftlichen Bestände seien durch die entsprechende Anzahl Steine repräsentiert worden, so dass Änderungen an den Beständen durch entsprechende Änderungen an den Steinen rein mechanisch vollzogen werden konnten. Archäologen legten später die Vermutung nahe, dass solche mechanischen Buchführungssysteme ab etwa dem 9. vorchristlichen Jahrtausend im ganzen mesopotamischen Raum verbreitet gewesen seien. (Siehe auch Krämer 1988) In einem sehr weiten Sinne handelte es sich dabei also um ein algorithmisches Umformen von Zeichen eines Symbolsystems.

Die Anfänge der Mathematik, die in den antiken menschlichen Hochkulturen entwickelt worden waren, waren in einem gewissen Sinne algorithmisch, jedenfalls eher algorithmisch als dialektisch, eher rezeptartig als beweisend. Das trifft auf die altägyptische Mathematik, die uns im *Papyrus Rhind* und im *Moskauer Papyrus* erhalten ist, ebenso zu wie auf die Mathematik im mesopotamischen Kulturbereich. Im letzteren wurde übrigens mit dem Sexagesimalsystem das erste Stellenwertsystem (allerdings noch ohne die Null) der Geschichte eingeführt, eine zentrale Voraussetzung für effiziente Rechenverfahren.

Auf etwa 1100 v. Chr. lassen sich die ersten Abakus-Rechengeräte datieren. *Abakus* ist die allgemeine Bezeichnung für Geräte, die durch Verschiebungen von Kugeln, Steinen oder Perlen in Schlitzen oder auf Stäbchen Rechenoperationen vereinfachen können. Beispiele sind das chinesische Suan-pan, der japanische Soroban, der russische Stschjoty oder unser Zählrahmen. Eine Rechenoperation, etwa eine Multiplikation, wird auf dem Abakus in immer derselben Weise durch Abarbeitung von endlich vielen deterministischen Schritten geleistet, so dass also bei gleichem Input jeder Mensch zu jedem Zeitpunkt zum gleichen Ergebnis gelangen muss – eine zentrale Voraussetzung für Algorithmen. Noch heute wird der Abakus in vielen östlichen Ländern benutzt und ist dort verbreiteter als die modernen elektronischen Rechengeräte (Abb. 1.3).

Die Mathematik der griechischen Klassik, obwohl vorwiegend beweisend, steuerte zahlreiche überaus interessante und wertvolle Algorithmen bei. Den ersten nicht-trivialen Algorithmus, der diesen Namen uneingeschränkt verdient, findet man bei Euklid; er lässt sich auf ein Paar von natürlichen Zahlen anwenden und berechnet dann schrittweise den größten gemeinsamen Teiler dieser beiden Zahlen. Wir werden ihn in Abschn. 2.3 ausführlich

Abb. 1.3 Abakus-Geräte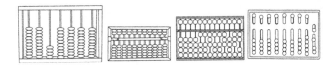

besprechen. Daneben ist natürlich auch das Verfahren von Archimedes zur approximativen Bestimmung der Kreiszahl Pi ein Algorithmus: Beginnend mit je einem dem Kreis einbeschriebenen und umschriebenen Sechseck wird die Eckenzahl der Polygone schrittweise verdoppelt, und jedes Mal werden die Umfänge und Flächeninhalte berechnet, so dass das Verhältnis von Umfang zu Durchmesser beziehungsweise das Verhältnis von Flächeninhalt zum Quadrat des Radius immer genauer bestimmt werden kann.

Zum Nachdenken!

Wie könnte wohl ein Algorithmus aussehen, der eine beliebige natürliche Zahl als Input akzeptiert und dann automatisch entscheidet, ob diese Zahl prim ist oder nicht? Welche Schritte müssen dazu ausgeführt werden? Und sind diese Schritte wirklich alle streng determiniert?

Testen Sie Ihren Algorithmus mit den Zahlen 1, 2, 3, 10, 31, 2809, 57.330. Wie reagiert er jeweils? Bemühen Sie sich dabei, nichts hinzuzudenken, was nicht im Algorithmus steht.

Was würden Sie als einzelnen Schritt Ihres Algorithmus interpretieren? Wie viele und welche Schritte müssen folglich mindestens ausgeführt werden, damit der Entscheid des Algorithmus bei jeder beliebigen Zahl ganz sicher korrekt ist? Sie könnten diese Schrittzahl zum Beispiel abhängig von der Größe der Inputzahl ausdrücken. Wenn der Computer, auf dem der Algorithmus läuft, pro Sekunde eine Milliarde Operationen ausführen kann, wie lange dauert dann der Primtest bei einer 4-stelligen Zahl? Und bei einer 50-stelligen?

Was würde sich ändern, wenn Sie die Schrittzahl abhängig von der *Länge* der Inputzahl, also von ihrer Anzahl Ziffern, ausdrücken würden?

Sie haben vor sich einen Bogen Papier, auf dem die ersten 1000 natürlichen Zahlen der Reihe nach notiert sind. Sie beginnen bei 2 und streichen alle Vielfachen von 2 (außer 2 selbst) weg. Dann gehen Sie zu 3 und streichen alle Vielfachen von 3 (außer 3 selbst) weg. Dann gehen Sie immer zur nächsten noch nicht gestrichenen Zahl und streichen alle Vielfachen der Zahl (außer die Zahl selbst) weg. Wann genau wird dieser Algorithmus terminieren? Und was wird er bis dahin geleistet haben?

Auch das bekannte Siebverfahren von Eratosthenes zur Erzeugung von Primzahlen ist ein Algorithmus im besten Sinne des Wortes:

Abb. 1.4 Herons Tempeltüröffner

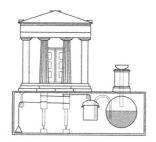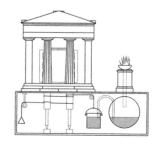

Algorithmus *Sieb des Eratosthenes* (n)

1. Notiere alle natürlichen Zahlen von 2 bis n.
2. Setze $p = 2$ (also gleich der ersten Zahl in der Liste).
3. Wiederhole
   Streiche alle Vielfachen von p, genauer:
   Streiche die Zahlen $p \cdot 2$, $p \cdot 3$, ..., $p \cdot i$, ... (solange
   $p \cdot i \leq n$) aus der Liste.
   Setze dann p gleich der nächsthöheren noch nicht
   gestrichenen Zahl.
   bis zum ersten Mal $p > \lfloor \sqrt{n} \rfloor$ ist. (Diese Klammer rundet auf die
   nächstkleinere ganze Zahl ab.)
4. Die nicht gestrichenen Zahlen sind nun alle Primzahlen aus der
   Menge $\{1, 2, 3, ..., n\}$.
End

Eratosthenes löscht also zuerst alle geraden Zahlen außer 2, die ja eine Primzahl ist, danach alle Vielfachen von 3 außer 3 selbst, danach alle Vielfachen von 5 außer 5 selbst, und so weiter, und natürlich reicht es, diese Prozedur so lange auszuführen, bis die Wurzel der höchsten Zahl der Liste erreicht ist. Oberhalb dieser Wurzel ging nun bestimmt keine zusammengesetzte Zahl vergessen, weil eine solche ganz sicher mindestens einen Faktor haben muss, der kleiner oder gleich der erwähnten Wurzel ist.

Wendet man das Verfahren auf die ersten 120 natürlichen Zahlen an, so werden zuerst alle Vielfachen von 2, dann alle Vielfachen von 3, dann alle Vielfachen von 5 und zuletzt alle Vielfachen von 7 gestrichen, und übrig bleiben die Primzahlen
2, 3, 5, 7, 11, 13, 17, 19, 23, 29, 31, 37, 41, 43, 47, 53, 59, 61, 67, 71, 73, 79, 83, 89, 97, 101, 103, 107, 109 und 113.

Um 60 n. Chr. schuf der griechische Mathematiker Heron, dessen Algorithmus zur approximativen Berechnung einer Quadratwurzel wir schon kennengelernt haben, einen automatischen Tempeltüröffner (Abb. 1.4). Ein komplizierter Algorithmus öffnete dem Tempelbesucher die Pforten, sobald dieser in einer Schale Feuer entfachte. Das Feuer zehrte nämlich den Sauerstoff in einer halb mit Wasser gefüllten Hohlkugel auf, wodurch ein Unterdruck entstand und Wasser aus einem zweiten Behälter nachfließen konnte. Da dieses zweite Gefäß nun aber leichter wurde, vermochte es ein Gewicht nicht mehr zu halten, welches sich nun senkte und dadurch die Türe aufzog.

Die Mathematik Chinas in der Zeit des frühen Mittelalters war schon teilweise algorithmisch. Die Rezepte, die zur Anwendung gelangten, waren in präzisen unzweideutigen Schritten abgefasst, so dass jeder, der das Rezept auf denselben Input anwendete, nicht nur zum gleichen Resultat gelangte, sondern überdies dieselben Rechenschritte anwendete. Im ersten uns tradierten mathematischen Werk Chinas, der „Mathematik in neun Büchern", findet man in Buch VIII den Algorithmus „fang-cheng", der in der Lage ist, ein lineares Gleichungssystem in ebenso vielen Gleichungen und Unbekannten aufzulösen (siehe etwa Juschkewitsch 1966). Die Umformungsschritte entsprechen in etwa einer schrittweisen Elimination der Variablen. Freilich wird der Algorithmus in diesem Werk weder allgemein noch in einer formalisierten Sprache ausgedrückt sondern deskriptiv und exemplarisch. Man kann vermuten, dass eine weitgehende Algorithmisierung der Mathematik deswegen gerade in China ihren Anfang nahm, weil die Chinesen dank dem Abakus bereits die arithmetischen Operationen vollständig mechanisiert hatten und deswegen wohl eher auf die Idee kommen mussten, das bewährte Mittel auch auf algebraische Operationen anzuwenden.

Den Indern verdanken wir sehr viel. Sie waren nachweislich die ersten, die das dezimale Stellenwertsystem einführten und zwar einschließlich eines Symbols für die Zahl Null. (vgl. etwa Bose et al. 1971) Im 8. Jahrhundert drang die Kunde von der überaus nützlichen Erfindung gegen Westen, wo sie, bei den Arabern, auf fruchtbaren Boden fiel.

Um 800 n. Chr. entstand in Bagdad das „Haus der Weisheit", ein antiken Akademien nachgebildetes kulturelles und wissenschaftliches Zentrum. Damals befand sich das erst 200 Jahre alte arabisch-islamische Reich in seiner Blütezeit und machte sich daran, das antike Wissen verschiedener Weltregionen zu absorbieren, zu übersetzen und zu vermehren. So wurden im „Haus der Weisheit" auch unzählige mathematische Werke der Griechen und Inder erforscht. Der arabischen Hochkultur dieser Zeit ist es zu verdanken, dass das antike Wissen – wenn auch mit großer Verspätung – in den europäischen Raum gelangte.

Der aus der Bagdader Schule stammende Abu Abdallah Muhammed ibn Musa al-Chwarizmi al-Magusi, künftig kurz Al-Chwarizmi genannt, verfasste mehrere Mathematikbücher über Arithmetik und Algebra, deren große Bedeutung für die Nachwelt vor allem darin liegt, dass in ihnen das aus Indien stammende dezimale Stellenwertsystem und die darauf beruhenden Rechenoperationen detailliert beschrieben werden. Originale von al-Chwarizmi sind uns keine erhalten geblieben, doch liegt in der Bibliothek von Cambridge eine Handschrift einer lateinischen Übersetzung eines seiner Werke. Sie beginnt mit

Dixit Algoritmi: laudes deo rectori nostro atque defensori dicamus dignas… (Algoritmi hat gesprochen: Wir wollen würdiges Lob aussprechen Gott, dem Rektor und Beschützer …).

Eine andere Handschrift beginnt mit

Incipit liber Algorithmi… (Hier beginnt das Buch des Algorithmus…).

Und von dem um 1240 in Paris unterrichtenden Mönch Alexander de Villa Dei stammen die Hexameter

Hinc incipit algorismus.
Haec algorismus ars praesens dicitur in qua
talibus indorum fruimur bis quinque figuris
0 9 8 7 6 5 4 3 2 1

Das heißt etwa: „Hier beginnt der Algorismus. Diese gegenwärtige Kunst heißt Algorismus, in der wir aus den zweimal fünf Ziffern 0, 9, 8, 7, 6, 5, 4, 3, 2, 1 der Inder Nutzen ziehen." Im Verlaufe der Zeit wurde also der Eigenname al-Chwarizmi latinisiert zu „Algorismus", ging seiner ursprünglichen Bedeutung verlustig und wurde zur Bezeichnung für ein bestimmtes Rechenverfahren, später für automatisierbare Rechenverfahren schlechthin. Wenn wir heute den Begriff Algorithmus verwenden, so müssen wir uns bewusst sein, dass diese Wort gar nichts heißt, sondern letztlich von dem Namen eines wichtigen arabischen Mathematikers abgeleitet ist.

Von der Schule von Toledo (Spanien) aus gingen die hauptsächlichen Impulse zur Rezeption des antiken Wissens in Europa. Vor allem im 12. und 13. Jahrhundert wurden dort unzählige antike wissenschaftliche oder philosophische Schriften, die zuvor aus dem Griechischen ins Arabische übersetzt worden waren oder genuin arabisch waren, in europäische Sprachen übersetzt und so für das christliche Abendland erschlossen. Dabei mussten die Übersetzer und Abschreiber teils sehr erfinderisch sein und neue Wörter erfinden, wo es für gewisse arabische Begriffe in der europäischen Sprache kein Analogon gab. Darum sind viele heute verwendete wissenschaftliche Begriffe (wie etwa „Algebra") arabischen Ursprungs.

Im 15. und 16. Jahrhundert setzte sich auch in Europa das Rechnen mit den indischen Ziffern inklusive Null und dem dezimalen Stellenwertsystem allmählich durch. Voran ging eine Jahrhunderte dauernde Periode, in der sowohl auf dem Abakus wie auch mit den von den Römern übernommenen römischen Ziffern gerechnet wurde. Beides war unpraktisch. Während das römische Rechnen weder die Null noch das Stellenwertsystem kannte und so ein effizientes Rechnen verunmöglichte, benutzten europäische Rechenmeister des Mittelalters den Abakus in denkbar ungeschickter Weise (siehe etwa Juschkewitsch 1966; Weissborn 1888) Von den Mühen dieser Abakisten zeugt das folgende Zitat eines mittelalterlichen Schriftstellers:

… regulae quae a sudantibus abacitis vix intelliguntur (… Regeln, die kaum von den schwitzenden Abakisten verstanden werden können).

Die Kunde von dem neuen Rechnen drang nun langsam nach Europa. Der definitive Entscheid für das indische Rechnen fiel erst im 15. und 16. Jahrhundert, als die europäischen Kaufleute aus praktischen Gründen in immer stärkerem Masse die neuen Rechenverfahren benutzten. Von zahlreichen europäischen Rechenmeistern, die dem neuen Rechnen zum endgültigen Durchbruch verhalfen, sei hier nur Adam Ries (1492–1559) erwähnt, der in Annaberg wirkte und es zu sprichwörtlichem Ruhm brachte („Das ergibt nach Adam Riese …“).

Im 17. Jahrhundert entwickelte John Napier, der Erfinder der Logarithmen, seine Rechenstäbchen, auch *Napier-Knochen* genannt, weil sie oft aus Knochen hergestellt wurden. Sie erlaubten das schnelle Ausführen arithmetischer Operationen. Im selben Jahrhundert entwickelten Wilhelm Schickard und der französische Philosoph und Mathematiker Blaise Pascal die ersten automatischen Rechenmaschinen. Diese aus Walzen und Zahnrädern hergestellten Maschinen waren in der Lage zu addieren und zu subtrahieren. 1675 stellte Gottfried Wilhelm Leibniz seine heute im Deutschen Museum in München aufbewahrte *Replica* vor, die alle vier Grundoperationen mit einem zwölfstelligen Anzeigewert auszuführen vermochte. Bei all diesen Geräten handelte es sich um die ersten nicht mehr von Menschenhand, sondern von einer Maschine ausgeführten Algorithmen.

Im 19. Jahrhundert entwickelte Joseph-Maria Jacquard die erste von gelochten Pappkarten (Lochkarten) gesteuerte Maschine, den Jacquard-Webstuhl. Die damit einhergehende Automatisierung des Textilsektors führte zwangläufig zum Verlust von Arbeitsplätzen und damit schließlich zur Gründung der ersten Gewerkschaften. In Uster (Schweiz) zerstörten 1832 Arbeiter eine neue Fabrik in dem Glauben, damit den technischen Fortschritt aufhalten zu können. Etwa in derselben Zeit hatte der englische Mathematiker Charles Babbage eine revolutionäre Idee: Er dachte sich den ersten Computer aus. Seine *analytical engine* sollte Geräte (Lochkartenleser und Lochkartenstanzer) zur Ein- und Ausgabe von Daten, eine arithmetische Recheneinheit („Mühle“), einen Zahlspeicher und eine Steuereinheit zur Steuerung aller interner Abläufe enthalten. Diese Maschine gilt heute als erster, allerdings nicht einsatzfähiger, Computer der Welt. Babbage hat sie teilweise gebaut, aber nie fertiggestellt, denn die Technik war erst hundert Jahre später reif für diese glänzende Idee.

Der deutsche Ingenieur Konrad Zuse (1910–1995) gilt als einer der Väter des modernen programmierfähigen Computers. Seine in den Jahren 1938–1945 erbauten mechanischen und elektromechanischen Anlagen Z1–Z4 waren die ersten vollautomatischen, programmgesteuerten und frei programmierbaren Rechenanlagen der Welt. Die Z4 stand in den Jahren 1950–1955 im zweiten Stock des Hauptgebäudes der ETH Zürich, und dank dieser auch nachts eifrig ratternden Maschine soll das verschlafene Zürich in dieser Zeit wenigstens ein bescheidenes Nachtleben gehabt haben, wie Zuse in seiner Autobiographie schreibt. Die eine Tonne schwere Z4 wurde hauptsächlich auf dem Gebiet der numerischen Mathematik eingesetzt. So hat sie etwa in hundert Rechenstunden für die BBC Baden (heute ABB) kritische Tourenzahlen mehrlageriger Wellen berechnet oder in 50 Stunden Rechenzeit Hilfsrechnungen für die Bogenstaumauer Zervreila (21 lineare Gleichungen in 21 Unbekannten) ausgeführt. Sie konnte eine kubische Wurzel durch Iteration in 30–60 Sekunden berechnen oder zwei quadratische vierreihige Matrizen in 4,5 Minuten multiplizieren (siehe Bruderer 2012).

Über die Algorithmik nach Zuse werden wir in diesem Buch so viel sagen, dass wir an dieser Stelle darauf verzichten.

1.5   Computer – als die Algorithmen laufen lernten

Im Jahr 1949 war in der Zeitschrift *Popular Mechanics* zu lesen: „Die Computer im Jahr 2000 werden intelligent sein und nicht mehr als 1,5 Tonnen wiegen." Das ist eine krasse Fehleinschätzung, die einerseits zeigt, was für Ungetüme die ersten Computer tatsächlich waren, und andererseits, welche unrealistisch hohen Erwartungen damals an diese Maschinen geknüpft wurden. Computer sind auch heute nicht intelligent. Wenn wir einen beliebigen Menschen in einer Straße aufgreifen, entführen und mit verbundenen Augen an einen ganz anderen Ort dieser Erde verfrachten, dann wird er dort in wenigen Minuten eine mindestens basale Kommunikation aufbauen sowie unzählige sinnvolle Aussagen zu seiner neuen Umgebung machen können, über die Tageszeit, das Wetter, die Jahreszeit, den Geschmack der Luft, die Topologie der Landschaft, das Aussehen und Verhalten der dort ansässigen Menschen und Tiere, über Stil und Zweck der Gebäude, und über vieles mehr. Kein heute real existierender Computer wäre auch nur annähernd dazu in der Lage. Der Grund ist: Computer befolgen Algorithmen, die vorher von Menschen für ganz spezielle Zwecke geschrieben worden sind. Computer denken nicht, sondern gehorchen Befehlen. Und wann immer ihr Verhalten beeindruckend und intelligent erscheint, so liegt es daran, dass die von Menschen entworfenen Algorithmen beeindruckend und intelligent sind.

Das Schachspiel ist hierfür ein gutes Beispiel. In den 1990er-Jahren wurden mehrere Turniere abgehalten zwischen menschlichen Großmeistern und Computerprogrammen, etwa zwischen Garry Kasparow und dem IBM-Supercomputer Deep Blue. Nun sind Großmeister nicht etwa deswegen so gut, weil sie alle möglichen Züge schnell vorausberechnen könnten; darin sind sie Maschinen eindeutig unterlegen. Sie sind vielmehr deswegen so gut, weil sie Erfahrung haben, weil sie über gespeicherte und bewertete Bilder von Tausenden von Spielkonfigurationen verfügen. Seit 2006 aber haben Computer begonnen, regelmäßig Partien gegen Großmeister für sich zu entscheiden. Die Algorithmen sind also raffinierter geworden. Aber natürlich heißt das nicht, dass die Maschinen intelligent sind, sondern nur, dass intelligentere Algorithmen einprogrammiert worden sind. Im Jahr 2010 hat zum ersten Mal ein Schach-Algorithmus, der auf einem Mobile läuft, Großmeisterstatus erreicht (Moore 2012).

Wie immer man Intelligenz verstehen will, Tatsache ist, dass Algorithmen dank Computern laufen lernten – und zwar rasend schnell.

Wie aber muss man sich die Verständigung zwischen Mensch und Computer genau vorstellen? Zunächst: Ein Computer würde jeden Algorithmus, den wir bisher geschrieben haben, nicht verstehen. Damit ein Computer einen Algorithmus verarbeiten kann, muss dieser in einer Sprache verfasst sein, die der Computer versteht. Computer sind in sprachlichen Belangen außerordentlich unflexibel, was jeder bestätigen wird, der schon einmal ein Programm auf Fehler abgesucht und erst nach langer Zeit gemerkt hat, dass er „imput" statt „input" geschrieben oder an entscheidender Stelle ein Komma oder eine Klammer vergessen hat. Die ersten Computer verstanden ausschließlich *Maschinensprache*. Die Maschinen mussten mit Bitsequenzen programmiert werden, also mit Folgen aus Nullen und Einsen, die, wenn sie der Reihe nach abgearbeitet wurden, bewirkten, dass zum Beispiel

der Inhalt einer bestimmten adressierten Speicherzelle an eine andere Adresse verschoben
wurde.

$$\boxed{0001\ 1000\quad 0101\ 1011\ \ldots}$$

Würde man einer solche Maschine zum Beispiel unseren Heron-Algorithmus präsentieren, so wäre das etwa so, als würde man einem menschlichen Organismus, wenn in ihm
eine bestimmte Wirkung erzielt werden soll, anstatt das dafür vorgesehenen Medikament
ein Blatt Papier präsentieren, auf dem die chemische Zusammensetzung des Medikamentes
notiert ist. Es ist die falsche Sprache, der falsche Kommunikationscode. Der Organismus
versteht die Zahlen und Buchstaben nicht, sondern nur die chemischen Moleküle. Aber
natürlich wäre es überaus willkommen, mit Computern in einer anderen, höheren Sprache
als mit reinen Bitsequenzen kommunizieren zu können.

Darum haben Computerpioniere schon bald nach der Konstruktion der ersten Computer sogenannte *Assemblersprachen* entwickelt. Das war kein sehr großer Schritt. Tatsächlich
wurden die einzelnen Maschinenbefehle statt mit Nullen und Einsen, die dem Leser ihre
Bedeutung ja nicht sofort erschließen, nun einfach mit Textbausteinen ausgedrückt, unter
denen man sich etwas vorstellen konnte, die also mnemotechnische Hilfen anboten. Obiger
Maschinenbefehl hätte dann etwa so lauten können:

$$\boxed{LR\ \ REG05\ REG11\ldots}$$

Immerhin machten solche Abkürzungen die Programme sehr viel leichter lesbar. Aber
noch immer waren schon einfachste Programme ellenlang, weil eine ein-eindeutige Beziehung bestand zwischen den Befehlen der Maschinensprache und den Befehlen der Assem-
blersprache. Und natürlich sind Assemblersprachen abhängig von der jeweiligen Hardware, vom jeweiligen Prozessor.

Auch wenn diese Entwicklung nur ein kleiner Schritt war, bestand der springende Punkt
doch darin, dass man überhaupt auf die Idee kam, dass Programme auch auf einer anderen Ebene geschrieben werden können. Denn erst diese glänzende Idee ermöglichte
die Entwicklung von höheren Programmiersprachen zu Beginn der Fünfzigerjahre des
20. Jahrhunderts. Jetzt wurden die Programme sehr viel kürzer, weil viele Maschinenbefehle, die ursprünglich durch zeilenlange Bitsequenzen ausgedrückt werden mussten, zu
einem einzigen Befehl zusammengefasst werden konnten. Der PASCAL-Befehl

$$\boxed{\text{write}(m+n)}$$

zum Beispiel enthält so viel Detailinformation, dass er in Maschinensprache einige Zeilen füllen würde. Die bequemen höheren Programmiersprachen haben allerdings einen
Preis: Nun mussten die Computer mit Übersetzern ausgerüstet werden, welche den in der
höheren Programmiersprache formulierten Algorithmus zuerst in die Maschinensprache
übersetzen, bevor er zur Ausführung gelangen kann. Solche Übersetzer werden *Compiler* oder *Interpreter* genannt. Es besteht ein wesentlicher Unterschied zwischen Compilern
und Interpretern: Während Compiler den ganzen Algorithmus übersetzen und somit ein

vollständiges Maschinenprogramm herstellen, übersetzt ein Interpreter Befehl für Befehl einzeln und bringt jede Anweisung sofort zur Ausführung.

Höhere Programmiersprachen gibt es sehr viele. Im Folgenden sollen nur einige davon aufgezählt und kurz erläutert werden:

- Die Sprache Plankalkül, die Konrad Zuse 1945 entwickelt hat, gilt heute als Vorläufer der höheren Programmiersprachen; sie wurde erst 1972 vollständig veröffentlicht.
- FORTRAN (FORmula TRANslater) wurde 1954 entwickelt und diente vor allem zur Lösung von rechenintensiven technischen und wissenschaftlichen Problemen.
- COBOL (COmmon Business Oriented Language) wurde 1960 eingeführt und fand in den Bereichen Administration, Verwaltung, Rechnungswesen und Buchhaltung außerordentlich große Verbreitung.
- ALGOL (ALGOrithmic Language) wurde um 1960 an der ETH Zürich entwickelt, zeichnet sich durch eine sehr klare und saubere Syntax aus und ist für technischwissenschaftliche Probleme besonders geeignet.
- BASIC (Beginners All-Purpose Symbolic Instruction Code) entstand 1964 am Dartmouth College in Hanover (New Hampshire, USA) als elementare Computersprache für zahlreiche Anwendungen.
- Pascal (benannt nach dem französischen Philosophen und Mathematiker Blaise Pascal) ist eine ebenfalls an der ETH Zürich entwickelte Erweiterung von ALGOL in Richtung einer universell verwendbaren Programmiersprache.
- Die Sprache C wurde vom Informatiker Dennis Ritchie in den frühen 1970er-Jahren an den Bell Laboratories entwickelt.
- C++ ist eine von der ISO genormte Programmiersprache, die ab 1979 bei AT&T als Erweiterung von C entwickelt wurde.
- Die Sprache Ada erschien 1983 und ist benannt nach Ada Lovelace, einer Mitarbeiterin von Charles Babbage, die ihrer schriftlichen Kommentare zur *analytical engine* wegen als erste Programmiererin der Welt gilt.
- Die Sprache Java erschien 1995 bei Sun Microsystems. Auch ein Java-Programm wird erst von einem Compiler übersetzt, der Bytecode wird dann aber üblicherweise nicht von Hardware, also einem Prozessor, ausgeführt, sondern virtuell durch entsprechende Software auf der Zielplattform. Das macht die Sprache architekturneutral und portabel.
- Python (in Anlehnung an die englische Komikertruppe Monty Python) wurde Anfang der 1990er-Jahre von Guido van Rossum am *Centrum Wiskunde & Informatica* in Amsterdam entwickelt und zeichnet sich durch eine sehr übersichtliche und reduzierte Syntax aus.

Heute existieren sehr viele höhere Programmiersprachen, sowohl solche für universelle Nutzung als auch domänenspezifische Sprachen, die für ganz spezielle Anwendungszwecke entwickelt worden sind (etwa zur Gleissteuerung von Zugstrecken). Die Unterschiede sind enorm. Zur Illustration betrachten wir einmal denjenigen Algorithmus, der zu einer natürlichen Zahl *n* deren Fakultät berechnet. Je nach Programmiersprache nimmt er eine ganz andere Gestalt an. In der Programmiersprache Pascal sieht er so aus:

```
Function Fak(n:integer):integer;
Begin
    If n=0 then fak:=1
    Else Fak:=n*Fak(n-1)
End;
```

In der Sprache LISP dagegen so:

```
Deffun Fak (n Erg)
    (Setq Erg 1)
    (Loop
        ((Zerop n) Erg)
        (Setq Erg (* n Erg))
        (Setq n (- n 1))    )  )
```

Und in der Sprache Python so:

```
Def fak(x):
    if x > 1:
        return x * fak(x - 1)
    else:
        return 1
```

Das Erlebnis, ein lauffähiges Programm geschrieben zu haben, kann unvergesslich sein. Es ist eine Art Schöpfungsakt, und es kann sich ein ungeheures Hochgefühl einstellen, weil man einer Maschine erfolgreich seinen Willen aufgezwungen hat, weil sie nun sklavisch befolgt, was man ihr aufgetragen hat. Diesem Hochgefühl vorangehen können aber Stunden des Grübelns und des verzweifelten Fehlersuchens. Ich erinnere mich gut an frustrierende und kraftzehrende Gefechte mit dem Computer und an Kommilitonen um mich herum, denen es ähnlich erging, und dann sprang plötzlich einer auf, schrie aus voller Kehle und stürmte aus dem Raum, weil er den Fehler in seinem Programm nicht finden konnte, und jeder von uns anderen dachte still: Mein Gott, es hätte auch mir passieren können.

Gute Programmiererinnen und Programmierer sind heute sehr gefragt. Im Jahr 2004 ließ die Firma Google in Cambridge, Massachusetts, und im Silicon Valley riesige Plakate aufhängen, die nur den folgenden Text enthielten:

$$\left\{ \begin{array}{l} \text{first 10-digit prime found} \\ \text{in consecutive digits of e} \end{array} \right\} \text{.com}$$

Nur wer sich angesprochen fühlte, sich hinsetzte und einen Algorithmus programmierte, der die Nachkommastellen der Eulerschen Zahl *e* systematisch absuchte, fand schließlich, ab der Stelle 101, die Ziffernfolge 7.427.466.391, die tatsächlich prim ist. Er oder sie konnte dann also http://7427466391.com eingeben und stieß dort auf eine noch anspruchsvollere Programmieraufgabe. Und erst diejenigen, die auch noch diese zweite Aufgabe meisterten, wurden von Google aufgefordert, eine Stellenbewerbung einzureichen (siehe auch Hesse 2011). Mit dieser raffinierten Vorgehensweise sorgte Google dafür, dass wirklich nur eine Bewerbung einreichte, wer über exzeptionelle Programmierkenntnisse verfügt.

Dennoch kann es nicht Ziel dieses Buches sein, eine höhere Programmiersprache im Detail zu erlernen; das würde ja auch den Rest des Buches in Anspruch nehmen. Uns geht es vielmehr um die Algorithmen, die ja allen Programmen, in welcher Sprache sie auch immer geschrieben sein mögen, zugrunde liegen. Wer programmiert, schreibt einen Algorithmus und sollte sich folglich zunächst in Algorithmik gut auskennen. Unsere Fragen lauten daher: Wie entwickelt man einen Algorithmus? Und dann vor allem: Was genau ist ein Algorithmus? Was können Algorithmen und wozu sind sie aus praktischen oder prinzipiellen Gründen nicht in der Lage? Mit einem Nachdenken über die erste Frage schließen wir Kap. 1 ab:

Zum Nachdenken!

Wie könnte ein Algorithmus aussehen, der folgendes Spiel „spielt"? Eine beliebige natürliche Zahl größer als 1 wird als Input akzeptiert. Falls die Zahl gerade ist, wird sie halbiert. Ist sie aber ungerade, so wird sie verdreifacht, und zum Resultat dieser Multiplikation wird noch die Zahl 1 addiert. In jedem dieser beiden Fälle erhält man eine neue Zahl. Und mit dieser Zahl verfährt man dann nach demselben Prinzip. Dieses Spiel nennt man *Collatz-Spiel*; es geht auf den deutschen Mathematiker Lothar Collatz zurück, der es 1937 vorgestellt haben soll.

Ist das überhaupt ein Algorithmus? Was spricht dafür, was dagegen? Wie genau reagiert der Algorithmus, wenn man ihm die Zahl 128, 7, 6, 19 präsentiert?

Wie könnte man sicherstellen, dass der Algorithmus terminiert? Und kann man das überhaupt?

Angenommen, jemand bittet uns, das *Collatz-Spiel* algorithmisch zu bearbeiten; insbesondere sollen wir zu beliebigen Startzahlen die Pfadlänge in Erfahrung bringen. Der Weg von dieser Problemstellung bis zum fertigen Programm könnte dann etwa die folgenden Stationen beinhalten: Problemanalyse → Flussdiagramm → Pseudocode → Programmcode.

Bei der Problemanalyse versuchen wir, ganz präzise zu verstehen, welches Problem überhaupt vorliegt, was die Eingaben sind, welche Ausgabe verlangt ist, mit welchen Schritten man dorthin gelangt, und so weiter. Das Collatz-Problem ist bis zum heutigen Tag ungelöst, was unsere Hoffnungen etwas dämpfen könnte. Aber wir sollen das Problem ja auch nicht lösen, sondern nur Pfadlängen algorithmisch in Erfahrung bringen. Beim Collatz-Problem beginnt man immer mit einer natürlichen Zahl $n > 1$. Das ist also die Eingabe für unseren Algorithmus. Falls die Zahl gerade ist, wird sie halbiert, falls sie aber ungerade ist, wird sie mit 3 multipliziert, und das Resultat dieser Multiplikation wird noch um 1 vergrößert. Wir prägen uns also ein:

- Falls Zahl gerade: halbieren
- Falls Zahl ungerade: mit 3 multiplizieren und anschließend 1 addieren

Auf diese Weise erhalten wir eine neue Zahl, und mit dieser neuen Zahl sollen wir dann nach denselben Regeln fortfahren. Beginnen wir also zum Beispiel mit $n = 6$, so erhalten wir der Reihe nach die Zahlen 6, 3, 10, 5, 16, 8, 4, 2, 1, 4, 2, 1, 4, 2, 1, … Erstaunlich! Wir gelangen zu 4 und sind ab dann in dem Zyklus 4, 2, 1 gefangen. Probieren wir als zweite Zahl $n = 19$: Diesmal erhalten wir der Reihe nach die Zahlen 19, 58, 29, 88, 44, 22, 11, 34, 17, 52, 26, 13, 40, 20, 10, 5, 16, 8, 4, 2, 1, 4, 2, 1, 4, 2, 1, … Auch diesmal erreichen wir den Zyklus 4, 2, 1.

Collatz hat vermutet, dass man immer im Zyklus 4, 2, 1 landet, unabhängig davon, mit welcher natürlichen Zahl ungleich 0 man auch immer startet. Bewiesen ist das aber bis heute nicht; allerdings hat auch noch nie jemand ein Gegenbeispiel gefunden. Wir sollten es uns also nicht zur Aufgabe machen, ein Gegenbeispiel aufzuspüren, sondern uns die eingangs gestellte Frage präzise vor Augen führen: Können wir bei Eingabe einer natürlichen Zahl $n > 1$ algorithmisch die Pfadlänge bestimmen? Unter der Pfadlänge versteht man die Anzahl Schritte, die nötig sind, um zum ersten Mal die Zahl 1 zu erreichen. Bei $n = 6$ waren 8 Schritte nötig (die Zahl 6 nicht mitgezählt), um zur ersten 1 zu gelangen. Bei $n = 19$ waren es 20 Schritte. Unser Programm soll also bei Input 6 den Output 8 und bei Input 19 den Output 20 und bei einer beliebigen natürlichen Zahl die Anzahl Schritte liefern, die nötig sind, um die erste 1 zu erreichen. Bei jedem Zwischenschritt soll getestet werden, ob die Zahl gerade oder ungerade ist; im ersten Fall soll eine Halbierung und im zweiten Fall eine Verdreifachung und anschließend noch eine Erhöhung um 1 stattfinden.

Der Aufbau des Algorithmus kann uns noch viel klarer werden, wenn wir ihn als Fluss-diagramm darstellen: *Flussdiagramme* oder *Ablaufdiagramme* sind schematische Darstellungen von Programmabläufen, und sie sind gemäß DIN 66001 genormt. Für unsere Problemstellung sieht das so aus (Abb. 1.5).

Dabei bedeuten abgerundete Felder stets den Start oder eine Stoppanweisung, Parallelogramme dienen der Ein- und Ausgabe, Rechtecke sind Operationen und Rauten sind Verzweigungen. Wir erkennen darin sehr deutlich die Abfolge (Sequenz) der einzelnen Anweisungen und die Verzweigungen, und durch die Pfeilführung sehen wir auch Schleifen – also gerade die für einen Algorithmus so typischen Bausteine. Hat man sich den Ablauf auf diese Weise zurechtgelegt, kann man dazu übergehen, den Pseudocode zu entwickeln. Dabei handelt es sich um einen Programmcode, der noch nicht in der für die maschinelle Verarbeitung nötigen höheren Programmiersprache vorliegt, dieser aber sehr ähnlich ist in dem Sinne, dass alle Anweisungen und Strukturelemente gut verständlich und in der richtigen Reihenfolge angegeben werden. Das hat den Vorteil, dass man sich noch nicht mit den syntaktischen Details der Programmiersprache abmühen muss und den Algorithmus unabhängig von der zugrunde liegenden Technologie präzise und kompakt erfassen und analysieren kann. Der letzte Schritt, die Übersetzung in den Programmcode, ist dann ein relativ kleiner Schritt, setzt aber voraus, dass man mit der gerade verwendeten Program-

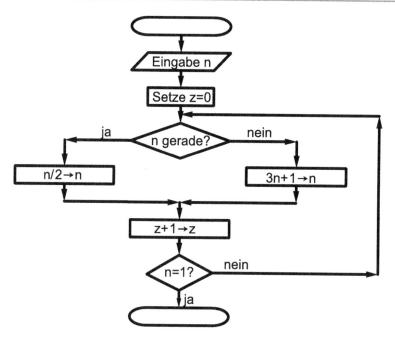

Abb. 1.5 Flussdiagramm zu Collatz-Problem

miersprache bestens vertraut ist. Der Pseudocode für unser Collatz-Problem sieht etwa so aus:

Algorithmus *Collatz*

```
Var n, z         //Integer-Variablen für Input und Zähler
   Input n       //Eingabe einer natürlichen Zahl > 1
   0 → z         //Der Zähler wird zu Beginn auf den Wert 0 gesetzt.
   Repeat
      If n gerade then
               n/2 → n     //Die Zahl wird halbiert
      Else     3n + 1 → n  //Multiplikation mit 3 und Addition von 1
      z + 1 → z            //Der Wert des Zählers wird um 1 erhöht
   Until n = 1
   Print z                 //Ausgabe der Pfadlänge
End
```

Wir deklarieren also bereits alle verwendeten Variablen. Alles, was dem Zeichen // folgt, gilt als Kommentar, welcher den Code lesefreundlich machen soll und nur für den Programmierer oder eine Leserin, nicht aber für den Computer, gedacht ist. Der Befehl $0 \rightarrow z$ bedeutet, dass der Variablen namens z der Wert 0 zugewiesen wird. Ab diesem Schritt bis hin zur nächsten Änderung ist unter der Variablen z also der Wert 0 gespeichert. Noch ausbaufähig ist die Anweisung „If n gerade then"; dazu müsste man sich überlegen, wie man genau testen soll, ob eine natürliche Zahl gerade ist oder nicht. Zum Beispiel könnte man diese Zeile ersetzen durch „If mod(n,2) = 0 then", weil ja eine natürliche Zahl genau dann gerade ist, wenn sie nach Division durch 2 den Rest 0 lässt. Der Befehl $n/2 \rightarrow n$ ist so zu verstehen, dass der Wert, der in der Variablen n gespeichert ist, halbiert wird und dass dann dieser neue Wert wiederum in der Variablen n gespeichert wird; der alte Wert von n geht dadurch natürlich verloren. Damit liegt der Algorithmus in einer Form vor, die schon sehr nahe am eigentlichen Programmcode ist, welcher freilich je nach verwendeter Sprache in den Details sehr stark differieren kann.

Genau genommen wissen wir hier aber nicht einmal, ob das überhaupt ein Algorithmus im strengen Sinne des Wortes ist. Wir verwenden zwar ausschlich präzise, unmissverständliche und determinierte Sequenz-, Verzweigungs- und Schleifenanweisungen, aber ob das Verfahren in jedem Fall terminieren wird, ist eben erst klar, wenn die Vermutung von Collatz dereinst bewiesen sein sollte. Die Tatsache, dass bis heute niemand ein Gegenbeispiel gefunden hat, gibt uns immerhin das Vertrauen, dass der Algorithmus immer anhalten wird, wenn auch vielleicht nach langer Zeit. Dennoch bleibt das schale Gefühl zurück, dass wir im Falle eines stunden- oder gar tagelangen Arbeitens des Programms nie genau wissen, ob und gegebenenfalls wann es zu einer Stopp-Anweisung kommen wird. Es zeichnet sich also bereits ab, dass die Frage nach der Laufzeit eines Programms sehr zentral ist, weswegen wir ihr ein ganzes Kapitel (Kap. 3) widmen werden. Zuvor genießen wir aber in Kap. 2 eine ganze Parade von Algorithmen.

1.6 Aufgaben zu diesem Kapitel

1. Welche Zahlen druckt dieser Algorithmus?

Algorithmus *Aufgabe 1*
```
(1) 1 → x
(2) x + 2 → x
(3) Print x
(4) x − 1 → x
(5) If x ≠ 6 then Goto (2)
End
```

2. Ein bestimmter Algorithmus benötigt $n!$ Sekunden, um ein Problem zu lösen, dessen Eingabe Größe n hat. Wie lange müsste dieser Algorithmus arbeiten, wenn ihm ein Problem mit Eingabegröße 12 präsentiert wird?

3. Welchen Wert hat jede der vier Variablen dieses Algorithmus am Ende?

Algorithmus *Aufgabe 3*

```
    3 → a
    2 → b
    1 → c
    a → b
    b → a
    c → d
    a − b → c
    d → b
    a − b → a
Print a,b,c,d
End
```

4. Wie viele Male schreibt der folgende Algorithmus das Wort „Hallo" auf den Bildschirm?

Algorithmus *Hallo 1*

```
    For i = 1 to 20 Step 1 do
        For j = 1 to 31 Step 1 do
            Print „Hallo"
        Endfor
    Endfor
End
```

5. Wie viele Male schreibt der folgende Algorithmus das Wort „Hallo" auf den Bildschirm?

Algorithmus *Hallo 2*

```
    0 → k
    While k < 100 do
        k + 1 → k
        Print „Hallo"
    Endwhile
End
```

6. Wie viele Male schreibt der folgende Algorithmus das Wort „Hallo" auf den Bildschirm?

Algorithmus *Hallo 3*

```
    1 → m
    Loop
        Print „Hallo"
        If m = 100 then exit Loop
        Else m + 2 → m
    Endloop
End
```

7.   Was genau leistet der folgende Algorithmus?

Algorithmus *Aufgabe 7*

```
Input „Erste natürliche Zahl = " , a
Input „Zweite natürliche Zahl = " , b
If a < b then
    a → c
    b → a
    c → b
Endif
For t = 1 to b Step 1 do
    If mod(a, t) = 0 and mod(b, t) = 0 then
        t → Merke
    Endif
Endfor
Print Merke
end
```

8.   Schreiben Sie einen Algorithmus in Pseudocode, der nach einer natürlichen Zahl n fragt und dann den Wert der Summe $1 - 2 + 3 - 4 + 5 - 6 + 7 - \ldots \pm n$ berechnet und anzeigt.

9.   Eine *vollkommene* Zahl ist eine natürliche Zahl, die gleich der Summe ihrer Teiler ist, welche kleiner als die Zahl selbst sind. Zum Beispiel ist die Zahl 6 vollkommen, weil sie die Teiler 1, 2 und 3 hat und weil $1 + 2 + 3 = 6$ ist. Schreiben Sie einen Algorithmus in Pseudocode, welcher systematisch nach der einzigen dreistelligen vollkommenen Zahl sucht und diese anzeigt.

10. Schreiben Sie einen Algorithmus in Pseudocode, der nach einer natürlichen Zahl fragt und dann deren Quersumme bestimmt und anzeigt.

11. Schreiben Sie einen Algorithmus in Pseudocode, der nach der Länge einer Kathete und der Länge der Hypotenuse eines rechtwinkligen Dreiecks fragt und dann die fehlende Seitenlänge sowie alle drei Winkelgrößen berechnet und anzeigt – aber nur, falls die Eingaben sinnvoll sind und auch tatsächlich ein Dreieck repräsentieren.

12. Schreiben Sie einen Algorithmus in Pseudocode, der nach den drei Koeffizienten einer quadratischen Gleichung fragt und dann entscheidet, wie viele reelle Lösungen diese Gleichung besitzt und sowohl diese Anzahl als auch die Lösungen selbst anzeigt.

13. Schreiben Sie einen Algorithmus in Pseudocode, der nach fünf Zahlen fragt und danach die größte dieser Zahlen bestimmt und anzeigt.

14. Schreiben Sie einen Algorithmus in Pseudocode, der eine eingelesene Dezimalzahl ins Binärsystem umwandelt.

15. Stellen Sie ein Flussdiagramm auf, welches zu einer natürlichen Inputzahl alle Primfaktoren findet und anzeigt.

16. Die dreidimensionale Version des *Isis-Problems* fragt danach, wie viele Quader mit ganzzahligen Seitenlängen es gibt, bei denen die Maßzahlen für Oberfläche und Volumen gleich sind. Schreiben Sie einen Algorithmus in Pseudocode, der alle Quader mit dieser Eigenschaft findet und anzeigt.

17. Die *Beharrlichkeit* einer mindestens zweistelligen natürlichen Zahl n wird wie folgt
berechnet: Zuerst berechnet man das Produkt aller Ziffern von n und fährt dann mit
dieser neuen Zahl in derselben Weise fort, bis nur noch eine einstellige Zahl vorliegt.
Die Anzahl Schritte, die nötig sind, um eine einstellige Zahl zu erreichen, heißt *Beharrlichkeit* von n. (Beispiel: Ist $n = 77$, so ist das Produkt der Ziffern 49. Von dieser
neuen Zahl berechnen wir abermals das Ziffernprodukt und erhalten 36. Von dieser
neuen Zahl berechnen wir abermals das Ziffernprodukt und erhalten 18. Von dieser
neuen Zahl berechnen wir abermals das Ziffernprodukt und erhalten 8. Da dazu vier
Schritte nötig waren, hat die Zahl 77 die Beharrlichkeit 4.)
Schreiben Sie einen Algorithmus in Pseudocode, der die kleinste Zahl mit Beharrlichkeit 7 findet und anzeigt.
18. Nach dem seit 1583 geltenden Gregorianischen Kalender wird der Wochentag zu einem beliebigen Datum nach folgender Formel berechnet:

$$T = \left(J + \left\lfloor \frac{J-1}{4} \right\rfloor - \left\lfloor \frac{J-1}{100} \right\rfloor + \left\lfloor \frac{J-1}{400} \right\rfloor + D \right) \bmod 7$$

Dabei bezeichnet J das Jahr (vierstellig) und D die Anzahl Tage ab dem 1. Januar des
Jahres bis zum fraglichen Datum. Liefert die Formel $T = 0$, so handelt es sich um einen
Samstag, bei $T = 1$ um einen Sonntag, und so weiter. Schreiben Sie einen Algorithmus
in Pseudocode, der zu einem beliebigen Tag den Wochentag bestimmt. (Hint: Schalt-
jahre sind alle durch 4 teilbaren Jahre mit Ausnahme derjenigen Jahre, die durch 100,
aber nicht durch 400 teilbar sind.)
19. Verallgemeinern Sie den Heron-Algorithmus auf dritte oder gar n-te Wurzeln.

Literatur

Barth, A. P.: Die Rechnung bitte. Orell Füssli, Zürich (2012)

Bose, D. M. et al.: A Concise History of Science in India. New Delhi (1971)

Bruderer, H.: Konrad Zuse und die Schweiz – Wer hat den Computer erfunden? Oldenbourg, München (2012)

Bunz, M.: Die stille Revolution. Wie Algorithmen Wissen, Arbeit, Öffentlichkeit und Politik verändern, ohne dabei viel Lärm zu machen. Suhrkamp, Berlin (2012)

Carr, D.: The Robots Are Coming! Oh, They're Here. The New York Times, October 19 (2009)

Garey, M.R., Johnson, D.S.: Computers and Intractability. A Guide to the Theory of NP-
Completeness. W. H. Freeman and Company, New York (1979)

Hesse, C.: Warum Mathematik glücklich macht. C.H.Beck, München (2011)

Hofstadter, D.R.: Gödel, Escher, Bach, S. 596. Klett-Cotta, Stuttgart (1986)

Juschkewitsch, A.P.: Geschichte der Mathematik im Mittelalter. Pfalz. Basel (1966)

Krämer, S.: Symbolische Maschinen. Die Idee der Formalisierung in geschichtlichem Abriss. Wissenschaftliche Buchgesellschaft, Darmstadt (1988)

Moore, B.: Elefanten im All. Kein&Aber, Zürich (2012)

Oppenheim, A.L.: On an operational device in mesopotamian bureaucracy. Journal of Near Eastern Studies **18**, 121ff (1959)

Sipser, M.: Introduction to the Theory of Computation. PWS Publishing Company, Boston (1997)

Weissborn, H.: Gerbert – Beiträge zur Kenntnis der Mathematik des Mittelalters. Mayer&Müller, Berlin (1888)

Zemanek, H.: Algorithmic Perfection. Annals of the History of Computing **5**(1), 73 (1983)

Algorithmen auf dem Laufsteg

2

Dieses Kapitel ist eine Modeschau. Nacheinander gehen wichtige und lehrreiche Algorithmen über den Laufsteg, präsentieren sich uns, lassen sich ausgiebig mustern und untersuchen. Sie entstammen einer bedeutenden Kollektion. Teils sind sie aus historischen Gründen interessant, teils aus mathematischen, teils auch deshalb, weil sie grundlegende Programmiermethoden wie etwa die rekursive Programmierung, Methoden der Numerik oder Monte-Carlo-Methoden exemplarisch vorzeigen. Teils beziehen sie ihren Reiz zudem aus der Tatsache, dass sie heute in der Praxis von unschätzbarem Wert sind.

2.1 Monte-Carlo-Pi

▶ Wer Monte-Carlo hört, denkt vielleicht an Glücksspiele. Und wenn man an Glücksspiele denkt, dann ist das Konzept des Zufalls nicht weit weg. Nun würde man denken, dass der Zufall bei Algorithmen gerade keine Rolle spielen darf, weil wir ja streng determinierte Schritte verlangen. Interessanterweise kann man aber manchmal besonders effiziente Algorithmen erreichen, wenn man den Zufall als Konstruktionsprinzip zulässt, wenn man *randomisierte* Programme ins Spiel bringt, bei denen Ergebnisse aufgrund von häufig durchgeführten Zufallsversuchen zustande kommen.
Diese Vorgehensweise soll hier einmal anhand eines einfachen Beispiels erläutert werden. Wir können die Kreiszahl Pi approximieren, indem wir wahllos Dartpfeile auf eine Dartscheibe schießen. Wie kann ein gezielter Einsatz eines Zufallsexperimentes dafür sorgen, dass wir eine vernünftige Näherung für Pi erhalten?

Zunächst bauen wir uns eine „Dartscheibe" in Form eines Quadrates mit einbeschriebenem Viertelkreis (Abb. 2.1a).

A. P. Barth, *Algorithmik für Einsteiger*, DOI 10.1007/978-3-658-02282-2_2, © Springer Fachmedien Wiesbaden 2013

Abb. 2.1 Monte-Carlo-Pi

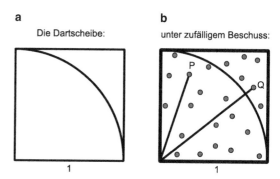

Zum Nachdenken!

Welchen Flächeninhalt hat das abgebildete Quadrat? Welchen Flächeninhalt hat der Viertelkreis? Und durch welchen Term lässt sich folglich das Verhältnis dieser beiden Flächeninhalte ausdrücken?

Wenn Sie 1000 Dartpfeile zufällig (also ohne Bemühen, eine bestimmte Stelle zu treffen) auf die quadratische „Scheibe" schießen und davon 761 innerhalb des Viertelkreises landen und folglich 239 im Rest des Quadrates, wie groß ist dann das obige Flächenverhältnis ungefähr? Weshalb kann aber auf diesem Weg niemals der exakte Wert dieses Verhältnisses gefunden werden?

Wie lässt sich aus dem bisher Gesagten ein Algorithmus ableiten, der die Zahl Pi näherungsweise bestimmt? Und welche Rolle spielt der Zufall in diesem Algorithmus?

Wie könnte ein Flussdiagramm dieses Algorithmus aussehen? Und wie ein Pseudocode-Programm?

Der Einfachheit halber wählen wir Seitenlänge 1. Damit ist auch der Flächeninhalt des Quadrates gleich 1, und der Flächeninhalt des Viertelkreises beträgt gerade $\pi/4$. Wir können also auch sagen, dass das Verhältnis der Flächeninhalte von Viertelkreis zu Quadrat $(\pi/4):1$ ist. Angenommen, wir kennen den Wert von π nicht, dann können wir dieses Verhältnis nicht in Erfahrung bringen. Falls es aber gelingt, das Verhältnis auf anderem Wege zu messen, ohne dass π bekannt sein muss, dann gibt uns das eine Möglichkeit, π zu bestimmen, wenigstens näherungsweise. (Genau genommen kann man den Wert der Kreiszahl ja auch auf keinem anderen Weg exakt bestimmen, da es sich um eine irrationale Zahl handelt, wie Johann Heinrich Lambert 1761 bewiesen hat.)

Und hier kommen die Dartpfeile ins Spiel. Wir schießen einfach ganz viele Pfeile auf die Scheibe und zwar so, dass sie mit Sicherheit im quadratischen Feld landen, dass aber allein der Zufall bestimmt, wo genau sie innerhalb des Quadrates landen. Sind dann beispielsweise von 1000 Pfeilen 761 innerhalb des Viertelkreises gelandet, so können wir sagen, dass das Verhältnis der Flächeninhalte von Viertelkreis zu Quadrat ungefähr gleich $761:1000$ ist. Und da dieses Verhältnis auch gleich $(\pi/4):1$ ist, versetzt uns das in die Lage, einen Schätzwert für π zu ermitteln. Schießen wir allgemein n Pfeile ab und landen k davon im

Viertelkreis, dann ist also

$$(\pi/4) : 1 \approx k : n \Rightarrow \pi \approx 4k/n \,.$$

Zwei Fragen müssen dazu geklärt werden: Wie erreicht man Zufallsschüsse ins Quadrat, und wie entscheidet man, ob der Viertelkreis getroffen worden ist oder nicht? Einen Zufallsschuss auszuführen heißt hier einfach, dass wir, wenn wir uns ein Koordinatensystem denken, dessen Ursprung in der Quadratecke unten links liegt, eine x- und eine y-Koordinate zwischen 0 und 1 zufällig wählen müssen. Dafür stehen Zufallsgeneratoren zur Verfügung, die auf Befehl irgendeine Zahl aus irgendeinem Intervall erzeugen. Im nachfolgenden Algorithmus greifen wir mit dem Befehl *Random*() auf einen solchen Generator zu. Ob nun der Pfeil im Viertelkreis landet oder außerhalb, hängt einfach davon ab, in welcher Distanz der Pfeil vom Ursprung, also von der Ecke unten links, einschlägt. Während der Punkt P in der Abbildung rechts einen Abstand von weniger als 1 vom Ursprung hat und somit im Viertelkreis liegt, hat der Punkt Q einen Abstand grösser als 1 und liegt somit außerhalb. Das Kriterium lautet nach Pythagoras einfach:

$$\text{Punkt } (x, y) \text{ im Viertelkreis } \Leftrightarrow x^2 + y^2 \le 1 \,.$$

Damit sind wir in der Lage, den Algorithmus zu formulieren:

Algorithmus *Monte-Carlo-Pi*

```
Var n, k, i, x, y //Integer-Variablen: n für die Anzahl Schüsse,
            k für Zähler, i als Schleifenzähler;
            Real-Variablen: x, y als Koordinaten
Input „Anzahl Schüsse?", n
0 → k //Der Zähler wird auf 0 gesetzt
For i = 1 to n do
      Random() → x
      Random() → y //Ein beliebiger Punkt im Quadrat wird gewählt
      If x² + y² ≤ 1 then
            k + 1 → k //Falls Punkt im Viertelkreis ist,
                  //Zähler um 1 erhöhen
      Endif
Endfor
Print „Pi ist ungefähr", 4k/n
End
```

Programmiert man diesen Algorithmus nun in einer höheren Programmiersprache und lässt ihn auf einem Computer laufen, so erhält man bei kleinen Zahlen n enttäuschende Resultate. Für große n wird die Approximation der Kreiszahl allerdings immer besser sein.

2.2 Monte-Carlo-Primtest

▸   Wie kann man eigentlich entscheiden, ob eine gegebene natürliche Zahl prim
     ist oder nicht? Eine naive Antwort lautet: Man dividiert die Zahl einfach durch
     alle natürlichen Zahlen von 2 bis hinauf zur Wurzel der Inputzahl, und wenn
     auch nur eine einzige dieser Divisionen ohne Rest aufgeht, dann besitzt die In-
     putzahl einen nicht-trivialen Teiler und ist folglich nicht prim. Wenn aber alle
     Divisionen nicht aufgehen, dann ist die Inputzahl prim. So einfach ist das. Nun
     stellen wir uns aber einmal vor, wir müssten die Zahl n testen und n ist eine
     hundertstellige Zahl. Die Wurzel von n ist dann 50stellig, was bedeutet, dass
     wir im Maximum ungefähr 10^{50} Divisionen durchführen müssen. Nehmen wir
     weiter an, es steht uns ausnahmsweise ein Supercomputer zur Verfügung, der
     10 PFLOPS (Peta Floating-Point Operations Per Second), also etwa 10^{16} Operatio-
     nen pro Sekunde schafft, was heute (2013) überaus optimistisch ist. Dann müsste
     unser Computer 10^{34} Sekunden lang arbeiten. Ist das viel? Und wie! Umgerech-
     net ergibt das eine Zeitspanne, die länger ist als das vermutete Lebensalter des
     Universums.
     Dieses Beispiel macht eindrücklich klar, dass Primtests bereits bei relativ kleinen
     Zahlen unmöglich sind. Außer, wir lassen uns etwas wirklich Cleveres einfallen …

Bevor wir einen raffinierten Primtest untersuchen, stellen wir einige interessante Fakten
über Primzahlen zusammen:

Zunächst: Eine natürliche Zahl heißt *prim*, wenn sie genau zwei Teiler hat, nämlich 1
und sich selber. Mit dieser Formulierung verhindern wir, dass jemand irrtümlich annimmt,
1 wäre eine Primzahl. Auf den ersten Blick ist nicht einmal klar, wie viele Primzahlen es
gibt. Man könnte ja vermuten, dass mit zunehmender Größe der Zahlen die Primzahlen
immer dünner gestreut sind, weil immer mehr potentielle Teiler hinzukommen, so dass die
Primzahlen also einmal „aussterben" und es eine letzte, größte Primzahl geben könnte (siehe Euklid 1980) hat aber in einem verblüffend einfachen Beweis gezeigt, dass es unendlich
viele Primzahlen geben muss.

Gäbe es nämlich eine letzte, größte Primzahl und hieße diese p, so hätte die Zahl

$$z := (2 \cdot 3 \cdot 5 \cdot 7 \cdot 11 \cdot 13 \cdot \ldots \cdot p) + 1$$

widersprüchliche Eigenschaften: Einerseits dürfte z keinesfalls prim sein, weil z ja sehr viel
grösser als p ist und p die letzte Primzahl ist. Und andererseits müsste sie eben doch prim
sein, weil keine Division durch eine der Primzahlen 2, 3, 5, …, p – und das wären ja alle existierenden – aufgeht; jede solche Division lässt nämlich Rest 1. Dieser Widerspruch
macht klar, dass die Annahme, es gäbe nur endliche viele Primzahlen, falsch sein muss.

Es gibt allerdings Abschnitte in der Menge der natürlichen Zahlen, in denen sich keine
einzige Primzahl finden lässt, und diese Abschnitte können sogar beliebig lang sein. Betrachten wir nämlich etwa die 100 aufeinanderfolgenden natürlichen Zahlen

$$101! + 2 \,, \quad 101! + 3 \,, \quad 101! + 4 \,, \quad 101! + 5 \,, \quad \ldots \,, \quad 101! + 101 \,,$$

so hat mit Sicherheit die erste den Teiler 2, die zweite den Teiler 3, die dritte den Teiler 4, und so weiter, und die letzte den Teiler 101. Es handelt sich also um 100 aufeinanderfolgende natürliche Zahlen, die allesamt nicht prim sind. Freilich kann man nicht mit Sicherheit behaupten, dass hier in den natürlichen Zahlen eine primzahlfreie Lücke mit *genau* der Länge 100 klafft, denn es ist damit ja nichts gesagt darüber, ob die der Lücke unmittelbar vorangehenden oder nachfolgenden Zahlen prim sind oder nicht. Mit derselben Idee könnte man eine „primzahlfreie Zone" von mindestens der Länge 1000 oder einer beliebigen anderen Länge erzeugen.

Viele Zahlen der Form $2^p - 1$ (für eine Primzahl p) sind prim, aber durchaus nicht alle. Wenn sie prim sind, dann nennt man sie *Mersenne-Primzahlen*, benannt nach dem französischen Mönch, Priester und Mathematiker Marin Mersenne (1588–1648). Solche Zahlen sind es auch meistens, von denen man in Zeitungen liest, wenn neue Primzahlrekorde verkündet werden. So wurde zum Beispiel die 39stellige Zahl $2^{127} - 1$ im Jahr 1876 als prim erkannt. Heute kennt man Mersenne-Primzahlen, die über 13 Millionen Stellen aufweisen. Interessanterweise hat Mersenne in seiner Einleitung zur *Cogitata Physico-Mathematica* bemerkt, dass für einen Primtest bei Zahlen mit 15 oder 20 Ziffern alle Zeit dieser Welt nicht ausreichen würde, eine Vermutung, die sich als vollkommen falsch herausgestellt hat.

Noch immer gibt es im Zusammenhang mit Primzahlen sehr viele ungelöste Probleme. Zum Beispiel weiß man bis heute nicht, ob es unendlich viele *Primzahlzwillinge* gibt, also Paare der Art $(p, p + 2)$ so dass sowohl p als auch $p + 2$ prim sind. Und der Mathematiker Christian Goldbach stellte 1742 in einem Brief an Leonhard Euler die Frage, ob wohl jede gerade Zahl grösser oder gleich 4 als Summe von zwei Primzahlen geschrieben werden kann, eine Frage, die bis heute einer definitiven Lösung harrt. Im Mai 2013 gingen zwar Berichte um den Globus, wonach der Mathematiker Harald Helfgott von der École normale supérieure in Paris die schwache Goldbach-Vermutung gelöst haben soll, wonach sich jede ungerade Zahl größer als 5 als Summe von 3 Primzahlen schreiben lässt. Die starke Goldbach-Vermutung, wonach jede gerade Zahl größer als 2 als Summe von nur zwei Primzahlen geschrieben werden kann, ist damit freilich noch nicht bewiesen. Im Jahr 2004 bewiesen Ben Green und Terence Tao (Green und Tao 2008), dass es in der Menge aller Primzahlen arithmetische Folgen beliebiger Länge geben muss. Die Primzahlen 5, 11, 17, 23, 29 zum Beispiel bilden eine arithmetische Folge der Länge 5, und sie ist arithmetisch, weil der Abstand aufeinanderfolgender Zahlen konstant, nämlich gleich 6, ist. Green und Tao haben aber nachweisen können, dass es beliebig lange Folgen dieser Art geben muss. Ihr Beweis ist allerdings ein Existenzbeweis, und die längste arithmetische Folge, die man bis heute tatsächlich hat finden können, hat nur Länge 26. Auch da gäbe es also noch viel Neues zu entdecken.

Wenden wir uns nun dem angekündigten Monte-Carlo-Primtest-Algorithmus zu. Er wurde in den 70er-Jahren des 20. Jahrhunderts von Robert Solovay und Volker Strassen (siehe Solovay und Strassen 1977) entwickelt und kam damals einer Sensation gleich, einerseits, weil plötzlich riesige Zahlen in vernünftiger Zeit getestet werden konnten und andererseits, weil es eben ein Monte-Carlo-Algorithmus war, dessen Befund nur mit einer

bestimmten Wahrscheinlichkeit korrekt ist. Ein weiterer wichtiger Aspekt solcher Algorithmen ist also, dass sie *probabilistisch* sind, dass Resultate immer zusammen mit einer
gewissen Irrtums-Wahrscheinlichkeit angegeben werden. Nun könnte man sie deshalb für
wertlos halten, es ist aber so, dass diese Irrtums-Wahrscheinlichkeiten in der Regel beliebig
klein gemacht werden können. Das ist wahrlich verlockend. Wenn man gigantische Zahlen,
die sich vorher jedem klassischen Primtest entzogen haben, nun plötzlich effizient testen
kann, so erscheint eine falsche Diagnose in Millionen von Entscheidungen als durchaus
akzeptables Risiko.

Zum Nachdenken!

Nehmen wir einmal an, jemand zeigt Ihnen einen großen Behälter mit 1000 numme-
rierten Kugeln darin und behauptet, es befänden sich ausschließlich rote Kugeln darin.
Sie können nicht hineinsehen, sondern immer nur eine Kugel aufs Mal herausneh-
men, anschauen und wieder zurücklegen. Wie können Sie die Behauptung überprüfen?
Sie könnten Kugel für Kugel herausziehen, bis alle Nummern vorgekommen sind, und
wenn keine einzige nicht-rote Kugel darunter war, dann ist die Behauptung verifiziert.
Falls Ihnen das aber zu umständlich erscheint, könnten Sie einfach nur Stichproben
nehmen. Sie ziehen zum Beispiel wahllos 100 Kugeln. Wenn eine einzige nicht-rote darunter ist, dann ist die Behauptung schlüssig widerlegt. Sind aber alle gezogenen Kugeln
rot, so können Sie zwar nicht sicher sein, dass die Behauptung zutrifft, aber die Wahrscheinlichkeit dafür wächst mit jeder gezogenen roten Kugel. Warum ist das so?

Angenommen, es befinden sich tatsächlich 25 nicht-rote Kugeln im Behälter, aber
Sie wissen das nicht. Wie groß ist dann die Wahrscheinlichkeit, dass Sie bei einer Zie-
hung keine dieser falschfarbigen erwischen?

Und wie groß wäre bei 100 zufällig gezogenen (und immer wieder zurückgelegten)
Kugeln die Wahrscheinlichkeit dafür, dass Sie kein einziges Mal eine falschfarbige ziehen? Mit ebendieser Wahrscheinlichkeit würden Sie irrtümlich falsch entscheiden und
zum Schluss kommen, dass sich ausschließlich rote Kugeln im Behälter befinden, obwohl das nicht der Fall ist.

Wie müsste wohl – im Grundsatz – ein Algorithmus aussehen, der auf diesem Prinzip beruht und testen soll, ob eine Inputzahl prim ist oder nicht?

Um den angekündigten Algorithmus verstehen zu können, benötigen wir noch einen
Ausflug in die Zahlentheorie:

Angenommen, es ist jetzt 21 Uhr und jemand fragt uns, wie spät es in 7 Stunden sein
wird. Obwohl die Addition von 21 und 7 mathematisch das Ergebnis 28 liefert, käme es
uns nie in den Sinn zu sagen, es sei dann 28 Uhr. Wir bilden ganz automatisch den Rest
nach Division durch 24 und antworten mit „4 Uhr", weil 24 einmal in 28 aufgeht und den
Rest 4 lässt. Diese Art von Mathematik nennt man *Modul-Arithmetik*. Im Zusammenhang
mit Uhrzeiten rechnen wir meist *Modulo* 24 oder *Modulo* 12, aber natürlich könnte man
ebenso Modulo irgendeine beliebige natürliche Zahl rechnen. Prägen wir uns die folgenden
Definitionen ein:

▸ **Definition** Das Symbol $\mathbb{Z}_n$ (lies: „Z n") verwenden wir abkürzend für die Menge $\{0,1,2,3,\ldots,n-1\}$.

Sind $a, b \in \mathbb{Z}_n$, so definieren wir die Moduloperationen so:

- Moduladdition: $a, b \mapsto (a + b) \bmod n$
- Modulmultiplikation: $a, b \mapsto (a \cdot b) \bmod n$.

Dabei ist $x \bmod n$ der Rest, der entsteht, wenn man x durch n dividiert, genauer: die eindeutige natürlich Zahl r mit der Eigenschaft $x = q \cdot n + r$, wobei $q \in \mathbb{Z}$ und $0 \leq r < n$. Ein Resultat einer solchen Moduloperation ist also immer wieder in $\mathbb{Z}_n$.

Wir schreiben auch $a + b = c \pmod{n}$, wenn $(a + b) \bmod n = c$ ist. (Analog für Multiplikation)

Beispielswese ist $5 + 3 = 1$ (in $\mathbb{Z}_7$), weil die „normale" Addition von 5 und 3 eigentlich 8 liefert und der Rest nach Division von 8 durch 7 gleich 1 ist. Und es ist $2 \cdot 11 = 10$ (in $\mathbb{Z}_{12}$), weil die „normale" Multiplikation von 2 und 11 eigentlich 22 liefert und der Rest nach Division durch 12 gleich 10 ist. Wenn wir in $\mathbb{Z}_2$ rechnen, können als Ergebnisse nur die Zahlen 0 und 1 erscheinen. Multiplizieren wir zum Beispiel die Zahlen 13 und 17 in $\mathbb{Z}_2$, so rechnen wir erst „gewöhnlich": $13 \cdot 17 = 221$, bilden dann den Rest nach Division durch 2 und erhalten als Ergebnis 1. Wir hätten aber ebenso gut zuerst die Reste von 13 und 17 Modulo 2 bestimmen – beide sind 1 – und danach diese Reste multiplizieren können; die Reihenfolge ist also einerlei.

Zum Nachdenken!

Das zuletzt behandelte Beispiel legt die Vermutung nahe, dass die folgenden Formeln allgemeingültig sind:

$$(a + b) \bmod n = [(a \bmod n) + (b \bmod n)] \bmod n$$

$$(a \cdot b) \bmod n = [(a \bmod n) \cdot (b \bmod n)] \bmod n.$$

Wie können diese Formeln in Worten ausgedrückt werden? Und wie kann man sie beweisen?

Die beiden eben erarbeiteten Formeln sind zwei von drei Eigenschaften eines sogenannten *Morphismus*. Um das genauer zu verstehen, betrachten wir die Zuordnung

$$\varphi: \mathbb{Z} \to \mathbb{Z}_n$$

$$a \mapsto a \bmod n$$

Diese Zuordnung ist alles andere als injektiv, weil unendlich viele ganze Zahlen denselben Rest Modulo n haben. Sie ist aber sicher surjektiv, weil jede Zahl aus $\mathbb{Z}_n$ Rest von sich selber ist. Und wenn man die oben bewiesenen Formeln mit Hilfe dieser Zuordnung ausdrückt, so erhält man

$$\varphi(a+b) = \varphi(a) + \varphi(b)$$
$$\varphi(a \cdot b) = \varphi(a) \cdot \varphi(b) .$$

Dabei sind die Operationen rechts als Moduloperationen zu verstehen. Eine Zuordnung φ, die diese Eigenschaften aufweist und für die überdies $\varphi(1) = 1$ gilt, heißt Morphismus. Wir haben also eigentlich nachgewiesen, dass die Zuordnung, die einer ganzen Zahl den Rest Modulo n zuordnet, ein Morphismus ist.

▸ **Satz-Definition** Seien A und B beliebige Mengen. (Sie müssen natürlich mit den nötigen Operationen und ausgezeichneten Elementen ausgestattet sein.) Eine Zuordnung $\varphi : A \to B$ heißt *Morphismus*, genau dann wenn $\varphi(1) = 1$ und für alle $a, b \in A$. Folgendes gilt: $\varphi(a+b) = \varphi(a) + \varphi(b)$ und $\varphi(a \cdot b) = \varphi(a) \cdot \varphi(b)$. Die Zuordnung

$$\varphi : \mathbb{Z} \to \mathbb{Z}_n$$
$$a \mapsto a \bmod n$$

ist ein Morphismus.

Da die Modulmultiplikation schon definiert ist, kann man natürlich auch Potenzen bilden. Was ist zum Beispiel die vierte Potenz der Zahl 3 in $\mathbb{Z}_5$? Nun, die „normale" Potenzierung liefert $3^4 = 81$, und nach Division durch 5 erhält man den Rest 1. Es ist also $3^4 = 1$ (in $\mathbb{Z}_5$). Wer einige Potenzen berechnet, erlebt eine interessante Überraschung: Es zeigt sich nämlich, dass das Ergebnis 1 gehäuft vorkommt. Immer dann, wenn der Modul n eine Primzahl ist und wir die Potenz einer Zahl ungleich 0 mit Exponent $n-1$ bilden, erhalten wir das Resultat 1. Hier sind einige Beispiele:

$$\text{In } \mathbb{Z}_3 \text{ ist } 1^2 = 2^2 = 1$$
$$\text{In } \mathbb{Z}_5 \text{ ist } 1^4 = 2^4 = 3^4 = 4^4 = 1$$
$$\text{In } \mathbb{Z}_7 \text{ ist } 1^6 = 2^6 = 3^6 = 4^6 = 5^6 = 6^6 = 1$$
$$\text{In } \mathbb{Z}_{11} \text{ ist } 1^{10} = 2^{10} = 3^{10} = 4^{10} = 5^{10} = 6^{10} = 7^{10} = 8^{10} = 9^{10} = 10^{10} = 1 .$$

Der französische Mathematiker Pierre de Fermat († 1665) hat diese Beobachtung gemacht und verallgemeinert und ihre Richtigkeit bewiesen. Der seither als „*kleiner Fermat*" bekannte Satz wird der Schlüssel zu unserem probabilistischen Primtest-Algorithmus sein. Nur noch der Satz und sein Beweis trennen uns von diesem Algorithmus.

▸ **Satz („kleiner Fermat")**

$$n \text{ prim} \Rightarrow a^{n-1} = 1 (\bmod n) \, \forall \, a \in \mathbb{Z}_n \backslash \{0\} .$$

Beweis Sei also n prim und sei $a \neq 0$ eine beliebige Zahl aus $\mathbb{Z}_n$. Zunächst betrachten wir die Produkte

$$1 \cdot a , \quad 2 \cdot a , \quad 3 \cdot a , \quad \ldots , \quad (n-1) \cdot a \quad (*) ,$$

die wir alle in $\mathbb{Z}_n$ verstehen; alle Produkte werden also mod n berechnet. Es lässt sich leicht einsehen, dass all diese Produkte verschieden sein müssen. Wäre nämlich $i \cdot a = j \cdot a$ mit $i < j$, so hätten diese beiden Produkte denselben Rest Modulo n. Dann wäre aber $(j-i) \cdot a = 0$ in $\mathbb{Z}_n$ das heißt, n müsste ein Teiler sein von $(j-i) \cdot a$. Das kann unmöglich sein, da einerseits a und n teilerfremd sind – n ist ja prim – und andererseits $0 < j - i < n$ ist.

Da also alle Produkte in (*) ungleich Null und verschieden sind und es sich dabei um $n - 1$ Zahlen aus $\mathbb{Z}_n$ handelt, muss es sich bei (*) zwingend um die Zahlen 1, 2, ..., $n - 1$ handeln, wenn auch nicht unbedingt in dieser Reihenfolge. Dann muss aber das Produkt aller Zahlen aus (*) einerseits und das Produkt aller Zahlen 1, 2, ..., $n - 1$ andererseits in $\mathbb{Z}_n$ übereinstimmen:

$$(1 \cdot a) \cdot (2 \cdot a) \cdot (3 \cdot a) \cdot \ldots \cdot ((n-1) \cdot a) = 1 \cdot 2 \cdot 3 \cdot \ldots \cdot (n-1) \text{ in } \mathbb{Z}_n$$

$$\Rightarrow (n-1)! \cdot a^{n-1} = (n-1)! \text{ in } \mathbb{Z}_n$$

$$\Rightarrow (n-1)! \cdot (a^{n-1} - 1) = 0 \text{ in } \mathbb{Z}_n$$

$$\Rightarrow n \text{ ist ein Teiler von } (n-1)! \cdot (a^{n-1} - 1) .$$

Da n als Primzahl unmöglich Teiler von $(n-1)!$ sein kann, bleibt nur die Möglichkeit, dass n ein Teiler von $a^{n-1} - 1$ sein muss. Folglich ist, wie behauptet, $a^{n-1} = 1$ in $\mathbb{Z}_n$. □

Dass es sich bei (*) gerade um die Zahlen 1, 2, ..., $n - 1$ handeln muss, hat noch eine weitere interessante Konsequenz: Die Zahl 1 muss ja dann in (*) zwingend vorhanden sein. Das bedeutet, dass zu jedem $a \neq 0$ ein multiplikatives Inverses existieren muss. Das ist einer der Gründe, weshalb man bei einer Primzahl n oft davon spricht, dass $\mathbb{Z}_n$ die Körper-Eigenschaft besitzt. Mit dem Symbol $\mathbb{Z}_n^{\times}$ bezeichnet man diejenige Teilmenge von $\mathbb{Z}_n$, die gerade aus den multiplikativ invertierbaren Elementen von $\mathbb{Z}_n$ besteht. Und im Falle einer Primzahl n ist somit $\mathbb{Z}_n^{\times} = \{1, 2, \ldots, n - 1\}$.

> **Satz-Definition** Existiert zu einem $a \in \mathbb{Z}_n$ ein $b \in \mathbb{Z}_n$, so dass $a \cdot b = b \cdot a = 1$ Modulo n, so nennt man a eine *Einheit* oder *multipliktiv invertierbar*. Mit $\mathbb{Z}_n^{\times}$ bezeichnet man die Menge aller Einheiten in $\mathbb{Z}_n$.
> Ist n prim, so gilt: $\mathbb{Z}_n^{\times} = \{1, 2, \ldots, n - 1\}$.

Nun steht alles Nötige bereit, um den mehrfach angekündigten Primtest zu erläutern. Angenommen, jemand behauptet, die Zahl n sei prim. Anstatt alle möglichen Divisionen auszuführen, was bei großen Zahlen niemals in vernünftiger Zeit zu realisieren ist, kann man einfach nur eine Stichprobe einiger Zahlen a aus $\mathbb{Z}_n$ wählen und mit jeder dieser Zahlen die Potenz a^{n-1} mod n berechnen. Liefert eine einzige dieser Potenzen nicht das Ergebnis 1, so ist die Behauptung klar widerlegt, denn bei einer Primzahl n müssten ja *alle* solchen Potenzen den Wert 1 haben. Liefern aber alle den Wert 1, so können wir zwar nicht absolut sicher sein, dass n prim ist, die Wahrscheinlichkeit dafür wird aber mit jeder weiteren Instanz erhöht. Das ergibt den folgenden Algorithmus:

Algorithmus *Monte-Carlo-Primtest*

```
Var n, a, k, i  //Integer-Variablen: n für die zu testende Zahl,
                  a für die Zufallszahl aus ℤₙ, k für die Größe
                  der Stichprobe, i für den Schleifenzähler
Input „Zu testende Zahl?", n
Input „Größe der Stichprobe?", k
For i = 1 to k do
        Bestimme eine Zufallszahl a ∈ ℤₙ\{0}
        Berechne a^(n-1) mod n
        If a^(n-1) mod n ≠ 1 then
                Print „Zahl ist sicher nicht prim."
                Goto End
        Endif
Endfor
Print „Zahl ist wahrscheinlich prim."
End
```

Zur Aussage „Zahl ist wahrscheinlich prim" gelangt der Algorithmus also nur dann, wenn in der Schleife sämtliche Tests den Wert 1 liefern. Wir wollen diesen Algorithmus gleich an zwei handlichen Beispielen ausprobieren: Angenommen, jemand behauptet, die Zahl 15 sei prim. Wir stellen uns ahnungslos und wählen die Zufallszahlen 4 und 7 aus $\mathbb{Z}_{15}$. Nun rechnen wir

$$4^{14} \bmod 15 = 1$$
$$7^{14} \bmod 15 = 4 \,.$$

Da der zweite Test ein Ergebnis ungleich 1 liefert, können wir mit Sicherheit verkünden, 15 sei nicht prim. Bei einer Primzahl müsste ja jeder solche Test den Wert 1 liefern. Nun behauptet jemand, 11 sei prim. Wir bestimmen abermals Zufallszahlen, diesmal aus $\mathbb{Z}_{11}$, und führen den Test durch:

$$3^{10} \bmod 11 = 1$$
$$8^{10} \bmod 11 = 1 \,.$$

Diesmal liefern alle Tests den Wert 1. Wenn wir es nicht ohnehin besser wüssten, könnten wir nun also nicht mit absoluter Sicherheit aussagen, 11 sei prim.

Zwei Dinge bleiben noch nachzutragen: Wie groß sind denn typische Irrtums-Wahrscheinlichkeiten dieses Algorithmus? Und wie kann er noch verbessert werden? Wir beginnen mit der zweiten Frage:

Niemand würde mit einer geraden Zahl einen Primtest durchführen. Wir sind also sicher, dass n ungerade und somit $n - 1$ gerade ist. Wir können diese Zahl also in der Form $n - 1 = m \cdot 2^r$ schreiben mit einem ungeraden $m \in \mathbb{N}$ und einem maximalen $r \in \mathbb{N}, r \geq 1$. Die Potenzierung der Zufallszahlen lässt sich dann so schreiben:

$$a^{n-1} \bmod n = \left(\left(\left((a^m)^2 \right)^2 \right)^{\cdots} \right)^2 \bmod n$$

mit $r \geq 1$ Quadraturen. Falls diese Rechnung den Wert 1 liefert, dann muss unmittelbar vor der letzten Quadratur eine Zahl entstanden sein, die im Quadrat 1 ergibt – in $\mathbb{Z}_n$ wohlverstanden. Welche Zahl könnte das sein? Nun, natürlich ist $1^2 = 1$ in $\mathbb{Z}_n$, aber das ist nicht die einzige Möglichkeit. Das Quadrat von $n - 1$ liefert nämlich auch 1, weil

$$(n - 1)^2 \bmod n = (n^2 - 2n + 1) \bmod n = (n \cdot (n - 2) + 1) \bmod n = 1.$$

Falls also der obige Term den Wert 1 liefert, dann kommen als Zwischenresultat unmittelbar vor der letzten Quadratur mindestens die beiden Zahlen 1 und $n - 1$ in Frage. Der Mathematiker Joseph-Louis Lagrange hat beweisen können, dass im Falle einer Primzahl n das Resultat vor der letzten Quadratur bei der Bildung von $a^{n - 1} \bmod n$ zwingend 1 oder $n - 1$ sein muss. Und genau damit können wir unseren Primtest noch etwas robuster gestalten. Falls nämlich für irgendeine Zufallszahl a das Zwischenresultat unmittelbar vor der letzten Quadratur weder 1 noch $n - 1$ ist, dann können wir auch mit Sicherheit verkünden, dass die Inputzahl nicht prim ist. Es könnte ja sein, dass für eine Inputzahl, die nicht prim ist, der Fermat-Test versagt, weil zufällig alle Potenzen $a^{n - 1} \bmod n$ den Wert 1 liefern. Aber dann ist da immer noch der Lagrange-Test: Wenn dann für irgendeine Zufallszahl das Zwischenresultat vor der letzten Quadratur nicht 1 und auch nicht $n - 1$ ist, dann können wir die Inputzahl trotzdem als nicht-prim entlarven.

Wir können unseren Algorithmus also mit zwei Tests ausstatten, dem Fermat-Test und dem Lagrange-Test. Wir haben zwei Netze, in denen eine zusammengesetzte Zahl aufgefangen werden kann. Ist die Inputzahl prim, dann wird der Algorithmus immer richtig entscheiden. Ist sie aber nicht prim, wird das mit hoher Wahrscheinlichkeit entweder im Fermat-Test oder im Lagrange-Test entdeckt, allerdings nicht mit absoluter Sicherheit. Wie groß ist die Irrtums-Wahrscheinlichkeit? Solovay und Strassen haben Folgendes nachweisen können: Bei einer einzigen Zufallszahl beträgt die Wahrscheinlichkeit, dass der Fermat-Test versagt, höchstens 0,5. Ist nämlich die zusammengesetzte Zahl n nicht eine der extrem seltenen *Carmichael-Zahlen* (natürliche Zahlen, die nicht prim sind, für die der Fermat-Test aber bei jeder Zufallszahl a den Wert 1 liefert), so existiert mindestens eine Zahl $a_0 \in \mathbb{Z}_n$, so dass $a_0^{n - 1} \neq 1 \pmod{n}$ ist. Ist dann aber a irgendeine Zahl mit $a^{n - 1} = 1 \pmod{n}$, so ist $(a_0 \cdot a)^{n - 1} \neq 1 \pmod{n}$, das heißt, zu jeder Zahl, die den Fermat-Test erfüllt, lässt sich eine andere Zahl konstruieren, die ihn nicht erfüllt. Daher sind höchstens die Hälfte aller Zahlen Spielverderber. Solovay und Strassen haben weiter zeigen können, dass die Wahrscheinlichkeit dafür, dass beide Tests versagen, weniger als 0,25 beträgt (siehe Solovay und Strassen 1977). Das mag enttäuschend klingen, aber nur schon bei 50 Zufallszahlen wird der Algorithmus sich praktisch nie mehr irren, denn

$$0{,}25^{50} \approx 7{,}9 \cdot 10^{-31}.$$

Ist das nicht verblüffend? Dank der Monte-Carlo-Methode reichen 50 Schleifendurchgänge aus, um jede beliebig große Zahl mit vernünftigem Aufwand so zu testen, dass der Befund mit an Sicherheit grenzender Wahrscheinlichkeit zutreffend ist. Zudem werden vermöge der Modulo-Operationen die Zwischenresultate nie länger als zweimal die Stellenzahl der Inputzahl.

2.3   Der Klassiker: Der Euklidische Algorithmus

▸   Der Euklidische Algorithmus ist der älteste uns bekannte nicht-triviale Algorithmus; mit ihm hat die Algorithmik vor über 2000 Jahren angefangen. Das allein ist schon Grund genug, ihn genauer zu untersuchen. Darüber hinaus liefert er aber auch heute noch wertvolle Dienste für die Mathematik, sei es bei praktischen Alltagsberechnungen, sei es etwa bei Verschlüsselungstechniken. Und er hält einiges an Überraschungen bereit. Zum Beispiel besteht ein interessanter Zusammenhang zwischen dem Euklidischen Algorithmus und den bekannten Fibonnacci-Zahlen.
Wir fragen uns also: Was genau leistet der Euklidische Algorithmus? Wie erreicht er das, und wie kann man sicher sein, dass er wirklich immer das Gewünschte liefert? Und wie genau lässt sich dieser auf den ersten Blick vielleicht mysteriöse Zusammenhang zu den Fibonacci-Zahlen verstehen?

Über den im vierten vorchristlichen Jahrhundert wirkenden Mathematiker Euklid weiß man heute sehr wenig. Etwa 800 Jahre später schrieb sein Kommentator Proklos Diadochus, er, Euklid, habe die *Elemente* geschrieben und dabei vieles von Eudoxos verwendet, vieles von Theaitetos Verwendete zum Abschluss gebracht und durch unanfechtbare Beweise gestützt, was von Früheren nur oberflächlich dargestellt worden sei. Euklid habe um die Zeit des ersten Ptolemaios (eines Generals Alexanders des Großen und späteren Diadochen und Königs von Ägypten) gelebt, und als dieser ihn einmal gefragt habe, ob es nicht einen kürzeren Weg zur Geometrie als die *Elemente* gebe, soll er geantwortet habe, es gebe keinen Königsweg zur Geometrie (Proklus 1945; Coxeter 1981).

Euklid hat offenbar eine Schule in Alexandria geleitet. Seine Leistung beschränkte sich sicher nicht nur auf die reine Kompilation der Arbeiten anderer. Vielmehr hat er versucht, die gesamte damals bekannte Mathematik auf ein sicheres Fundament zu stellen. Und das ist ihm auf überaus beeindruckende Weise geglückt; anders ließe sich die uneingeschränkte Vorherrschaft seines Werkes während zwei Jahrtausenden nicht erklären. Er erreichte dies, indem er ein Fundament von Definitionen und Axiomen schuf und darauf die Sätze dann schrittweise aufbaute und mit strengen Beweisen verankerte. Das heute als Euklidischer Algorithmus bekannte Verfahren findet man in seinen Elementen (Euklid 1980, siebtes Buch, § 2). Der Algorithmus stammt aber wahrscheinlich nicht von Euklid selbst.

Der Euklidische Algorithmus bestimmt zu zwei beliebigen natürlichen Zahlen den größten gemeinsamen Teiler (ggT). Für die beiden Zahlen 6 und 10 zum Beispiel ist der ggT 2, weil 2 sowohl 6 als auch 10 restlos teilt und weil es keine größere natürliche Zahl geben kann, die beide Inputzahlen restlos teilt. Die Zahl 6 hätte zwar noch die größeren Teiler 3 und 6, aber beide teilen 10 nicht. Die Inputzahlen 17 und 34 haben natürlich ggT 17, weil 17 sich selber und auch 34 restlos teilt und weil es keinen noch größeren gemeinsamen Teiler gibt. Nun ist das Aufspüren des ggT bei so kleinen Zahlen natürlich recht einfach; aber wie wollen wir bei größeren Zahlen vorgehen? Sehen wir zum Beispiel sofort, was der ggT der beiden Zahlen 174 und 102 ist? Oder was der ggT von 1802 und 1054 ist?

Für Fragen dieser Art eignet sich der Euklidische Algorithmus prächtig. Das Verfahren lässt sich in einem Satz wie folgt beschreiben: Teile fortlaufend mit Rest, bis Rest 0 erreicht ist. Untersuchen wir das nun etwas genauer anhand des Beispiels der beiden Zahlen $a = 174$ und $b = 102$. Wir beginnen immer mit der größeren Zahl, a, und teilen diese durch die kleinere, b, mit Rest. Bekanntlich gibt es zu zwei beliebigen natürlichen Zahlen $a \geq b$ stets genau eine natürliche Zahl q und eine natürliche Zahl r, so dass

$$a = q \cdot b + r \text{ und } 0 \leq r < b .$$

Für den Rest r gilt natürlich auch: $r = a \bmod b$. In unserem Zahlbeispiel geht b genau einmal in a auf, und es bleibt der Rest 72. Es ist also $q = 1$ und $r = 174 \bmod 102 = 72$; und folglich:

$$174 = 1 \cdot 102 + 72 .$$

Das war die erste Division mit Rest. So fortzufahren, bedeutet nun, mit den Zahlen 102 und 72 dasselbe zu tun. Die Zahl b wird also das neue a, und der Rest r wird das neue b. Dann ergibt sich:

$$102 = 1 \cdot 72 + 30 .$$

Und weiter geht es mit den Zahlen 72 und 30:

$$72 = 2 \cdot 30 + 12 .$$

Dann mit den Zahlen 30 und 12:

$$30 = 2 \cdot 12 + 6 .$$

Und schließlich mit den Zahlen 12 und 6:

$$12 = 2 \cdot 6 + 0 .$$

Nun ist der Rest 0 erreicht; der Algorithmus bricht also ab. Der ggT der beiden Inputzahlen ist nun der letzte Rest ungleich Null, in diesem Fall also 6. Und tatsächlich ist 6 sowohl ein Teiler von 174 als auch von 102, und es gibt keinen größeren gemeinsamen Teiler. Das ist aber nicht unmittelbar einsichtig; darum ist der Euklidische Algorithmus ja auch nicht trivial, und es muss uns weiter unten ein Anliegen sein einzusehen, dass und warum dieses Verfahren wirklich immer das Gewünschte liefert.

Zum Nachdenken!
Wie genau läuft der Euklidische Algorithmus ab, wenn man ihn mit den Zahlen 1802 und 1054 füttert? Wie viele Schritte sind nötig, und welches ist der ggT der beiden Zahlen?

Können Sie zwei zweistellige Zahlen finden, bei denen der Euklidische Algorithmus neun Schritte benötigt bis zur Terminierung? Können Sie zwei zweistellige Zahlen finden, bei denen der Euklidische Algorithmus zehn Schritte benötigt?

Wenn Sie eine Art Casting-Show mit Paaren von natürlichen Zahlen durchführen und ein Paar desto besser abschneidet, je mehr Schritte der Euklidische Algorithmus benötigt, was für Paare haben dann gute Siegeschancen? Wie fällt Ihre Antwort aus, wenn die Paare in verschiedenen Ligen mitspielen können: in der Liga der zweistelligen Zahlen, in der Liga der dreistelligen Zahlen und so weiter? Und was ist dann speziell an den einzelnen Schritten?

Führt man den Algorithmus für zwei beliebige Zahlen $a \geq b$ durch, so nehmen wir zwecks einfacherer Darstellung eine Umbenennung vor: Wir schreiben a_0 für a und a_1 für b. Dann ist der Ablauf wie folgt:

[0]	$a_0 = q_1 \cdot a_1 + a_2$	wobei $0 \leq a_2 < a_1$
[1]	$a_1 = q_2 \cdot a_2 + a_3$	wobei $0 \leq a_3 < a_2$
[2]	$a_2 = q_3 \cdot a_3 + a_4$	wobei $0 \leq a_4 < a_3$
...	...	...
$[k-2]$	$a_{k-2} = q_{k-1} \cdot a_{k-1} + a_k$	wobei $0 \leq a_k < a_{k-1}$
$[k-1]$	$a_{k-1} = q_k \cdot a_k + 0$	

Wir haben uns in Beispielen überzeugen können, dass dieser Algorithmus wirklich den ggT liefert. Es bleibt aber das schale Gefühl zurück, dass wir zu diesem Zeitpunkt nicht sicher sein können, dass er für jedes beliebige Paar von Inputzahlen korrekt arbeitet, weil aus der Beschreibung des Ablaufs allein noch keine tiefer gehende Erklärung erwächst. Für nicht-triviale Algorithmen sollten unbedingt *Korrektheitsbeweise* geführt werden, das heißt, es muss nachgewiesen werden, dass der Algorithmus in jedem Fall das leistet, was von ihm erwartet wird. Das wollen wir hier nun für den euklidischen Algorithmus tun. Wir behaupten also:

▸ **Satz** Der Euklidische Algorithmus liefert in jedem Fall den ggT der beiden Inputzahlen, und es ist $a_k = \mathrm{ggT}(a_0, a_1)$.

Beweis Wir müssen zwei Dinge zeigen: Erstens, dass a_k überhaupt ein gemeinsamer Teiler (gT) der beiden Inputzahlen ist, und zweitens, dass a_k unter allen möglichen gemeinsamen Teilern der Inputzahlen der größte ist.

Zunächst folgt aus $[k-1]$, dass a_k ein Teiler von a_{k-1} ist. Da nun also a_k ein Teiler von a_{k-1} und natürlich auch ein Teiler von sich selber ist, folgt aus $[k-2]$, dass a_k auch ein Teiler von a_{k-2} ist. Da nun also a_k ein Teiler von a_{k-1} und auch ein Teiler von a_{k-2} ist, folgt aus $[k-3]$, dass a_k auch ein Teiler von a_{k-3} ist. Und so weiter. Wenn wir diese Argumentation Schritt für Schritt bis ganz nach oben weiterführen, finden wir, dass a_k ein Teiler von a_1 und auch ein Teiler von a_0 sein muss. Somit ist a_k in der Tat ein gT der beiden Inputzahlen.

Ist a_k unter allen gemeinsamen Teilern der beiden Inputzahlen auch der größte? Dazu nehmen wir an, t sei irgendein beliebiger gT der beiden Inputzahlen. Da t also a_0 und auch a_1 teilt, folgt aus [0], dass t auch ein Teiler von a_2 sein muss. Da t nun also a_1 und auch a_2 teilt, folgt aus [1], dass t auch ein Teiler von a_3 sein muss. Da t nun also a_2 und auch a_3 teilt, folgt aus [2], dass t auch ein Teiler von a_4 sein muss. Und so weiter. Wenn wir dieses Argument Schritt für Schritt bis ganz nach unten weiterführen, finden wir, dass t auch ein Teiler von a_k sein muss. Wenn t aber a_k teilt, dann ist ganz sicher $t \leq a_k$. Somit ist a_k tatsächlich der ggT der beiden Inputzahlen, wie behauptet.

$\square$

Nun, da wir sicher sind, dass der Euklidische Algorithmus wirklich immer das leistet, was er zu leisten behauptet, geben wir ihn in Pseudocode an:

Algorithmus *ggT*

```
Var a, b, h, r  // Integer-Variablen: a für größere Zahl,
                   b für kleinere Zahl, h als Hilfsvariable,
                   r für Rest nach Division von a durch b
Input „größere Zahl", a
Input „kleinere Zahl", b
If a < b then //Falls fälschlicherweise für a die kleinere
                  Zahl eingegeben wird ...
    a → h
    b → a
    h → b  // ... müssen a und b vertauscht werden.
Endif
a mod b → r  // Der Rest nach Division von a durch b wird
                bestimmt.
While r ≠ 0 do
    b → a  // Das alte b wird das neue a.
    r → b  // Der alte Rest wird das neue b.
    a mod b → r//  der neue Rest
Endwhile
Print b  // Das letzte b ist der ggT.
End
```

Über die folgende Konsequenz werden wir im Abschn. 2.7 froh sein: Sind a und b wie vorher zwei natürliche Zahlen, so kann man den ggT dieser Zahlen immer als Linearkombination der beiden Inputzahlen schreiben. Genauer:

▸   **Lemma von Bézout** Sind $a_0 \geq a_1 > 0$ zwei natürliche Zahlen, so existieren zwei ganze Zahlen x und y, so dass $ggT(a_0, a_1) = x \cdot a_0 + y \cdot a_1$.

Wir wissen schon, dass 6 der ggT der beiden Zahlen 174 und 102 ist. Dieses Lemma des französischen Mathematikers Etienne Bézout garantiert nun, dass sich der ggT als Linearkombination der beiden Inputzahlen schreiben lässt, dass also mit Sicherheit zwei ganze

Zahlen x und y gefunden werden können, so dass $6 = x \cdot 174 + y \cdot 102$ ist. Und diese Art der Darstellung lässt sich immer erreichen. Der Beweis dazu ist einfach und konstruktiv:

Beweis Wir greifen zurück auf die Gleichungen $[0]$ bis $[k-1]$ in der allgemeinen Darstellung des Euklidischen Algorithmus. Wegen $[0]$ können wir a_2 als Linearkombination der beiden Inputzahlen schreiben:

$$a_2 = a_0 + (-q_1)a_1 .$$

Indem wir dies in $[1]$ einsetzen und nach a_3 auflösen, können wir auch a_3 als Linearkombination der beiden Inputzahlen schreiben:

$$a_3 = a_1 + (-q_2)a_2 = a_1 + (-q_2) \cdot (a_0 + (-q_1)a_1) = -q_2 \cdot a_0 + (1 + q_1 \cdot q_2) \cdot a_1 .$$

Indem wir dies in $[2]$ einsetzen und nach a_4 auflösen, können wir auch a_4 als Linearkombination der beiden Inputzahlen schreiben, und so weiter. Fährt man in dieser Weise fort, so hat man am Ende a_k, also den ggT der beiden Inputzahlen, als Linearkombination ebendieser geschrieben. Und genau dies galt es ja zu beweisen.

□

Wollen wir die Darstellung von Bézout erreichen – und das wird in Abschn. 2.7 überaus nützlich sein – so müssen wir also einfach den Euklidischen Algorithmus durchführen und dann von oben nach unten jede Zeile nach dem Rest auflösen und dabei immer das oben Gewonnene einsetzen. Im Beispiel der Zahlen 174 und 102 sieht das so aus:

$174 = 1 \cdot 102 + 72$	$72 = 1 \cdot 174 + (-1) \cdot 102$
	$30 = 1 \cdot 102 + (-1) \cdot 72$
$102 = 1 \cdot 72 + 30$	$= 1 \cdot 102 + (-1) \cdot (1 \cdot 174 + (-1) \cdot 102)$
	$= (-1) \cdot 174 + 2 \cdot 102$
	$12 = 1 \cdot 72 + (-2) \cdot 30$
$72 = 2 \cdot 30 + 12$	$= 1 \cdot (1 \cdot 174 + (-1) \cdot 102) + (-2) \cdot ((-1) \cdot 174 + 2 \cdot 102)$
	$= 3 \cdot 174 + (-5) \cdot 102$
	$6 = 1 \cdot 30 + (-2) \cdot 12$
$30 = 2 \cdot 12 + 6$	$= 1 \cdot ((-1) \cdot 174 + 2 \cdot 102) + (-2) \cdot (3 \cdot 174 + (-5) \cdot 102)$
	$= (-7) \cdot 174 + 12 \cdot 102$

Wir finden also $x = -7$ und $y = 12$, und in der Tat ist $6 = \mathrm{ggT}(174,102) = (-7) \cdot 174 + 12 \cdot 102$.

Zum Nachdenken!

In Abschn. 2.2 haben wir hergeleitet, dass im Falle einer Primzahl n Folgendes gilt: $\mathbb{Z}_n^{\times}$ $= \{1, 2, \ldots, n-1\}$. Nun kann man sich die naheliegende Frage stellen, was man denn über die Einheiten in $\mathbb{Z}_n$ aussagen kann, wenn n keine Primzahl ist. Die Antwort auf diese Frage fällt interessant aus, und sie lässt sich mit Hilfe des Lemmas von Bézout leicht einsehen. Es gilt nämlich für ein $a \in \mathbb{Z}_n$:

$$\boxed{a \in \mathbb{Z}_n^{\times} \quad \Leftrightarrow \quad \mathrm{ggT}(a, n) = 1}$$

Versuchen Sie, diese Äquivalenz nachzuweisen. Was sich außer dem Lemma von Bézout als nützlich erweisen wird, ist die in Abschn. 2.2 hergeleitete Morphismus-Eigenschaft der Abbildung $\varphi : \mathbb{Z} \to \mathbb{Z}_n$, die jeder ganzen Zahl a den Rest $a \bmod n$ zuordnet.

Kommen wir nun noch zu dem angekündigten überraschenden Zusammenhang mit den Fibonacci-Zahlen.

Zum Nachdenken!

Manchmal findet man in Zeitschriften oder Intelligenztests Aufgaben der folgenden Art: Es werden einige Zahlen aufgelistet und dann wird gefragt, wie die Zahlenreihe wohl fortzusetzen ist. Genau genommen ist das keine sehr sinnvolle Frage, weil die Fortsetzung zwar meist naheliegend, aber keineswegs eindeutig ist. Trotzdem soll hier auch einmal eine Frage dieser Art gestellt werden: Wie kann die Zahlenreihe 0, 1, 1, 2, 3, 5, 8, 13, 21, … in naheliegender Art fortgesetzt werden? Und können Sie die Folge auch durch eine Formel ausdrücken?

Welcher Algorithmus produziert die ersten n Zahlen dieser Folge? Stellen Sie ein Flussdiagramm und einen Pseudocode-Algorithmus auf.

Was kann Spezielles beobachtet werden, wenn man den Euklidischen Algorithmus auf zwei aufeinanderfolgende Zahlen dieser Folge anwendet? Und wie lässt sich diese Beobachtung erklären?

Angenommen, jemand erzählt Ihnen, er oder sie habe gerade eben einen Euklidischen Algorithmus ausgeführt und dieser habe (a) 10, (b) n Schritte benötigt. Was können Sie dann über den Wert der beiden verwendeten Inputzahlen vermuten?

Leonardo von Pisa, auch Fibonnacci genannt, war ein bedeutender italienischer Mathematiker. Er kam in der zweiten Hälfte des 12. Jahrhunderts zur Welt, in einer Zeit also, in der das neue Rechnen im dezimalen Stellenwertsystem inklusive Null dank der in Toledo angefertigten lateinischen Übersetzungen der wichtigsten antiken Werke allmählich in Europa Fuß fasste. Fibonacci fand großen Gefallen daran, förderte die neue Mathematik stark und unterstützte seinerseits die Verbreitung im mittelalterlichen Europa. Sein Rechenbuch *Liber abbaci* gilt heute als Meisterwerk; es ging weit über die Erläuterung alltagspraktischer Rechenregeln hinaus, indem es den Zusammenhängen wirklich auf den Grund ging und Begründungen und Beweise bereitstellte.

Im siebten Unterkapitel des zwölften Kapitels des *Liber abbaci* findet man die berühmt gewordene Kaninchenaufgabe, deren Lösung schließlich auf diejenigen Zahlen führte, die man heute *Fibonacci-Zahlen* nennt. Es handelt sich dabei um die Zahlenfolge 0, 1, 1, 2, 3, 5, 8, 13, 21, 34, 55, 89, 144, ..., bei der jede neue Zahl die Summe der beiden unmittelbaren Vorgänger ist. Merken wir uns also:

▸ **Definition** Die Folge der Zahlen

$$F_0 := 0 \ , \ F_1 := 1 \text{ und } F_{n+2} := F_{n+1} + F_n \ \forall n \geq 0$$

heißt *Fibonacci-Folge*.

Es leuchtet schnell ein, dass der Euklidische Algorithmus dann besonders aufwändig ist, wenn die Inputzahlen zwei aufeinanderfolgende Fibonacci-Zahlen sind. Warum? Nun, ganz einfach, weil dann in jedem Schritt das b nur gerade einmal in a aufgeht und als Rest die nächstkleinere Fibonacci-Zahl lässt. Die Zahlen verkleinern sich damit nur sehr langsam. Ein Beispiel soll das verständlicher machen:

Führen wir den Euklidischen Algorithmus mit den beiden aufeinanderfolgenden Fibonacci-Zahlen 144 und 89 durch, so müssen wir im ersten Schritt 144 durch 89 mit Rest teilen. 89 hat aber nur einmal in 144 Platz und lässt als Rest 55, die nächstkleinere Fibonacci-Zahl:

$$144 = 1 \cdot 89 + 55 \ .$$

Darin manifestiert sich ja gerade das Bildungsgesetz der Fibonacci-Folge. Und in der Fortsetzung des Algorithmus steigen die Reste die ganze Leiter der Fibonacci-Zahlen hinunter, bis schließlich, nach langer Zeit, der ggT 1 erreicht ist:

$$144 = 1 \cdot 89 + 55$$
$$89 = 1 \cdot 55 + 34$$
$$55 = 1 \cdot 34 + 21$$
$$34 = 1 \cdot 21 + 13$$
$$21 = 1 \cdot 13 + 8$$
$$13 = 1 \cdot 8 + 5$$
$$8 = 1 \cdot 5 + 3$$
$$5 = 1 \cdot 3 + 2$$
$$3 = 1 \cdot 2 + 1$$
$$2 = 2 \cdot 1 + 0 \ .$$

Fibonacci-Zahlen stellen für den Euklidischen Algorithmus also eine besonders hohe Herausforderung dar und führen bei diesem auf eine besonders hohe Schrittzahl. Wir haben schon in Abschn. 2.2 gesehen, wie wichtig die Frage nach der Laufzeit eines Algorith-

mus sein kann. Der Euklidische Algorithmus spielte gleich im doppelten Sinne eine Vor-
reiterrolle: Er ist nicht nur der älteste bekannte nicht-triviale Algorithmus, bei ihm wurde
auch die Frage nach der Effizienz zum ersten Mal gestellt und zwar bereits im 19. Jahrhundert. 1841 hat der französische Mathematiker Jacques Philippe Marie Binet als erster den
Aufwand des Euklidischen Algorithmus untersucht. 1844 folgte dann ein Satz des französischen Mathematikers Gabriel Lamé, der nachweist, dass die Anzahl nötiger Divisionen
stets kleiner oder gleich der fünffachen Stellenzahl der kleineren Inputzahl ist. Das Resultat zog in den Folgejahren etliche Varianten und Verbesserungsvorschläge nach sich, so
von Dupré 1846, von Lionnet 1857, von Son-Hill 1865, von Colombier 1881, von Gatti
1889, von Fuortes 1890 und von Kronecker 1895. Die meisten Arbeiten gingen später wieder vergessen, so dass Grossmann das Resultat von Lamé in einem Artikel der Zeitschrift
American Mathematical Monthly aus dem Jahr 1924 wiederentdecken konnte.

Zwei aufeinanderfolgende Fibonacci-Zahlen sind bezüglich Schrittzahl das Schlimmste,
was man dem Euklidischen Algorithmus antun kann. Wir haben vorher gesehen, dass der
Algorithmus zehn Schritte benötigt, wenn man ihn mit der elften und zwölften Fibonacci-
Zahl (89 und 144) speist. Ist es möglich, dass bei kleineren Inputzahlen auch so viele Schritte oder gar noch mehr anfallen? Nein, das kann nicht sein. Es ist nämlich beweisbar, dass
wenn der Algorithmus zehn Schritte benötigt, die größere Inputzahl mindestens so groß
wie die Fibonacci-Zahl Nummer 12 und die kleinere Inputzahl mindestens so groß wie die
Fibonacci-Zahl Nummer 11 sein muss. Oder allgemein:

▸   **Satz**   Anzahl Divisionen im Euklidischen Algorithmus $\geq n \Rightarrow a_0 \geq F_{n+2}$ und $a_1 \geq$
    F_{n+1}

Beweis   Wir beweisen das mit vollständiger Induktion nach n. Sei zunächst $n = 1$: Wegen
$F_3 = 2$ und $F_2 = 1$ ist die Aussage zweifellos erfüllt, denn wir haben für den Euklidischen
Algorithmus gefordert, dass $a_0 \geq a_1 > 0$ sein muss und fordern hier zudem, dass $a_0 > a_1$ sein
muss.

Wir nehmen nun also an, die Behauptung sei für $n = k$ richtig und wollen zeigen, dass
sie auch für $n = k + 1$ zutrifft. Die Anzahl Divisionen sei also $\geq k + 1$. Und wir wollen zeigen,
dass $a_0 \geq F_{n+3}$ und $a_1 \geq F_{n+2}$ sein muss.

Da die Berechnung des ggT von a_0 und a_1 mindestens $k + 1$ Schritte benötigt, benötigt
die Berechnung des ggT von a_1 und a_2 mindestens $k = n$ Schritte; man muss ja dazu lediglich den ersten Schritt der Berechnung von $ggT(a_0, a_1)$ weglassen. Nach Induktionsvoraussetzung ist also $a_1 \geq F_{n+2}$ und $a_2 \geq F_{n+1}$, womit ein Teil der Behauptung schon bewiesen
ist. Dann ist aber auch

$$a_0 = q_1 \cdot a_1 + a_2 \geq a_1 + a_2 \geq F_{n+2} + F_{n+1} = F_{n+3} \ .$$

Und damit ist auch der zweite Teil der Behauptung nachgewiesen.

□

Zum Schluss wollen wir noch den oben erwähnten Satz von Lamé nachweisen, der eine obere Schranke für die Komplexität des Euklidischen Algorithmus angibt:

▶ **Satz von Lamé (1844)** Die Anzahl benötigter Divisionen im Euklidischen Algorithmus ist stets $\leq 5 \cdot$ (Stellenzahl von a_1).

Beweis Wir müssen eine kleine Vorarbeit leisten. Dazu führen wir die folgende Abkürzung ein:

$$\varphi := \frac{1 + \sqrt{5}}{2} \, .$$

Wir weisen zuerst die Gültigkeit des folgenden Lemmas nach:

$$\text{Lemma:} \quad \forall n \geq 1 \text{ gilt } F_{n+1} < \varphi^n < F_{n+2} \, .$$

Diese Ungleichung ist korrekt für $n = 1$ und $n = 2$, wie sich mühelos nachrechnen lässt. Wir nehmen also an, sie sei korrekt für alle $n \leq k$ und zeigen nun, dass sie dann auch korrekt für $n = k + 1$ ist. Wir wollen also einsehen, dass $F_{k+2} < \varphi^{k+1} < F_{k+3}$ ist.

Nach Induktionsvoraussetzung gilt einerseits $F_{k+1} < \varphi^k < F_{k+2}$ und andererseits $F_k < \varphi^{k-1} < F_{k+1}$. Wenn wir diese beiden Ungleichungen addieren, erhalten wir

$$F_k + F_{k+1} < \varphi^{k-1} + \varphi^k < F_{k+1} + F_{k+2} \, .$$

Hierin lassen sich der erste und dritte Term gemäß Definition der Fibonacci-Zahlen vereinfachen:

$$F_{k+2} < \varphi^{k-1} + \varphi^k < F_{k+3} \, .$$

Der mittlere Term dieser Ungleichung ist gleich φ^{k+1}. Wie kann man das einsehen? Nun, φ ist eine Lösung der quadratischen Gleichung $x^2 - x - 1 = 0$; es gilt also $\varphi^2 - \varphi - 1 = 0$ oder, etwas umgestellt, $1 + \varphi = \varphi^2$. Multipliziert man diese Gleichung mit φ^{k-1}, so findet man gerade $\varphi^{k-1} + \varphi^k = \varphi^{k+1}$. Damit lautet unsere Ungleichung nun also

$$F_{k+2} < \varphi^{k+1} < F_{k+3} \, .$$

Und das ist genau, was wir zeigen wollten. Somit ist das Lemma bewiesen.

Nun kann der Beweis des Satzes von Lamé sehr einfach geführt werden:

Bezeichnen wir mit n die Anzahl Divisionen, die beim Euklidischen Algorithmus der Zahlen a_0 und a_1 anfallen, so folgt aus obigem Satz und dem eben bewiesenen Lemma, dass $a_1 \geq F_{n+1} > \varphi^{n-1}$ sein muss. Da wir eine Aussage über n machen möchten, drängt es sich auf, die Ungleichung zu logarithmieren und gleich noch $\log(\varphi) \approx 0{,}209 > 0{,}2$ zu benützen:

$$\log(a_1) > (n-1) \cdot \log \varphi > (n-1) \cdot 0{,}2 \, .$$

Umgeformt ergibt das

$$n < 5\log(a_1) + 1\,.$$

Da allgemein für jede natürliche Zahl z gilt, dass sie $\lfloor\log(z)\rfloor + 1 > \log(z)$ Stellen hat, folgt schließlich das gewünschte Resultat.

□

2.4   Rekursion und Iteration: Die Türme von Hanoi

▷ Im großen Tempel von Benares sind die indischen Mönche seit langer Zeit schon mit einer ganz besonderen Aufgabe beschäftigt. In der Mitte des Tempels hatte Gott am Tage der Schöpfung drei diamantene Nadeln in eine Messingplatte eingelassen, und auf der ersten Nadel ruhten 64 Scheiben aus purem Gold, die größte ganz unten und nach oben immer kleinere und die kleinste folglich ganz zuoberst (Abb. 2.2). Die Aufgabe der Mönche besteht darin, den Turm aus 64 Goldscheiben von einer Nadel auf eine der beiden anderen zu befördern – allerdings unter Einhaltung ganz bestimmter Spielregeln: Sie dürfen immer nur eine Scheibe aufs Mal befördern, und es darf niemals, unter gar keinen Umständen, eine Scheibe auf eine kleinere zu liegen kommen. Und an dem Tag, an dem die Mönche diese Aufgabe gelöst haben werden, wird die Welt mit einem Donnerschlag untergehen.
Aus sehr gut nachvollziehbaren Gründen stellen sich hier gleich mehrere Fragen: Wie lange werden die Mönche damit noch beschäftigt sein? Nach welchem Algorithmus arbeiten sie, und wie viele Schritte benötigt dieser bis zur Terminierung und damit bis zum Donnerschlag?

Es ist nicht anzunehmen, dass diese Geschichte auf Tatsachen beruht. Wahrscheinlich hat sie der französischen Mathematiker François Eduard Anatole Lucas aus Amiens erfunden und bekannt gemacht. Jedenfalls erschien 1883 ein Spiel aus drei Nadeln und einigen Scheiben unter dem Namen „Türme von Hanoi", herausgegeben von einem „N. Claus de Siam", welches ganz offensichtlich ein Anagramm des Namens „Lucas de Amiens" ist. Lucas starb schon im Alter von 49 Jahren an den Folgen einer Blutvergiftung, die er sich zuzog, als er sich an einem zerbrochenen Teller verletzte, den ein Kellner bei einem Bankett herunterfallen ließ. Sein Spiel aber überlebte und erfreut bis heute die Tüftler und Spielfreudigen. Für Dewdney (1985) versetzt es den Neuling ...

... in jenen angenehmen Zustand der Verwirrung, der das Zeichen des Eintritts in die Sphäre des abstrakten Denkens ist.

Zum Nachdenken!

Spielen Sie das Spiel je einmal mit einer Scheibe und mit zwei, drei, vier, fünf Scheiben. (Sie können das Spiel ganz einfach mit Spielkarten simulieren. Dazu zeichnen Sie

Abb. 2.2 Türme von Hanoi

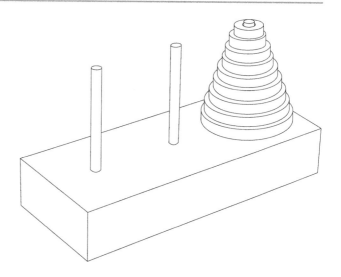

drei rechteckige Felder auf ein Blatt Papier für die drei Nadeln und legen dann einige
Spielkarten, Bild nach oben, als kleiner Stapel auf eines der Felder. Die Karten müssen
so gewählt werden, dass ihr Wert nach oben abnimmt. Kleinerer Wert bedeutet also
kleinere Scheibe.)

Was vermuten Sie über die Anzahl benötigter Schritte bei n Scheiben?

Angenommen, jemand verrät Ihnen, wie viele Schritte bei 29 Scheiben benötigt würden. Wie können Sie daraus bestimmen, wie viele Schritte bei 30 Scheiben benötigt
werden, ohne das Spiel mit so vielen Scheiben zu spielen?

Können Sie das Hanoi-Problem algorithmisch lösen? Wie?

Wir wollen den Mönchen zugestehen, dass sie nicht planlos spielen, sondern nach all
der Zeit längst einen Algorithmus entdeckt haben, der das Spielen zwar reizlos, die Fortschritte der Arbeit dafür aber streng prognostizierbar macht. Wie könnte ein solcher Algorithmus aussehen? Um alles leichter beschreiben und darstellen zu können, verkleinern
wir die Situation beträchtlich, indem wir annehmen, der ursprüngliche Turm enthält nur
drei Scheiben und das Problem soll von drei Brüdern gelöst werden, die Alex, Beat und
Cédric heißen (Abb. 2.3). Die drei Brüder beschließen, einen *rekursiven Algorithmus* zu
verwenden. Das ist eine Art der Programmierung, bei der ein Algorithmus auf sich selber
zurückgreift. Die Idee der Rekursion ist uns nicht neu; wir begegneten ihr bereits bei der
Fibonacci-Folge. Die Formel

$$F_{n+2} = F_{n+1} + F_n$$

zeigt ja deutlich, dass man, um eine bestimmte Zahl der Fibonacci-Folge bestimmen
zu können, auf die beiden vorangehenden Zahlen derselben Folge zurückgreifen muss.
Um also eine Fibonacci-Zahl zu berechnen, muss man Fibonacci-Zahlen berechnen.
Haben wir einen Algorithmus Fib(n), der bei Aufruf die n-te Fibonacci-Zahl berech-

Abb. 2.3 Türme von Hanoi
mit drei Scheiben

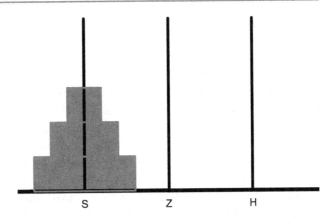

net, so muss dieser Algorithmus zuerst, bevor er irgendetwas anderes tut, Fib($n-1$) und Fib($n-2$) aufrufen. Und erst, wenn diese beiden Algorithmen Zahlen zurückmelden, kann Fib(n) durch Addition das gewünschte Resultat ausgeben. Das Problem ist, dass Fib($n-1$) und Fib($n-2$) nun ihrerseits nicht arbeiten können, bevor sie nicht den Algorithmus Fib mit noch tieferen Nummern aufgerufen und deren Resultate abgewartet haben. Und so weiter. Die Selbstaufrufe des Algorithmus werden sehr schnell unübersichtlich. Tatsache aber ist, dass die zahlreichen Selbstaufrufe des Algorithmus so lange *zurücklaufen* (lat. recurrere) müssen, bis der Anfang der Folge erreicht ist, bis also auf den festen Werten $F_0 = 0$ und $F_1 = 1$ aufgebaut werden kann.

Zurück zu den drei Brüdern Alex, Beat und Cédric. Sie stehen also vor einem Hanoi-Problem mit drei Scheiben, und Alex, der älteste, ergreift die Initiative.

Alex sagt: „Ich als Ältester spezialisiere mich auf Türme der Höhe 3. Um den Turm der Höhe 3 auf die Zielnadel Z zu befördern, muss man zuerst die beiden obersten Scheiben, also einen Turm der Höhe 2, auf die Hilfsnadel H befördern. Erst danach kann man die unterste, größte Scheibe von der Startnadel S auf die Zielnadel legen. Und danach muss man erneut einen Turm der Höhe 2, nämlich denjenigen, der jetzt auf der Hilfsnadel ruht, auf die Zielnadel transportieren. Ich kann mich aber nicht um alles kümmern, darum ernenne ich Dich, Beat, zum Spezialisten für Türme der Höhe 2. Das heißt: Wann immer ein Turm der Höhe 2 zu bewegen ist, rufe ich Dich auf, und nach Erledigung Deiner Arbeit meldest Du an mich zurück.“

Beat sagt: „Okay, danke, dann bin ich nun also der Spezialist für Türme der Höhe 2. Um einen Turm der Höhe 2 auf eine andere Nadel zu befördern, muss man zuerst die oberste Scheibe, also einen Turm der Höhe 1, wegbefördern. Erst danach kann man die untere Scheibe auf die gewünschte Nadel legen. Und danach muss man erneut einen Turm der Höhe 1 transportieren, nämlich auf die Nadel, auf der ich eben die untere Scheibe meines 2-Scheiben-Turms abgelegt habe. Ich kann mich aber nicht um alles kümmern, darum ernenne ich Dich, Cédric, den jüngsten von uns Dreien, zum Spezialisten für Türme der Höhe 1. Das heißt. Wann immer ein Turm der Höhe 1 zu bewegen ist, rufe ich Dich auf, und nach Erledigung Deiner Arbeit meldest Du an mich zurück.“

Cédric sagt: „Ja, ja, das ist wieder typisch. Mir gibt man immer die leichtesten Aufgaben. Einen Turm der Höhe 1 zu bewegen, ist ja ganz einfach. Beat sagt mir einfach, welche Scheibe, also welchen Turm der Höhe 1, ich von welcher Nadel auf welche andere Nadel bewegen soll, und dann mach ich das eben."

Wenn nun von außen der Befehl an die Brüder ergeht, den Turm der Höhe 3 von S auf Z zu befördern, dann läuft der eben vereinbarte Algorithmus wie folgt ab: Zuerst ruft Alex Beat auf; er soll den 2-Scheiben-Turm (die obersten beiden Scheiben) von S auf H bewegen. Beat ruft sogleich Cédric auf; er soll den Turm der Höhe 1 (oberste Scheibe) von S auf Z bewegen. Cédric tut das und meldet an Beat zurück. Beat bewegt nun die untere Scheibe seines 2-Scheiben-Turms auf H und ruft wieder Cédric auf; er soll den 1-Scheiben-Turm, der sich auf Z befindet, auf H befördern. Cédric tut das und meldet an Beat zurück. Damit hat dieser die Aufgabe, mit der Alex ihn betreut hat, abgeschlossen und meldet an Alex zurück.

Alex bewegt nun die unterste Scheibe von S auf Z und ruft erneut Beat auf; diesmal soll er den 2-Scheiben-Turm, der sich auf H befindet, nach Z bewegen. Beat ruft sogleich Cédric auf; er soll den 1-Scheiben-Turm von H auf S bewegen. Cédric tut das und meldet an Beat zurück. Beat bewegt nun die mittlere Scheibe von H nach Z und ruft abermals Cédric auf; er soll den 1-Scheiben-Turm von S nach Z bewegen. Dieser tut das und meldet an Beat zurück. Damit hat Beat auch die zweite Aufgabe, mit der Alex ihn betreut hat, abgeschlossen und meldet an Alex zurück. Nun hat auch dieser seine Arbeit abgeschlossen, so dass der Algorithmus anhält.

Zum Nachdenken!

Wenn wir unter Arbeit weder das Aufrufen, noch das Zurückmelden, sondern allein das Bewegen von Scheiben verstehen, welcher der drei Brüder arbeitet dann am meisten, am zweitmeisten, am wenigsten?

Wie wäre das bei vier Scheiben und vier Brüdern Alex (dem ältesten), Beat (dem zweitältesten), Cédric (dem zweitjüngsten) und David (dem jüngsten)? Wer würde wie viel arbeiten?

Nun stellen wir uns vor, alle drei Brüder verschmelzen zu einem einzigen. Und anstatt eines Menschen stellen wir uns einfach einen Algorithmus namens Hanoi vor, der darauf spezialisiert ist, einen Turm der Höhe n zu bewegen. Mit der Anweisung Hanoi(3, von S nach Z via H) aktivieren wir diesen Algorithmus. Die erste Aktion dieses Algorithmus besteht darin, sich selber aufzurufen mit der Anweisung Hanoi(2, von S nach H via Z). Und die erste Aktion, die dieser zweite Aufruf des Algorithmus unternimmt, ist, sich selber aufzurufen mit der Anweisung Hanoi(1, von S nach Z via H) und so weiter. In der folgenden Tabelle stellen wir dar, was der Reihe nach passieren wird. Darin erkennt man auch deutlich, wann jeweils welcher Aufruf des Algorithmus beendet ist.

Hanoi(3, von S nach Z via H)
befiehlt
Hanoi(2, von S nach H via Z)
→

> **Hanoi(2, von S nach H via Z)**
> befiehlt
> Hanoi(1, von S nach Z via H)
> →
>
> > **Hanoi(1, von S nach Z via H)**
> > Bewegt Scheibe von S nach Z
> > **End**
>
> bewegt Scheibe von S nach H
> befiehlt
> Hanoi(1, von Z nach H via S)
> →
>
> > **Hanoi(1, von Z nach H via S)**
> > Bewegt Scheibe von Z nach H
> > **End**
>
> **End**

Bewegt Scheibe von S nach Z
befiehlt
Hanoi(2, von H nach Z via S)
→

> **Hanoi(2, von H nach Z via S)**
> befiehlt
> Hanoi(1, von H nach S via Z)
> →
>
> > **Hanoi(1, von H nach S via Z)**
> > Bewegt Scheibe von H nach S.
> > **End**
>
> Bewegt Scheibe von H nach Z
> befiehlt
> Hanoi(1, von S nach Z via H)
> →
>
> > **Hanoi(1, von S nach Z via H)**
> > Bewegt Scheibe von S nach Z.
> > **End**
>
> **End**

End

Das also ist das Typische an Rekursion: Es handelt sich nur um einen einzigen Algorithmus, Hanoi, der sich aber immer wieder selber aufruft. Und das klappt deswegen vorzüglich, weil ja auf jeder Stufe dieselbe Art von Arbeit erledigt werden muss; nämlich die Bewegung eines Turms; einzig die Höhe des Turms ändert sich laufend, und man muss sehr genau Buch führen darüber, von wo nach wo dieser Turm befördert werden soll.

Wir verallgemeinern das nun: Angenommen, auf S ruht ein Turm der Höhe *n*. Unser Algorithmus Hanoi soll diesen von S nach Z via H befördern. Dazu muss zuerst ein Turm der Höhe *n* – 1 von S nach H transportiert werden. Danach kann die auf S verbleibende größte Scheibe von S auf Z gelegt werden. Und dann muss abermals ein Turm der Höhe *n* – 1 befördert werden, diesmal aber von H nach Z. In Pseudocode nimmt dieser rekursive Algorithmus die folgende Gestalt an:

Algorithmus *Hanoi(n, s, z, h)*

```
Var n, s, z, h   //  Vier Integer-Variablen für Turmhöhe,
                     Startnadel, Zielnadel und Hilfsnadel
If n = 0, then
    Goto end     //  Abbruch des Algorithmus, sobald Turmhöhe 0
                     erreicht ist
Else
    Hanoi(n-1,s,h,z)
    Print „Scheibe von", s, „nach" z
    Hanoi(n-1,h,z,s)
Endif
end
```

Wir stellen uns vor, dass wir die drei Nadeln nummerieren, etwa 1 für die Startnadel, 2 für die Zielnadel und 3 für die Hilfsnadel. Welche Nadel jeweils Start, Ziel- und Hilfsnadel ist, wechselt natürlich ständig. Die Klammer hinter dem Programmnamen bedeutet nun, dass wir dem Algorithmus vier Daten übergeben: die Höhe der Turms und drei Nadelnummern, durch deren Reihenfolge klar wird, von wo nach wo via welche dritte Nadel der Turm befördert werden soll. Die If-Zeile ist nötig für den Abbruch des Algorithmus.

Lässt man diesen Algorithmus auf einem Computer laufen mit der Eingabe *Hanoi*(3, 1, 2, 3), also mit dem Befehl, einen Turm der Höhe 3 von Nadel 1 nach Nadel 2 via Nadel 3 zu verschieben, so produziert er den folgenden Output:

Scheibe von 1 nach 2.
Scheibe von 1 nach 3.
Scheibe von 2 nach 3.
Scheibe von 1 nach 2.
Scheibe von 3 nach 1.
Scheibe von 3 nach 2.
Scheibe von 1 nach 2.

Befolgt man diese Schritte, so werden alle Scheiben automatisch richtig befördert. Und wenn man den Algorithmus mit *Hanoi*(64, 1, 2, 3) startet, so erlebt man eine Überraschung: Der Output beginnt zwar sehr ähnlich, aber es wird tonnenweise Papier beschrieben und ausgedruckt, und ein Ende scheint nicht in Sicht. Das bringt uns zu der Frage, wie viele Schritte die indischen Mönche denn nun auszuführen haben? Nun, da wir uns schon so erfolgreich in die Idee der Rekursion eingearbeitet haben, können wir auch diese Frage rekursiv anpacken. Führen wir nämlich das Symbol $T(n)$ ein für die Anzahl Schritte, die benötigt werden, einen Turm der Höhe *n* auf die Zielnadel zu befördern, so macht der obige

Algorithmus plausibel, dass

$$T(n) = 2 \cdot T(n-1) + 1$$

gelten muss. Man benötigt ja erst $T(n-1)$ Schritte, um den Turm der Höhe $n-1$ von S nach H zu bewegen, dann einen Schritt, um die unterste, größte Scheibe von S nach Z zu legen und dann noch einmal $T(n-1)$ Schritte, um den Turm der Höhe $n-1$ von H nach Z zu befördern. Zudem wissen wir, dass

$$T(1) = 1$$

ist. Mit dieser Rekursionsformel können wir die Schrittzahlen nun der Reihe nach ermitteln:

$$T(1) = 1$$
$$T(2) = 2 \cdot T(1) + 1 = 2 + 1 = 2^2 - 1$$
$$T(3) = 2 \cdot T(2) + 1 = 2^2 + 2 + 1 = 2^3 - 1$$
$$T(4) = 2 \cdot T(3) + 1 = 2^3 + 2^2 + 2 + 1 = 2^4 - 1$$
$$\cdots$$
$$T(64) = 2^{64} - 1 .$$

Während Alex, Beat und Cédric also bloß sieben Schritte benötigen, müssen die Mönche $2^{64} - 1$ Schritte aufwenden, und das ist eine Zahl mit 20 Stellen. Ist das viel? Nun ja, wenn wir annehmen, dass die Mönche sehr fit sind und in jeder Sekunde eine Scheibe bewegen können, ohne jemals zu pausieren oder zu schlafen, dann benötigen sie etwa 585 Milliarden Jahre, um die Aufgabe zu vollbringen. Wir können also sehr beruhigt sein; von allen angekündigten Weltuntergängen ist dieser sicherlich der am weitesten in der Ferne liegend.

Rekursive Programmierung hat einen großen Vorteil, aber auch mindestens einen gewichtigen Nachteil. Der Vorteil ist, dass solche Algorithmen gemessen an der Wirkung oft überaus kurz und elegant erscheinen. Der Nachteil ist zum einen, dass für den Programmierer sehr schnell unübersichtlich wird, in welchem der vielen Selbstaufrufe der Computer sich gerade befindet; noch gravierender aber ist, dass ein rekursiver Algorithmus sehr viel Speicherplatz benötigt. Bei *Hanoi*(64, 1, 2, 3) etwa sind 64 Kopien des Algorithmus gleichzeitig aktiv, die alle verwaltet werden müssen und Speicherplatz rauben. Bezüglich Speicherplatz sind *iterative Algorithmen* wesentlich günstiger als rekursive. Bei einer Iteration werden einfach innerhalb einer Schleife immer wieder dieselben Schritte ausgeführt, ohne dass aber vergangene Schleifendurchgänge weiterhin gespeichert bleiben müssen. Wenn Speicherplatz also knapp ist, dann sollte man immer einer Iteration gegenüber einer Rekursion den Vorzug geben.

Für das Hanoi-Problem existiert glücklicherweise auch ein iterativer Algorithmus. Er stammt von Peter Buneman und Leon Levy aus dem Jahr 1980 und ist überaus einfach handhabbar; dafür ist seine Korrektheit aber auch deutlich weniger plausibel. In Worten lässt er sich wie folgt beschreiben, wobei wir annehmen, dass die drei Nadeln nicht in einer Reihe angeordnet sind, sondern in den Ecken eines gleichseitigen Dreiecks:

Solange sich wenigstens auf einem der beiden Nadeln S und H noch eine Scheibe befindet, tue dies:

- Nimm die kleinste zugängliche Scheibe und verschiebe sie im Uhrzeigersinn um einen Platz.
- Falls nun eine andere als die eben bewegte Scheibe verschiebbar ist, tu das.

Es wurden übrigens auch Versuche unternommen, das Hanoi-Problem auf mehr als drei Nadeln auszudehnen (siehe etwa Isihara und Buursma 2013). Es ist allerdings bis heute keine beweisbare untere Aufwandsschranke bekannt, obwohl sehr viel darüber geforscht wurde und wird.

2.5 Numerische Integration

▷ Viele mathematische Probleme sind nicht exakt lösbar. Und je mehr man darüber nachdenkt, desto mehr fällt auf, dass das eigentlich der Normalfall ist. Wir haben früher gesehen, dass die Quadratwurzel von 2, obwohl man oft darüber spricht, als stünde sie jederzeit uneingeschränkt zur Verfügung, gar nie exakt bestimmt werden kann, dass wir uns begnügen müssen mit Näherungen, die je nach Bedarf näher oder weniger nah am theoretischen Wert liegen. Und dasselbe lässt sich von jeder Wurzel sagen, die nicht in den rationalen Zahlen aufgeht. Auch Gleichungen sind fast nie exakt lösbar, obwohl Polynomgleichungen ersten und zweiten Grades, die man an Schulen behandelt, das Gegenteil suggerieren. Ebenso sind Funktionswerte und Nullstellen fast nie exakt bestimmbar und so weiter.

Deshalb ist es besonders wertvoll, dass die Mathematik zahlreiche *numerische Methoden* entwickelt hat, um Probleme approximativ zu lösen. Eine davon, eine numerische Methode zur Berechnung von bestimmten Integralen, soll hier exemplarisch untersucht werden. Wir fragen uns also: Wie kann man einen brauchbaren Näherungswert für ein bestimmtes Integral auch dann finden, wenn es unmöglich ist, die Stammfunktion zu bestimmen? Und das ist auch lehrreich für Leserinnen und Leser, die noch nie von bestimmten Integralen gehört haben.

Es ist traurig aber wahr: Für unglaublich viele Funktionen kann keine explizite Stammfunktion gefunden werden. Die Gauß-Funktion

$$\Phi(y) = \int\limits_0^y \frac{1}{\sqrt{2\pi}} \cdot e^{-\frac{1}{2}x^2}\,\mathrm{d}x$$

ist nur ein Beispiel einer Formel, die nicht durch elementare Funktionen wiedergegeben werden kann. Daher mussten Algorithmen entwickelt werden, die bestimmte Integrale

Abb. 2.4 Numerische Integration mit zwei Trapezen

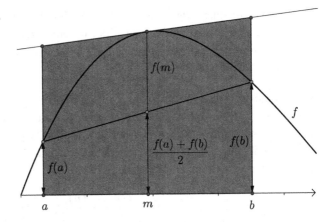

approximativ berechnen, und solche gibt es einige, den Simpson-Algorithmus, den Trapez-
Algorithmus und andere. Der Algorithmus, den wir hier thematisieren, stammt aus Wüstenhagen (1996).

Gleich zu Beginn muss betont werden, dass Leserinnen und Leser, die den Begriff des
Integrals noch nicht kennen, die Frage einfach etwas umformulieren müssen. Anstatt zu
fragen, wie

$$\int_a^b f(x)\mathrm{d}x$$

angenähert werden kann, fragen sie sich einfach, wie der Inhalt der Fläche bestimmt werden kann, welche von dem Graphen einer Funktion, der x-Achse und den Parallelen zur
y-Achse bei $x = a$ und $x = b$ eingeschlossen wird (Abb. 2.4). Mathematisch sind diese beiden Fragestellungen zwar nicht äquivalent, aber unter gewissen Voraussetzungen kann die
Berechnung eines bestimmten Integrals durchaus als Berechnung eines solchen Flächeninhaltes interpretiert werden. Und für unsere Zwecke reicht das aus.

Zum Nachdenken!

Die Aufgabe, den oben erwähnten Flächeninhalt zu bestimmen, ist ja deswegen sehr
herausfordernd, weil das Flächenstück teilweise durch eine gekrümmte Linie begrenzt
ist. Aus demselben Grund war auch die Bestimmung der Kreisfläche sehr viel schwieriger als die Bestimmung der Flächeninhalte von Rechteck, Trapez, Parallelogramm und
so weiter, die allesamt geradlinig begrenzt sind.

Was haben Sie zur Verfügung? Nun, da die Funktion durch eine Funktionsgleichung
gegeben ist, können Sie so viele Funktionswerte berechnen, wie Sie wollen. Ein Algorithmus zur Approximation des erwähnten Flächeninhaltes kann also Gebrauch machen
von Funktionswerten an beliebig vielen (aber natürlich nur endlich vielen) Stellen innerhalb des Intervalls.

Mit was für einem Algorithmus könnte das Problem also näherungsweise gelöst werden? Können Sie auch mehr als eine Idee für einen solchen Algorithmus ausarbeiten? Und wie können Sie sicherstellen, dass der Wert, den der Algorithmus liefert, eine bestimmte Fehlertoleranz sicher einhält?

Wir erläutern die Idee anhand eines konkaven Grafenausschnittes einer stetigen, positiven Funktion f. In der Abbildung bezeichnet m den Mittelpunkt des Intervalls $[a, b]$; zudem haben wir dem Graphen ein Trapez einbeschrieben und ein zweites, mit Hilfe der Tangente an den Graphen im Punkt $(m, f(m))$, umbeschrieben. Der gesuchte Flächeninhalt kann dann von unten durch die Trapezfläche

$$A_i := \frac{f(a) + f(b)}{2} \cdot (b - a)$$

und von oben durch die Trapezfläche

$$A_a := f(m) \cdot (b - a)$$

abgeschätzt werden. Als ersten Näherungswert für das Integral könnten wir nun das arithmetische Mittel dieser beiden Trapezflächeninhalte wählen. Es zeigt sich aber, dass ein gewichtetes Mittel zu besseren Resultaten führt. Wir benutzen nämlich die Näherung

▶

$$\int_a^b f(x)\, \mathrm{d}x \approx \frac{A_i + 2 \cdot A_a}{3} = \frac{b - a}{3} \cdot \left[\frac{f(a) + f(b)}{2} + 2 \cdot f(m) \right].$$

Wer schon mit Integralen vertraut ist, kann nachrechnen, dass dieser Term gerade den Flächeninhalt unter der Parabel liefert, welche durch die drei Punkte $(a, f(a))$, $(m, f(m))$ und $(b, f(b))$ führt, was das Verfahren sehr plausibel macht.

Die Idee des Algorithmus ist nun die folgende: Die Integrationsgrenzen sowie die vom Benutzer verlangte Genauigkeit g des Outputs, also des Integralwertes, sollen eingelesen werden können. Zur Fehlerabschätzung benutzen wir den Term

$$|A_a - A_i| = \left| (b - a) \cdot \left[f(m) - \frac{f(a) + f(b)}{2} \right] \right|.$$

Ist dieser Wert von Anfang an $< g$, so sind wir zufrieden und geben den Integralwert gemäß obiger Formel aus. Ist dieser Wert aber $> g$, so wenden wir den Algorithmus rekursiv auf die Teilintervalle $[a, m]$ und $[m, b]$ an, in denen wir aber je Genauigkeit $0{,}5g$ verlangen. Und ist in diesen Intervallen der Fehler je noch immer zu groß, so wird der Algorithmus nun viermal aufgerufen für die Intervalle

$$\left[a, \frac{a + m}{2} \right], \quad \left[\frac{a + m}{2}, m \right], \quad \left[m, \frac{m + b}{2} \right], \quad \left[\frac{m + b}{2}, b \right],$$

in denen wir aber je Genauigkeit $0,25g$ verlangen, und so weiter, bis die verlangte Genauigkeit erreicht ist. Dann werden alle Teilintegrale gemäß obiger Formel berechnet. Wir zerstückeln das ursprüngliche Intervall also so lange, bis die Summe aller Fehler in allen Teilintervallen einen beliebig kleinen vorgegebenen Wert unterschreitet.

In Pseudocode nimmt dieser Algorithmus die folgende Gestalt an:

Algorithmus *numerische Integration*

```
Func Fläche(a, b, g)  // Definition einer Funktion namens Fläche
```
$$\text{If } \left| (b - a) \cdot \left[f\left(\tfrac{a+b}{2}\right) - \tfrac{f(a)+f(b)}{2} \right] \right| < g \text{ then}$$
$$\text{Return } \tfrac{b-a}{3} \cdot \left[\tfrac{f(a)+f(b)}{2} + 2 \cdot f\left(\tfrac{a+b}{2}\right) \right]$$
```
Else
```
$$\text{Return Fläche}\left(a; \tfrac{a+b}{2}; \tfrac{g}{2}\right) + \text{Fläche}\left(\tfrac{a+b}{2}; b; \tfrac{g}{2}\right)$$
```
      Endif
EndFunc
Integr  // Programmname
Input „Untergrenze", a
Input „Obergrenze", b
Input „Genauigkeit", g
Print Fläche(a, b, g)  // Aufruf der oben definierten Funktion
End
```

Kommentar: Der Algorithmus wird unter dem Namen „integr" aufgerufen. Gleich nach dem Aufruf fragt das Programm nach den Integrationsgrenzen sowie der verlangten Genauigkeit. Dann ruft der Algorithmus die Funktion „Fläche" auf, der er die eben eingelesenen Daten übergibt. Die Funktion selber arbeitet rekursiv und liefert erst dann ein Resultat, wenn die verlangte Genauigkeit erreicht ist. Wir sehen hier also zum ersten Mal einen Algorithmus, in dem eine Art Unterprogramm aufgerufen wird, während das Hauptprogramm lediglich aus den letzten fünf Zeilen besteht. Tatsächlich sind zahlreiche in der Praxis übliche Programme der besseren Übersicht halber mit diversen Funktionen und Unterprogrammen ausgestattet, so dass das eigentliche Hauptprogramm relativ kurz und elegant formuliert werden kann.

2.6 Sortieren

▶ Sortieren ist ein so fundamentaler Prozess, dass er in diesem Buch keinesfalls fehlen darf. Lexika, Kundenstämme, Telefonbücher, Lagerbestandlisten, überall trifft man auf Listen, deren Elemente in eine lineare Ordnung gebracht werden. WORD und EXCEL haben Sortierverfahren bereits implementiert, weil Benützer dieser Programme immer wieder vor der Aufgabe stehen, sortieren zu müssen. Einem Programmierer oder einer Programmiererin stellt sich aber die grundsätzliche Frage, wie eine noch unsortierte Liste von Daten überhaupt sortiert werden kann. Wie macht man das? Wie bringt man Ordnung ins Chaos? Welche Methoden stehen zur Verfügung? Und welche Rolle spielt die Laufzeit bei

Sortierverfahren? Immerhin kann man sich ja vorstellen, dass man einen ungünstigen Sortieralgorithmus benützt, der bei einer Inputliste der Länge 1000
auch nach Jahren noch nicht terminiert. Was dann?

Grundsätzlich unterscheidet man zwischen internem und externem Sortieren. Während beim internen Sortieren alle zu sortierenden Daten innerhalb des Hauptspeichers
abgelegt und dort auch sortiert werden können, sind beim externen Sortieren externe Speicher nötig, um die riesige Datenmenge fassen zu können. Der für die Laufzeit des Algorithmus kritische Flaschenhals ist dann offensichtlich der ständige Transport von Da-
tenblöcken vom externen Speicher zum Hauptspeicher und umgekehrt. In diesem Buch
beschränken wir uns auf das interne Sortieren. Weitere Details zu diesem Thema wie auch
Ausführungen zum externen Sortieren können zum Beispiel nachgelesen werden in Aho
et al. (1983) oder in Knuth (2003).

Zum Nachdenken!

Nehmen Sie zehn Kärtchen zur Hand und notieren Sie auf jedes eine natürliche Zahl
zwischen 1 und 100; tun Sie das aber möglichst zufällig und ungeordnet. Legen Sie die
Kärtchen dann in einer Reihe vor sich aus.

Denken Sie sich nun einen Algorithmus aus, wie diese ungeordnete Liste sortiert
werden kann. Aber Achtung: Sie erkennen die korrekte Reihenfolge vielleicht auf einen
Blick. Bemühen Sie sich, algorithmisch zu denken, das heißt, Sie sollten sich eine möglichst einfache Abfolge von Befehlen ausdenken, bei deren strengem Befolgen die Liste
automatisch sortiert wird, auch ohne weiteres Zutun menschlicher Intelligenz. (Beispiele solcher Befehle sind: „Beginne an der Stelle …", „Vertausche zwei aufeinanderfolgende Karten, falls …", „Solange das Ende der Liste noch nicht erreicht ist, geh eine Position
weiter", „Leg den Wert der Karte an der Position … in die Variable … ab", „Wiederhole
diesen Schritt der Reihe nach für jede Position", „Schiebe die Karten an den Positio-
nen … um eine Position nach rechts", und so weiter.)

Funktioniert Ihr Algorithmus auch dann, wenn zwei oder mehr Karten dieselbe Zahl
enthalten? Und auch dann, wenn die Liste schon zu Beginn sortiert ist?

Denken Sie sich mindestens zwei verschieden Verfahren aus, und listen Sie für jedes
der Verfahren die Vor- und Nachteile auf.

Sollen tausend Daten sortiert werden, so können wir diese natürlich nicht in tausend
verschiedenen Variablen abspeichern. Es muss also eine günstigere Datenstruktur gefunden werden. Meist werden hierfür Listen verwendet, die man auch *Arrays* nennt. Schreiben
wir zum Beispiel

$$L: array \, [1..n] \, of \, integer \, ,$$

so meinen wir damit, dass ein Array namens L vorliegt, welcher n Einträge natürlicher
Zahlen aufweist. Um auf die einzelnen Elemente des Arrays zugreifen können, schreiben
wir

$$L[1], L[2], \ldots, L[i], \ldots, L[n] \, .$$

Abb. 2.5 Sortieren durch
direktes Einfügen

Liegt also zum Beispiel der Array L:(5, 9, 1, 1, 4, 3, 8, 2, 7, 7) vor, so ist $L[2] = 9$, $L[6] = 3$,
und so weiter.

Wir behandeln nun im Folgenden drei verschiedene Sortieralgorithmen, Sortieren
durch direktes Einfügen, Sortieren durch direktes Auswählen und den Bubble-Sort-
Algorithmus. Fragen nach der Laufzeit verschieben wir ins Kap. 3, wo Fragen nach der
Effizienz von Algorithmen unser zentrales Thema sein werden.

2.6.1 Sortieren durch direktes Einfügen

Jeder Mensch, der Karten spielt, benutzt eine Sortiermethode. Man macht dies allerdings
meist so automatisch, dass man sich der benutzten Methode gar nicht bewusst ist. Deshalb
schauen wir nun einem Kartenspieler über die Schulter, während dieser die ihm ausgeteil-
ten Karten aufnimmt (Abb. 2.5).

Nehmen wir einmal an, unser Spieler nimmt der Reihe nach die folgenden Pik-Karten
auf: 8, Junge, 7, König und 10. Am Anfang befindet sich erst Pik 8 in seiner Hand. Nun
nimmt er den Jungen auf, vergleicht die neue Karte mit der Handkarte, stellt fest, dass
der Junge einen höheren Wert hat und ordnet ihn folglich rechts von der Pik 8 ein. Nun
nimmt der Spieler Pik 7 auf und vergleicht die neue Karte mit den Karten in der Hand.
Er überstreicht mit der Pik 7 beide Handkarten von rechts nach links und ordnet sie, weil
beide Handkarten einen höheren Wert haben, ganz links ein. Der Pik König landet dann
ganz rechts in der Hand. Zum Schluss nimmt der Spieler Pik 10 auf und vergleicht sie,
rechts beginnend, der Reihe nach mit den vier Handkarten. Da Pik König einen höheren
Wert hat, schiebt er diesen in der Hand etwas nach rechts, um Platz zu machen für die
neue Karte. Da auch der Junge einen höheren Wert hat, schiebt er auch diesen etwas nach
rechts. Da Pik 8 nicht einen höheren Wert hat, fügt er die neue Karte in die entstandene
Lücke zwischen Pik 8 und Junge ein. Dieses Verfahren nennt man *direktes Einfügen*. Und
es ist allen, die schon einmal Karten gespielt haben, sehr geläufig.

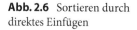
Abb. 2.6 Sortieren durch
direktes Einfügen

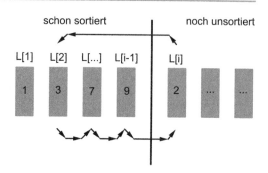

Um daraus einen brauchbaren Algorithmus zu machen, müssen wir abstrahieren, verallgemeinern und präzisieren. Nehmen wir also an, es liegt ein Array L[1 … *n*] von natürlichen Zahlen vor, freilich unsortiert (Abb. 2.6). Nehmen wir weiter an, die ersten *i* – 1
Einträge sind bereits sortiert; zu Beginn ist dann also *i* = 2 (die erste Karte ist schon in der
Hand des Spielers).

Nun soll der Listeneintrag Nummer *i* in der schon sortierten Teilliste am richtigen
Platz eingefügt werden. Dazu vergleichen wir L[*i*] mit den unmittelbar vorangehenden
Einträgen, also den Einträgen L[*i* – 1], L[*i* – 2], und so weiter. Solange diese Einträge einen
höheren Wert haben als L[*i*], müssen wir sie um je eine Stelle nach rechts schieben, um am
richtigen Ort eine Lücke zu schaffen. In der Abbildung muss man also die an den Stellen 2,
3 und 4 der Liste gespeicherten Werte je um eine Stelle nach rechts schieben, um die Stelle 2 frei zu machen für den jetzt an der Stelle 5 gespeicherten Wert. Beim Verschieben von
Einträgen müssen wir besonders achtsam sein: Speichert man nämlich zum Beispiel den
Listeneintrag an der Stelle 2 in die Stelle 3, so geht der vorher dort gespeicherte Eintrag
verloren. Wir lösen das so, dass wir den Listeneintrag an der Stelle 5 in eine Hilfsvariable *h*
speichern; danach kann man gefahrlos den Eintrag an der Stelle 4 in die Stelle 5, dann den
Eintrag an der Stelle 3 in die Stelle 4 und schließlich den Eintrag an der Stelle 2 in die Stelle 3
speichern. Die Stelle 2 ist damit frei beziehungsweise gefahrlos überschreibbar geworden
und kann mit dem in der Hilfsvariablen gespeicherten Wert überschrieben werden.

Wir formen diese Idee in einen Algorithmus in Pseudocode um:

Algorithmus *Sortieren durch direktes Einfügen* (L,n)

```
// Dem Algorithmus wird also die zu sortierende Liste
sowie deren Länge übergeben.
    Var i, j, h, p        // Integer-Variablen i,
    j, p für Listenpositionen,
                          // h für die Sicherheitskopie
    For i = 2 to n do     // Beginn mit dem zweiten Eintrag.
        // Den ersten betrachten wir als sortierte Teilliste.
        L[i] → h          // Sicherheitskopie des i-ten Eintrages
        For j = i − 1 to 1 Step −1  // Wir laufen die schon sortierte
                                    Teilliste rückwärts ab.
            If L[j] > h then // Solange diese Einträge höheren Wert
                          haben, ...
                L[j] → L[j + 1] // ... werden sie um eine Stelle
                              nach rechts gerückt.
                j → p     // Wir merken uns die frei werdende Stelle.
            Endif
        Endfor
        h → L[p]          // Sicherheitskopie an der freien Stelle einfügen
    Endfor
    Print L
end
```

Freilich funktioniert dieser Algorithmus auch dann, wenn mehrere Einträge der Liste identisch sind.

2.6.2 Sortieren durch direktes Auswählen

Stellen wir uns vor, ein Weinliebhaber steht vor einer langen, ungeordneten Reihe von Weinflaschen. Insbesondere sind die Jahrgänge der Weine in einer ganz zufälligen Reihenfolge (Abb. 2.7). Der Weinliebhaber hat es sich aber zum Ziel gesetzt, die Flaschen nach Jahrgang aufsteigend zu sortieren, weil er dann immer den ältesten zuerst zu verköstigen beabsichtigt. Der Algorithmus des direkten Einfügens ist ihm zwar bekannt, aber er scheut davor zurück, immer wieder unter Umständen zahlreiche Flaschen um je eine Stelle nach rechts rücken zu müssen. Darum denkt er sich ein für seine Zwecke besseres Verfahren aus.

Er beginnt damit, die Reihe von links nach rechts abzuschreiten, um den Wein mit dem ältesten Jahrgang aufzuspüren. Dazu legt er den Jahrgang der ersten Flasche, sagen wir 2008, zusammen mit der Stelle, also 1, in seinem Kurzzeitgedächtnis ab, bewegt sich dann Flasche um Flasche nach rechts und ersetzt die Zahlen in seinem Kurzzeitgedächtnis immer dann, wenn er auf einen noch älteren Wein trifft, durch dessen Jahrgang und dessen Stelle. Angenommen, die siebte Flasche zeigt zum ersten Mal einen älteren Jahrgang, etwa 2003, dann „überschreibt" er die Zahl 2008 durch die neue Zahl 2003 und die Stelle 1 durch die neue Stelle 7 und bewegt sich weiter nach rechts. Angenommen, die fünfzehnte

Abb. 2.7 Ein Weinliebhaber
sortiert nach Jahrgängen

Flasche zeigt zum ersten Mal einen noch älteren Jahrgang, etwa 1995, so „überschreibt" er
nun die Zahl 2003 durch 1995 und die Stelle 7 durch die Stelle 15 und bewegt sich weiter
nach rechts. Weiter angenommen, keine der nachfolgenden Flaschen hat einen noch älteren Jahrgang, dann bleiben 1995 und 15 bis ans Ende der Reihe im Gedächtnis unverändert
gespeichert. Dann weiß unser Weinliebhaber folglich, dass an der Stelle 15 der älteste Wein
überhaupt steht, nämlich einer mit Jahrgang 1995.

Wie gelangt diese Flasche nun an den Anfang der Reihe? Ganz einfach, der Weinliebhaber vertauscht einfach die Flasche an der Stelle 1 mit der Flasche an der Stelle 15. Damit
ist gewährleistet, dass die älteste Flasche an der ersten Position der Reihe steht und ihre Position während des restlichen Sortierprozesses nie mehr verändert wird. Als nächstes
wiederholt der Weinliebhaber die eben beschriebene Prozedur, beginnt aber an der Stelle 2.
Ist danach die zweitälteste Flasche an der Stelle 2 angekommen, wiederholt er die Prozedur
mit Beginn an der Stelle 3, und so weiter.

Um zu einem lauffähigen Algorithmus zu gelangen, sollten wir uns von Weinen und
Jahrgängen lösen und stattdessen über einen Array nachdenken. Es liege also ein Array
$L[1 \dots n]$ von natürlichen Zahlen vor. Wir speichern zuerst den Wert an der Stelle 1 in eine
Hilfsvariable h und die Stelle 1 in eine Positionsvariable p und schreiten dann mit Hilfe
eines wachsenden Index j den Rest der Liste ab. Und jedes Mal, wenn wir einen Wert $L[j]$
antreffen, der kleiner als h ist, überschreiben wir h durch $L[j]$ und p durch j. In Pseudocode
lautet dieser Algorithmus wie folgt:

Algorithmus *Sortieren durch direktes Auswählen* (L,n)

```
   Var i, j, h, p // Integer-Variablen i, j, p für Listenpositionen,
                  // h für die Sicherheitskopie
   For i = 1 to n-1 Step 1 do  // Beginn mit dem ersten Eintrag.
      L[i] → h // Sicherheitskopie des i-ten Eintrages
      i → p    // Position merken
      For j = i+1 to n Step 1  // Wir schreiten den Rest
                                    der Liste ab.
         If L[j] < h then  // Falls ein kleinerer Eintrag
                              gefunden wird, ...
            L[j] → h // ... wird er in h gespeichert,
            j → p    // und wir merken uns die Stelle.
         Endif
      Endfor
      L[i] → L[p]
      h → L[i]  // Einträge an den Stellen i und p vertauschen
   Endfor
   Print L
End
```

Auch dieser Algorithmus liefert richtige Outputs, wenn die Liste teils identische Einträge enthält.

2.6.3   Bubblesort

Ein weiterer sehr einfacher Sortieralgorithmus ist *Bubblesort*. Und der Name ist gut gewählt. Wir stellen uns dazu den Array einfach vertikal vor und die Einträge als Luftbläschen verschiedener Größe in einem Wasserglas, die nun nach oben wandern, das leichteste Bläschen, also das Element kleinsten Wertes, am schnellsten, gefolgt vom zweitkleinsten Bläschen, und so weiter. Die Frage ist nur, wie wir dieses Hochwandern der Bläschen bewerkstelligen wollen. Ganz einfach: Wir beginnen ganz unten im Glas und vergleichen die Einträge an den Stellen 1 und 2 des Arrays, also L[1] und L[2]. Falls das Element an der Stelle 1 kleiner (leichter) ist als das Element an der Stelle 2, so vertauschen wir die beiden Elemente. Ist überhaupt eines der beiden Elemente kleiner als das andere, so befindet sich nach diesem Schritt das kleinere sicher an der Stelle 2. Darauf vergleichen wir die beiden Einträge an den Stellen 2 und 3, also L[2] und L[3] und vertauschen sie wiederum, falls das kleinere an der Stelle 2 sein sollte. Dadurch befindet sich nun der kleinste Eintrag der ersten drei Stellen mit Sicherheit an der Stelle 3. So fahren wir fort, vergleichen also die Einträge an den Stellen 3 und 4, dann 4 und 5, dann 5 und 6, und so weiter, und stellen jedes Mal sicher, dass das kleinere Element weiter oben zu liegen kommt. So wird am Ende dieses Durchgangs das kleinste Element der gesamten Liste, das leichteste Luftbläschen überhaupt, am oberen Ende des Arrays angekommen sein.

Danach beginnen wir wieder ganz unten im Glas, führen diesen schrittweisen Tauschprozess aber natürlich nur noch bis zur Stelle $n-1$ des Arrays durch, weil an der Stelle n ja das kleinste Elemente der Liste steht und diese Position nie mehr verlassen wird. Dadurch wandert das zweitkleinste Element, beziehungsweise das zweitleichteste Bläschen schrittweise nach oben und findet an der Stelle $n-1$ seine endgültige Position. Und so fahren wir fort, bis der ganze Array sortiert ist.

Da in diesem Algorithmus und auch in anderen Algorithmen immer wieder zwei Elemente vertauscht werden müssen, kann man sich überlegen, den so häufig verwendeten Vertauschungsprozess von einer speziellen Prozedur *swap* ausführen zu lassen, auch, um damit das Hauptprogramm, in diesem Fall Bubblesort, übersichtlicher gestalten zu können. Das ist eine beliebte Vorgehensweise in der Informatik: Prozeduren, welche gehäuft in größeren Programmen verwendet werden, werden gesondert betrachtet, gesondert programmiert und sozusagen eingekapselt. Häufige Teilarbeiten werden mit Vorteil ausgelagert. Das hat den Vorteil, dass das Hauptprogramm kürzer wird und man sich beim Programmieren auf die programmspezifischen Aspekte konzentrieren kann. In unserem Fall könnte man also für die Tauschaktionen die folgende Prozedur verwenden:

Algorithmus *swap* (x, y)
```
// Die übergebenen Werte x und y sollen vertauscht werden.
    Var h  // Variable für Sicherheitskopie
    x → h
    y → x
    h → y
End
```

Und damit lässt sich Bubblesort dann ganz elegant formulieren:

Algorithmus *Bubblesort* (L, n)
```
    Var i, j // Integer-Variablen i und j als Schleifenzähler
    For i = n-1 to 1 Step -1 do
        For j = 1 to i Step 1 do
            If L[j] < L[j+1] then
                Swap(L[j],L[j+1])
            Endif
        Endfor
    Endfor
    Print L
End
```

In jedem Schleifendurchgang dieses Programms wird einmal die Prozedur *swap* aufgerufen, freilich immer mit anderen Elementen.

2.7 Public Key Cryptography

▶ Auf den ersten Blick würde man nicht annehmen, dass man mit Zahlentheorie, also der mathematischen Disziplin, in der man sich mit natürlichen Zahlen und ihren Gesetzmäßigkeiten (Sätzen über Primzahlen, Teilbarkeit, Modulrechnen, und so weiter) beschäftigt, etwas erschaffen kann, was sich für kriegerische Einsätze eignet. Dieser Überzeugung gab auch der englische Mathematiker G. H. Hardy Ausdruck, als er 1940 schrieb:

> No one has yet discovered any warlike purpose to be served by the theory of numbers (…) and it seems very unlikely that anyone will do so for many years (Hardy 1940).

Hardy täuschte sich. Schon 1977 gelang einigen amerikanischen Mathematikern eine zahlentheoretische Erfindung, die so brisant war, dass ihre Publikation die US-amerikanische *Munitions Act* verletzte, ein Gesetz, welches den Transfer von kryptographischer Technologie ins Ausland regelte. Die Mathematiker hatten ein Verfahren zur Verschlüsselung und Entschlüsselung von Daten gefunden, das auf Operationen mit riesigen Primzahlen aufbaut und so revolutionär war, dass es alle älteren Verfahren in den Schatten stellte. Die Kryptographie war auf einen Schlag zu einer mathematischen Disziplin geworden.

Wie kann man mit Hilfe von Primzahlen Daten verschlüsseln? In einer Zeit, in der im Internet eingekauft wird, in der Börsentitel elektronisch gehandelt, finanzielle Transaktionen im Netz abgewickelt und Volksabstimmungen online abgewickelt werden, ist es wichtiger denn je, dass sensible Daten so verschlüsselt werden, dass sie nach menschlichem Ermessen unknackbar sind. Wie kann die Mathematik hierbei helfen?

Mathematische Theorien mögen manchmal abgehoben und lebensfern wirken; Tatsache ist aber, dass es kaum je eine mathematische Theorie gab, für die nicht irgendwann ganz handfeste und praktische Anwendungen gefunden worden wären. Die Zahlentheorie ist hierfür ein Musterbeispiel; sie entwickelte sich zur Grundlage unserer modernen Sicherheitssysteme. Bis in die 70er-Jahre des 20. Jahrhunderts litt die Kryptographie unter einem schwerwiegenden Mangel: Der geheime Austausch von Informationen machte immer den vorherigen physischen Austausch des Schlüssels zwischen allen beteiligten Stellen notwendig. Der Austausch des Schlüssels ist aber gerade die heikelste Phase, weil auf dem Weg zu allen beteiligten Stellen der Schlüssel in fremde Hände geraten oder von ebensolchen Augen gelesen werden kann.

Schon Julius Caesar verschlüsselte während des Gallischen Krieges seine Botschaften an die Generäle, und dazu mussten mit den Generälen im Voraus die Schlüssel ausgetauscht werden. Dieser Austausch hätte natürlich abgehört werden können. Andererseits war die Verschlüsselung so primitiv, dass sie keinem ernsthaften Entschlüsselungsversuch hätte standhalten können. Caesar benutzte nämlich eine einfache Substitution, das heißt, er ersetzte jeden Buchstaben im Klartext durch denjenigen Buchstaben, der im Alphabet eine gewisse Zahl von Stellen weiter hinten folgt. Würde man zum Beispiel das Wort „ALGO-RITHMUS" so verschlüsseln, dass man jeden Buchstaben durch denjenigen Buchstaben ersetzt, der im Alphabet drei Stellen später steht, so würde das Wort in den Code „DO-JRULWKPXV" übergehen. Das wäre natürlich leicht zu entschlüsseln. Im Übrigen kann jeder Text, der aus dem Klartext entstanden ist, indem irgendeine Bijektion des Alphabetes auf sich selber durchgeführt wurde, mit Hilfe einer Häufigkeitsanalyse der Buchstaben decodiert werden, sofern er lang genug ist.

Als die schottische Königin Maria Stuart, von den eigenen Landsleuten vertrieben und von der englischen Königin Elisabeth I. inhaftiert, mit einigen englischen Katholiken ein Komplott schmiedete, dessen Ziel Marias Befreiung, Elisabeths Tod und eine Invasion in England waren, musste zuerst ein Schlüssel für die Geheimschrift zwischen Maria im Gefängnis und den Komplizen außerhalb ausgetauscht werden. Dieser Austausch klappte zwar, und der Schlüssel blieb auch unentdeckt, aber die Verschlüsselung war so einfach, dass abgefangene Briefe von den Elisabeth-Treuen decodiert werden konnten. Mit einem besseren kryptographischen Verfahren wäre Maria die Enthauptung wahrscheinlich erspart geblieben (siehe auch Singh 2000).

Die später erfundene *Vigenère-Verschlüsselung* war ein Quantensprung in der Kryptographie. Die einfache Decodierung mit Hilfe einer statistischen Häufigkeitsanalyse wurde verunmöglicht, indem ein Buchstabe nicht jedes Mal, wenn er im Klartext vorkommt, durch denselben Geheimbuchstaben ersetzt wird. Das Substitutionsalphabet wechselt periodisch gemäß einem Schlüsselwort, und so verschlüsselte Texte sind sehr viel schwieriger zu knacken.

Im 2. Weltkrieg verschlüsselte die Deutsche Wehrmacht die Korrespondenzen mit Hilfe der Enigma-Maschinen (Abb. 2.8). In der Kriegsmarine zum Beispiel war jedes U-Boot mit einer solchen Maschine ausgerüstet und hatte überdies ein Schlüsselbuch an Bord, das die Walzenstellungen der Enigma für mindestens einen Monat enthielt. Nachdem die deutschen U-Boote den Alliierten schreckliche Verluste zugefügt hatten – durchschnittlich 50 zerstörte Schiffe pro Monat in der Zeit zwischen Juni 1940 und Juni 1941 – beschlossen die Alliierten, die Schlüsselbücher zu stehlen. Dies gelang auch bei einigen wagemutigen Überfällen auf deutsche Wetterschiffe und U-Boote. Die überfallenen Schiffe wurden sogleich versenkt, um die Deutschen glauben zu machen, die Codebücher lägen auf dem Grund des Meeres, also sozusagen in Sicherheit. Mit Hilfe dieser Codebücher gelang nun die Dechiffrierung zahlreicher deutscher Geheimtexte, wodurch der kriegerische Erfolg der Alliierten wesentlich verbessert und beschleunigt wurde. Dies war aber nur möglich, weil alle beteiligten Stellen den Schlüssel besaßen und es somit genügte, eine einzige Stelle zu berauben, um damit das ganze System zu schwächen.

Es ist relativ leicht, einen Text so zu verschlüsseln, dass er ohne Kenntnis des Schlüssels kaum geknackt werden kann. Das zeigt schon die Tatsache, dass es verschlüsselte Texte gibt, die während sehr langer Zeit nie decodiert werden konnten. Der *D'Agapeyeff-Code* ist ein solches Beispiel. Dieser nach dem in Russland geborenen Kryptographen Alexander D'Agapeyeff benannte Geheimtext wurde 1939 veröffentlicht und konnte bis zum heutigen Tag von niemandem geknackt werden. D'Agapeyeff selber soll, als er noch lebte, sich nicht

Abb. 2.8 Enigma

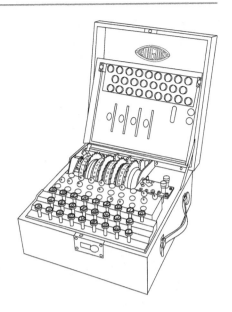

mehr an den Schlüssel erinnert haben; es wird aber auch manchmal vermutet, der Code
sei vielleicht deswegen unknackbar, weil er falsch verschlüsselt worden sei. Die Wahrheit
kennt wohl niemand. Aber Tatsache ist, dass auch mit diesem Code eine geheime Unter-
haltung zweier Parteien nur dann möglich wäre, wenn vorher ein gefährlicher Austausch
des Schlüssels stattgefunden hätte.

Im Jahr 1976 fanden W. Diffie und M. Hellman aus Stanford sowie R. Merkle aus Ber-
keley einen überaus raffinierten Ausweg aus diesem Dilemma, indem sie ein neues Ver-
schlüsselungsverfahren vorschlugen, bei dem der Schlüssel öffentlich ist – daher auch der
Name *public key cryptography* (Diffie und Hellman 1976). Auf den ersten Blick erscheint
diese Idee paradox: Wie soll ausgerechnet ein öffentlicher Schlüssel die damit verschlüsselte Botschaft abhörsicher machen? Das eine ist wenigstens klar, dass nämlich bei einem
öffentlichen Schlüssel der heikle Transport des Schlüssels zu allen beteiligten Stellen ent-
fällt.

Schon zwei Jahre später, 1978, fanden R.L. Rivest, A. Shamir und L. Adleman einen
mathematischen Weg, die Idee des öffentlichen Schlüssels in die Praxis umzusetzen (Rivest et al. 1987). Dieser nach seinen Entdeckern benannte *RSA-Algorithmus* benutzt große
Primzahlen und Modulo-Arithmetik und soll nun im Folgenden besprochen werden.

Angenommen, eine Stelle B, sei das nun ein Geheimdienst, eine militärische Einheit
oder eine Niederlassung eines Konzerns, möchte in Zukunft geheime Botschaften von einer
oder mehreren externen Stellen erhalten können. Dann muss B die folgenden Vorbereitungen treffen:

Algorithmus *RSA – Vorbereitungen* von B

1. B wählt zwei große Primzahlen p und q, je mit 100-300 Stellen, und bildet ihr Produkt $r := p \cdot q$.

2. B wählt eine beliebige Zahl c, welche kleiner ist also $(p-1)(q-1)$ und überdies die Eigenschaft hat, dass $\text{ggT}(c, (p-1)(q-1)) = 1$ ist.

3. B berechnet die nach dem Lemma von Bézout (Abschn. 2.3) existierenden ganzen Zahlen x und y, so dass $x \cdot c + y \cdot (p-1)(q-1) = 1$ ist.

4. B veröffentlicht die Zahlen r und c in einem für jedermann einsehbaren Code-Buch.

End

Zum Nachdenken!

Führen Sie das unbedingt alles einmal durch. Je nach zur Verfügung stehender Technologie wählen Sie aber ruhig zwei ganz kleine Primzahlen, etwa zweistellige. Welche Primzahlen und welche Zahl c haben Sie gewählt? Und wie lauten dann die beiden Zahlen, die nach dem Lemma von Bézout sicherlich existieren? Welche beiden Zahlen werden also veröffentlich?

Und weshalb kann jemand, der diese Zahlen abhört, trotzdem nicht die gesamte Information rekonstruieren, die Ihnen zur Verfügung steht? Bei dieser letzten Frage sollten Sie unbedingt in realen Größenordnungen denken.

An dieser Stelle können wir schon deutlich machen, weshalb ausgerechnet öffentliche Schlüssel besonders sicher sind. Es werden ja nur die Zahlen r und c publiziert, nicht aber die beiden Primzahlen p und q. Der entscheidende Punkt ist nun der, dass zum Verschlüsseln einer Nachricht die Zahlen r und c, die ja von jedermann nachgeschlagen werden können, ausreichen, während aber zum Entschlüsseln der codierten Nachricht die beiden Primzahlen p und q zwingend notwendig sind, und diese Zahlen besitzt nur B, der Empfänger der Nachricht. Nun könnte man einwenden, dass ein Feind ja lediglich r zu faktorisieren braucht, um die beiden Primzahlen zu finden, und Faktorisieren ist ein Prozess, der jeder Schüler und jede Schülerin im Prinzip beherrscht. Genau dies geht aber aus praktischen Gründen nicht. Es gibt nämlich bis zum heutigen Tag keinen Algorithmus, der in der Lage ist, Zahlen der erwähnten Größenordnung in vernünftiger Zeit zu faktorisieren.

Nehmen wir nur einmal an, die beiden von B gewählten und geheim gehaltenen Primzahlen haben je etwa 100 Stellen. Dann hat das Produkt r etwa 200 Stellen. Um die Primfaktoren zu finden, müssen wir mit einem Computerprogramm alle möglichen Divisionen der Zahl durch natürliche Zahlen zwischen 2 und der Wurzel von r ausführen. Wie schon eingangs Abschn. 2.2 ausgerechnet, würde eine solche Berechnung auch bei dem schnellsten heute existierenden Computer nicht in nützlicher Zeit zu machen sein. Um es ganz pointiert zu sagen: Es besteht ein wesentlicher Unterschied zwischen der Aufgabe, zwei Zahlen zu multiplizieren, und der Aufgabe, das Produkt wieder zu zerlegen. Obwohl *im Prinzip* klar ist, wie man eine Zahl faktorisieren muss, scheitert man bei diesem Versuch sehr schnell am Aufwand. Wie anspruchsvoll Faktorisieren ist, zeigt besonders eindrücklich das Beispiel des amerikanischen Mathematikers Frank Nelson Cole. Im Jahr 1903 hielt er den wohl einzigen „Vortrag" der Menschheitsgeschichte, in dem kein einziges Wort gesprochen wurde. Er kam an die Tafel und rechnete schweigend vor, dass die Mersenne-Zahl $2^{67} - 1$ in die beiden Faktoren 193.707.721 und 761.838.257.287 faktorisiert werden kann. Er hatte dafür ganze drei Jahre lang jedes Wochenende mit Rechnen zugebracht.

Genau diesen Umstand nützt das RSA-Verfahren aus. Das Produkt der beiden Primzahlen kann gefahrlos veröffentlicht werden im sicheren Bewusstsein, dass niemandem die Zerlegung gelingen wird. Die beiden Primzahlen selbst, also das einzige Instrument, mit dem eine codierte Nachricht wieder verschlüsselt werden kann, bleibt aber beim Empfänger. Es ist etwa so, als würde B eine Kiste mit Schnappschloss bauen und den einzigen Schlüssel bei sich behalten. Und wenn nun eine Stelle A eine Geheimbotschaft an B senden möchte, schickt B die offene Kiste an A. Dort wird der Klartext in die Kiste gelegt und die Kiste geschlossen. Ist das einmal geschehen, kann auch A selber die von ihm codierte Nachricht nicht mehr entschlüsseln, weil er ja den Schlüssel nicht besitzt. Einzig B, der die Kiste nun auf öffentlichen Wegen zugestellt bekommt, ist in der Lage, sie zu öffnen; den Schlüssel aber hat er nie aus der Hand gegeben.

Natürlich bleibt die Frage bisher unbeantwortet, wie genau eine Nachricht mit Hilfe der öffentlich zugänglichen Zahlen r und c verschlüsselt werden und wie der Geheimtext anschließend allein vom Empfänger B mit Hilfe der beiden einzig ihm zugänglichen Primzahlen decodiert werden kann – und vor allem, weshalb das klappt. Bei der Beantwortung dieser Fragen wollen wir nun ein gutes Stück weiter kommen:

Will irgendeine Stelle A eine verschlüsselte Nachricht an B senden, so informiert sich A über die öffentlich zugänglichen Zahlen r und c und geht wie folgt vor:

Algorithmus *RSA Verschlüsselung*

```
1. A stellt die Nachricht N durch natürliche Zahlen dar:
   N = 710058321979021...
2. A zerlegt die Nachricht N in Blöcke, deren Länge kleiner sein
   muss als die kleinere der beiden Primzahlen.
   N = 7100/5832/1979/021...
3. Wenn wir diese Blockzahlen Nᵢ nennen für i = 1,2,3,..., so wird
   nun jeder Block codiert gemäß der Formel
```

$$G_i := N_i^c \bmod r$$

```
4. A sendet alle Zahlen Gᵢ an B.
End
```

Die codierte Nachricht $G_1, G_2, \ldots$ wird nun über öffentliche Kanäle zu B geschickt. Auf diesem Weg kann sie durchaus belauscht werden, aber decodiert werden kann sie nur vom Empfänger, dem Besitzer der beiden Primzahlen. Bei B angekommen, kann dieser die Nachricht wie folgt in den Klartext zurückverwandeln:

Algorithmus *RSA Entschlüsselung*
1. B empfängt der Reihe nach die Zahlen $G_1, G_2, \ldots$.
2. B benutzt die im Algorithmus *RSA Vorbereitungen von B*
   berechnete Zahl x, rechnet für $i = 1,2,3,\ldots$:

   $G_i^x \bmod r = N_i$

und erhält damit den Klartext zurück.
End

Die Entschlüsselung arbeitet also mit der Zahl x, von der nur Kenntnis haben kann, wer die beiden Primzahlen besitzt. Freilich ist an dieser Stelle alles andere als klar, weshalb diese Rechnung wirklich wieder zum Klartext zurückführt. Um das zu verstehen, benötigen wir ein weiteres Resultat der Zahlentheorie, nämlich einen Satz, der auf den großen Mathematiker Leonhard Euler zurückgeht.

Zum Nachdenken!

Können Sie zum Spaß sowohl die Verschlüsselung als auch die Entschlüsselung je einmal mit den früher gewählten kleinen Zahlen durchführen? Am besten wählen Sie eine sehr kurze Nachricht und ordnen dann den Buchstaben A, B, C, … die Zahlen 01, 02, 03, … zu. Als Blocklänge wählen Sie 2, so dass immer ein Buchstabe ein Block ist.

Wir begeben uns jetzt auf einen aufschlussreichen Ausflug in die Zahlentheorie und kommen nachher wieder auf den RSA-Algorithmus zurück.

In Abschn. 2.2 haben wir einen Satz behandelt, der unter dem Namen „kleiner Fermat" bekannt geworden ist. Wir haben verstanden, dass für eine Primzahl n alle Potenzen a^{n-1} Modulo n den Wert 1 liefern, sofern a der Menge $\mathbb{Z}_n \setminus \{0\}$ entstammt. Eine ganz naheliegende Frage ist nun, was denn ausgesagt werden kann, wenn n nicht prim ist. Liefern dann auch all diese Potenzen das Resultat 1? Oder bloß einige? Und wenn ja, welche? Wie so oft in der Mathematik, wenn eine Fragestellung auf den ersten Blick schwierig erscheint, empfiehlt sich eine exemplarische Annäherung. Einige Beispiele führen uns vielleicht auf die richtige Fährte.

Nehmen wir etwa $n = 8$. Berechnen wir alle Potenzen a^{n-1} Modulo n, so erhalten wir die folgenden Resultate:

$$1^7 = 1 \ (\bmod\ 8)$$

$$2^7 = 0 \ (\bmod\ 8)$$

$$3^7 = 3 \ (\bmod\ 8)$$

$$4^7 = 0 \ (\bmod\ 8)$$

$$5^7 = 5 \ (\bmod\ 8)$$

$$6^7 = 0 \ (\bmod\ 8)$$

$$7^7 = 7 \ (\bmod\ 8) \ .$$

Außer im trivialen Fall liefert also keine einzige dieser Potenzen den Wert 1. Das sieht nach einem Misserfolg aus. Wir könnten aber versuchen, auch noch Potenzen mit anderen Exponenten zu testen. Wenn wir alle möglichen Potenzen Modulo 8 berechnen, so liefern (außer im trivialen Fall $a = 1$) genau die folgenden den Wert 1:

$$3^2, \quad 5^2, \quad 7^2$$
$$3^4, \quad 5^4, \quad 7^4$$
$$3^6, \quad 5^6, \quad 7^6.$$

Die Basen 1, 3, 5, 7 sind also besonders interessant. Aber was für Zahlen sind das? Wenn wir das Beispiel verallgemeinern wollen, sollten wir die richtige Charakterisierung für diese Zahlen finden. Sind es alle ungeraden aus $\mathbb{Z}_8$? Oder die 1 und alle ungeraden Primzahlen in $\mathbb{Z}_8$? Oder alle Zahlen, die zu 8 teilerfremd sind? All das trifft ja zu, aber welche Formulierung lässt sich auch auf andere Zahlen n verallgemeinern? Vielleicht erhalten wir mehr Klarheit, wenn wir ein weiteres Beispiel betrachten.

Sei jetzt $n = 9$. Wenn wir alle möglichen Potenzen in $\mathbb{Z}_9$ berechnen, so finden wir eine erstaunliche Häufung:

$$1^6 = 2^6 = 4^6 = 5^6 = 7^6 = 8^6 = 1.$$

Daneben gibt es noch einige wenige andere Potenzen, die auch den Wert 1 liefern, aber diese Häufung ist wirklich auffällig. Die Basen 1, 2, 4, 5, 7, 8 sind also von besonderem Interesse. Und diesmal ist die Sachlage schon viel deutlicher. Bei diesen Basen handelt es sich offenbar gerade um die zu 9 teilerfremden Zahlen aus $\mathbb{Z}_9$ und nicht etwa um alle ungeraden Zahlen oder um die Primzahlen. Natürlich bewegen wir uns hier noch auf dünnem Eis, denn dass die Zahlen 1, 2, 4, 5, 7 und 8 diese Eigenschaft haben, könnte auch purer Zufall sein. Immerhin stützen beide betrachteten Beispiele die These, dass diejenigen Basen besonders interessant sind, die teilefremd zu n sind. Was aber können wir über den Exponenten sagen? Im ersten Beispiel führten die Exponenten 2, 4 und 6 zum Resultat 1, im zweiten Beispiel stach der Exponent 6 heraus. Welche Bedeutung könnte die Zahl 6 haben? Nun, auffällig ist, dass es sechs zu 9 teilerfremde Zahlen gibt, eben 1, 2, 4, 5, 7 und 8. Könnte es also sein, dass man immer den Wert 1 erhält, wenn man eine zu n teilerfremde Zahl mit der Anzahl solcher potenziert? Im Beispiel $n = 8$ gibt es vier zu 8 teilerfremde Zahlen in $\mathbb{Z}_8$, nämlich 1, 3, 5 und 7. Und tatsächlich erhalten wir stets 1, wenn wir eine dieser Zahlen mit 4 potenzieren. Dass man aber auch in anderen Fällen den Wert 1 erhalten kann, zeigt, dass wir nicht einer Äquivalenzaussage auf der Spur sind, sondern einer Implikation. Und im Beispiel $n = 9$ gibt es sechs zu 9 teilerfremde Zahlen in $\mathbb{Z}_9$, und in der Tat erhalten wir stets 1, wenn wir eine dieser Zahlen mit 6 potenzieren. Die bisher betrachteten Beispiele stützen also die folgende Vermutung:

$$\mathrm{ggT}(a, n) = 1 \Rightarrow a^{\text{Anzahl Zahlen, die zu } n \text{ teilerfremd sind}} = 1 \,(\mathrm{mod}\ n).$$

Sollte diese Vermutung zutreffen, so hätte sie überdies den schönen Nebeneffekt, dass sie den „kleinen Fermat" verallgemeinert; ist nämlich speziell n eine Primzahl, so ist *jede*

Zahl aus $\mathbb{Z}_n\backslash\{0\}$ teilerfremd zu n, und es gibt $n-1$ solche Zahlen. Für eine Primzahl geht die Vermutung also gerade in den „kleinen Fermat" über.

Da die Anzahl zu n teilerfremder Zahlen offenbar eine zentrale Rolle spielt, führen wir hier eine Definition ein:

▸ **Definition** Mit $\varphi(n)$ bezeichnen wir die Anzahl zu n teilerfremder Zahlen aus $\mathbb{Z}_n$. Diese Funktion heißt *Eulersche Phi-Funktion*.

Tatsächlich ist unsere Vermutung korrekt, und Euler hat sie auch beweisen können. Wir formulieren die Vermutung also als Satz und beweisen ihn auch:

▸ **Satz (Euler)**

$$a \in \mathbb{Z}_n\backslash\{0\}, \mathrm{ggT}(a,n) = 1 \Rightarrow a^{\varphi(n)} = 1(\mathrm{mod}\ n)$$

Beweis Inspiriert durch die Tatsache, dass der „kleine Fermat" ein Spezialfall dieses Satzes von Euler ist, versuchen wir, den neuen Beweis analog zum Beweis des „kleinen Fermat" zu gestalten. Sei also $a \in \mathbb{Z}_n\backslash\{0\}$ so gewählt, dass $\mathrm{ggT}(a,n) = 1$ ist. Im Beweis des „kleinen Fermat" hatten wir zuerst die Vielfachen $1 \cdot a$, $2 \cdot a$, …,$(n-1) \cdot a$ untersucht, also die Vervielfachungen von a mit sämtlichen Zahlen, die teilerfremd zu n sind, und nachgewiesen, dass sie alle verschieden sind. Hier gehen wir nun denselben Weg. Da wir aber diesmal die Zahlen, die teilerfremd zu n sind, nicht konkret angeben können, wählen wir Parameter für sie; immerhin wissen wir, dass es $\varphi(n)$ solche Zahlen sind. Seien also c_1, c_2, …, $c_{\varphi(n)}$ alle zu n teilerfremden Zahlen in $\mathbb{Z}_n$. Wir betrachten die Vielfachen

$$c_1 \cdot a, \ c_2 \cdot a, \ \ldots, \ c_{\varphi(n)} \cdot a \ (\star)$$

und zeigen, dass keine zwei dieser Zahlen gleich sein können. Wäre nämlich $c_i \cdot a = c_j \cdot a$ in $\mathbb{Z}_n$ für $0 < c_i < c_j < n$, so wäre $(c_j - c_i) \cdot a = 0$ (mod n). Dann müsste aber n ein Teiler von $(c_j - c_i) \cdot a$ sein, und das ist ausgeschlossen, weil einerseits $\mathrm{ggT}(a,n) = 1$ ist nach Voraussetzung und weil andererseits $0 < c_j - c_i < n$ mit zu n teilerfremden Zahlen c_i, c_j ist. Folglich sind in der Tat alle Zahlen in $(\star)$ paarweise verschieden.

Weiter: Da es sich bei $(\star)$ ausschließlich um zu n teilerfremde Zahlen handelt – es ist ja a zu n teilerfremd und gleichzeitig sind alle c_i zu n teilerfremd – und es genau $\varphi(n)$ verschiedene Zahlen sind, bleibt nur der Schluss, dass es sich bei $(\star)$ gerade um die Zahlen c_1, c_2, …, $c_{\varphi(n)}$ handeln muss, freilich nicht zwingend in dieser Reihenfolge. Folglich stimmen auch die Produkte aller Zahlen dieser beiden Mengen überein:

$$(c_1 \cdot a) \cdot (c_2 \cdot a) \cdot \ldots \cdot \left(c_{\varphi(n)} \cdot a\right) = c_1 \cdot c_2 \cdot \ldots \cdot c_{\varphi(n)} \text{ in } \mathbb{Z}_n$$

$$\Rightarrow \left(\prod_{i=1}^{\varphi(n)} c_i\right) \cdot a^{\varphi(n)} = \prod_{i=1}^{\varphi(n)} c_i \text{ in } \mathbb{Z}_n$$

$$\Rightarrow n \text{ ist ein Teiler von } \left(\prod_{i=1}^{\varphi(n)} c_i\right) \cdot \left(a^{\varphi(n)} - 1\right).$$

Da n keinesfalls ein Teiler von $\prod\limits_{i=1}^{\varphi(n)} c_i$ sein kann – alle c_i sind ja teilerfremd zu n – muss n folglich ein Teiler von $a^{\varphi(n)} - 1$ sein. Also ist $a^{\varphi(n)} = 1$ in $\mathbb{Z}_n$, was es ja zu beweisen galt.

$\square$

Noch eine weitere kleine Vorarbeit ist nötig, bevor wir wieder zum RSA-Algorithmus zurückkehren können. Mit der Eulerschen Phi-Funktion haben wir eine Bezeichnung eingeführt für die Anzahl Zahlen aus $\mathbb{Z}_n$, die zu n teilerfremd sind. Aber können wir für gewisse Zahlen oder Zahltypen auch konkrete Funktionswerte dieser Funktion angeben? Klar ist, wir könnten für jede natürliche Zahl den Funktionswert durch simples, wenn auch vielleicht aufwändiges Abzählen finden: $\varphi(1) = 1$, $\varphi(2) = 1$, $\varphi(3) = 2$, und so weiter. Aber können wir auch tiefsinnigere Aussagen machen? Ja, durchaus. Wir können zum Beispiel sagen, dass für eine Primzahl p jede Zahl $< p$ teilerfremd zu p ist, so dass also $\varphi(p) = p - 1$ ist. Was ist aber, wenn eine Zahl nicht prim ist? Die Zahl 35 zum Beispiel ist nicht prim, sondern das Produkt von zwei Primzahlen, 5 und 7. Wie viele zu 35 teilerfremde Zahlen gibt es, die kleiner als 35 sind? Nun, *nicht* teilerfremd zu 35 sind die Vielfachen von 5 und die Vielfachen von 7, also die Zahlen $1 \cdot 5$, $2 \cdot 5$, ..., $7 \cdot 5$ sowie $1 \cdot 7$, $2 \cdot 7$, ..., $5 \cdot 7$. Dabei haben wir eine Zahl doppelt aufgelistet. Von allen 35 möglichen Zahlen sind also $5 + 7 - 1$ Zahlen *nicht* teilerfremd zu 35. Folglich sind $35 - 5 - 7 + 1 = (5 - 1) \cdot (7 - 1)$ Zahlen teilerfremd zu 35, so dass also $\varphi(35) = (5 - 1) \cdot (7 - 1)$ gilt. Diese Überlegung lässt sich leicht verallgemeinern, so dass wir folgendes Lemma einsehen können:

▸ **Lemma**

    a) Für eine Primzahl p gilt: $\varphi(p) = p - 1$.
    b) Sind p und q zwei verschiedene Primzahlen, so ist $\varphi(p \cdot q) = (p - 1) \cdot (q - 1)$.

Nun sind alle nötigen Vorbereitungen getroffen, um zu beweisen, dass der RSA-Algorithmus korrekt arbeitet. Wir müssen ja einsehen, dass $G_i^x \bmod r = N_i$ gilt. Dazu sind einige nicht ganz triviale Schritte nötig. Zunächst ist ja

$$G_i^x \bmod r = (N_i^c \bmod r)^x \bmod r .$$

Nach der in Abschn. 2.2 bewiesenen Modul-Eigenschaft folgt:

$$G_i^x \bmod r = \left((N_i)^c \right)^x \bmod r .$$

Mit Hilfe eines Potenzgesetzes lässt sich das umformen zu:

$$G_i^x \bmod r = \left(N_i^{c \cdot x} \right) \bmod r .$$

Im Algorithmus *RSA Vorbereitungen von B* hat B den Euklidischen Algorithmus auf die Zahlen c und $(p - 1)(q - 1)$ angewendet und die beiden ganzen Zahlen x und y berechnet, für die $x \cdot c + y \cdot (p-1)(q-1) = 1$ gilt. Dies können wir in unsere Gleichung einsetzen:

$$G_i^x \bmod r = \left(N_i^{1-y \cdot (p-1)(q-1)} \right) \bmod r \,.$$

Wiederum mit Hilfe der Potenzgesetze ergibt sich daraus:

$$G_i^x \bmod r = \left(N_i \cdot \left(N_i^{(p-1)(q-1)} \right)^{-y} \right) \bmod r \,.$$

Nach dem oben notierten Lemma (b) ergibt sich daraus:

$$G_i^x \bmod r = \left(N_i \cdot \left(N_i^{\varphi(r)} \right)^{-y} \right) \bmod r \,.$$

Da wir $N_i < \min\{p, q\}$ verlangt haben, ist N_i teilerfremd zu $p \cdot q = r$, so dass also nach dem Satz von Euler $N_i^{\varphi(r)} = 1$ ist Modulo r. Somit ist:

$$G_i^x \bmod r = \left(N_i \cdot 1^{-y} \right) \bmod r \,.$$

Und endlich:

$$G_i^x \bmod r = N_i \bmod r = N_i \,.$$

Damit ist nachgewiesen, dass der RSA-Algorithmus richtig decodiert, wie behauptet.

□

2.8 Dijkstra – So schnell wie möglich von A nach B

▶ Wer von einem Ort A zu einem Ort B gelangen will, konsultiert nicht selten ein GPS-Gerät oder befragt einen Online-Routenplaner wie etwa Mapquest, Yahoo! Maps oder Google Maps. Meistens geht es dabei um ein nicht-triviales Problem, das heißt, es gibt zahlreiche Wege von A nach B, und es ist weder klar, welche und wie viele Wege es gibt, noch, welches der kürzeste ist. Das Problem, aus einer unübersichtlichen Menge möglicher Wege den kürzesten Weg von einem Startpunkt zu einem Zielort zu finden, wird oft als *P2P-Problem* (point-to-point Problem) bezeichnet, und es ist wie geschaffen für eine algorithmische Behandlung.
Wie kann man das P2P-Problem lösen? Soll man einfach alle nur möglichen Wege auflisten und testen? Aber wie findet man überhaupt eine Übersicht über alle möglichen Wege? Und könnte es nicht sein, dass (wie bei klassischen Primtest-Algorithmen) der Aufwand sehr schnell viel zu groß wird? Und wenn wir einen Algorithmus zur Hand haben, der dieses Problem löst, wie können wir dann sicher sein, dass er korrekt arbeitet?

Da am Ende ein lauffähiger Algorithmus entstehen soll, drängt es sich auf, das Problem zuerst zu präzisieren und ein wenig zu formalisieren. Zur Darstellung des P2P-Problems

Abb. 2.9 Ein Graph

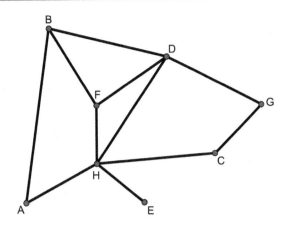

wird in der Mathematik und Informatik meist ein sogenannter *Graph* verwendet (Abb. 2.9). Das ist ein ebenso einfaches wie vielseitiges Werkzeug. Ein Graph ist einfach eine Menge von Punkten, die man *Knoten* nennt, von denen einige mit einigen durch sogenannte *Kanten* verbunden sind.

Die Abbildung zeigt einen solchen Graphen. Er besteht einerseits aus der Knotenmenge {A, B, C, D, E, F, G, H} und andererseits aus der Kantenmenge {AB, AH, BD, BF, …}. Es ist offensichtlich, dass ein solcher Graph ein nützliches Instrument zur Repräsentation des P2P-Problems ist. Die Knoten repräsentieren einfach die Ortschaften oder Landmarks, und zwischen zwei Knoten besteht genau dann eine Kante, wenn zwischen den entsprechenden Ortschaften ein Straßen-Abschnitt besteht. Freilich muss der Graph durchaus nicht einfach ein Ausschnitt der Karte sein, auf der diese Ortschaften und Straßen verzeichnet sind. Die Existenz einer Kante bedeutet nur, dass in Wirklichkeit eine direkte, befahrbare Verbindung besteht; diese muss aber weder geradlinig sein, noch braucht die Länge der Kante etwas zu tun zu haben mit der Länge der realen Verbindung.

Auch deswegen müssen wir unseren Graphen noch mit ein paar weiteren Informationen ausstatten. Zum einen müssen die Kanten *gewichtet* werden, was einfach bedeutet, dass jeder Kante eine Zahl zugeordnet wird. Diese kann die Länge des realen Straßen-Abschnittes bedeuten, sie kann aber auch die Dauer bedeuten, die ein Fahrzeug durchschnittlich benötigen würde, um den Weg zu befahren, oder die Kosten, die auf diesem Weg entstehen (zum Beispiel, wenn Maut-Abschnitte involviert sind) oder die Kapazität, also die durchschnittliche Anzahl Fahrzeuge, die dieser Abschnitt pro Zeiteinheit fassen kann, und so weiter. Im P2P-Problem, in dem wir ja nach dem kürzesten Weg fragen, sollten die Gewichte natürlich die effektiven realen Weglängen bedeuten.

Zum anderen müssen wir bedenken, dass gewisse Straßen-Abschnitte nur in einer Richtung befahren werden können. Deshalb ist es sinnvoll, die Kanten durch Pfeile zu ersetzen, die anzeigen, in welcher Richtung ein Abschnitt befahrbar ist. Graphen mit Pfeilen anstelle von Strecken heißen *gerichtete* Graphen. Der für uns relevante Kartenausschnitt könnte also wie folgt durch einen gewichteten, gerichteten Graphen dargestellt werden (Abb. 2.10).

Abb. 2.10 Gerichteter, ge-
wichteter Graph

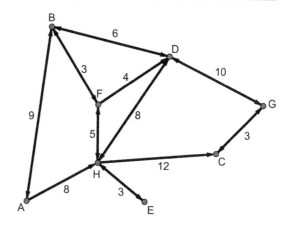

Es stellt sich die Frage, wie die in einem Graphen enthaltene Information geeignet in einer Datenstruktur erfasst werden kann, denn wir können einem Computer ja nicht sagen: Schau mal im Graphen nach, wie weit die Knoten i und j voneinander entfernt sind. Ein Graph kann gut durch eine Tabelle, einen zweidimensionalen Array, repräsentiert werden, in der an der Stelle (i, j) notiert ist, welches Gewicht die Kante vom Knoten i zum Knoten j trägt, falls überhaupt eine solche Kante besteht. Falls der Graph aus n Knoten besteht, benötigen wir also einen Array der Art

$$C : \text{array} [1..n \, , \, 1..n] \text{ of real} .$$

Und wir vereinbaren, dass $C[i, j]$ das Gewicht derjenigen Kante sein soll, die vom Knoten i zum Knoten j führt; und falls keine solche Kante existiert, dann notieren wir an der entsprechenden Stelle des Arrays einfach das Symbol ∞. Geben wir in unserem Beispielgraphen den Knoten A, B, C, … der Reihe nach die Nummern 1, 2, 3, …, so ist also zum Beispiel $C[1, 2] = C[2, 1] = 9$, weil sowohl von A nach B als auch von B nach A eine Kante mit Gewicht 9 besteht, und es ist $C[1, 3] = \infty$, weil keine Kante von A nach C führt, und so weiter. Der gesamte zweidimensionale Array nimmt dann folgende Gestalt an:

	A	B	C	D	E	F	G	H
A	0	9	∞	∞	∞	∞	∞	8
B	9	0	∞	6	∞	3	∞	∞
C	∞	∞	0	∞	∞	∞	3	∞
D	∞	6	∞	0	∞	∞	10	8
E	∞	∞	∞	∞	0	∞	∞	3
F	∞	3	∞	4	∞	0	∞	5
G	∞	∞	3	10	∞	∞	0	∞
H	∞	∞	12	8	3	5	∞	0

In dieser Struktur ist die gesamte Information des Graphen gespeichert, und wir können mit Termen der Art $C[i, j]$ für $1 \le i, j \le 8$ leicht darauf zugreifen.

Zum Nachdenken!

Können Sie sich einen Algorithmus ausdenken, der zu einem beliebigen Graphen, einem Startknoten S und einem Zielknoten Z irgendeinen Weg erzeugt, der von S nach Z führt, wenn wir keinen Wert darauf legen, wie lang dieser Weg ist? Versuchen Sie, in Ihrem Algorithmus auch der Möglichkeit Rechnung zu tragen, dass unter Umständen gar kein solcher Weg existiert.

Und wie könnte man den schnellsten Weg finden?

Denken Sie einmal über den folgenden „Algorithmus" nach: Wir markieren auf einer Landkarte die Ortschaften S und Z sowie alle Ortschaften, durch die hindurch möglicherweise ein Weg von S nach Z führen kann. Dann legen wir allen Straßen-Abschnitten entlang Schnüre aus und verknüpfen diese Schnüre in den Ortschaften. Nun liegt der gesamte Graph also durch ein Gespinst von Fäden und Knoten lose auf der Landkarte, und die Schnurlängen entsprechen den Straßenlängen auf der Karte. Wir packen dann den Startknoten und ziehen diesen ganz langsam vertikal nach oben, so dass immer mehr Fäden und Knoten sich von der Karte lösen und „in die Luft gehen", bis das Gespinst schließlich frei in der Luft hängt. Zum Schluss beginnen wir beim Zielknoten und gehen von dort ausschließlich entlang gespannter Fäden nach oben, bis der Startknoten erreicht ist. Können Sie begründen, weshalb dieser Weg dann sicher der kürzeste Weg von S nach Z sein muss?

Der niederländische Computerwissenschaftler Edsger Wybe Dijkstra veröffentlichte 1959 einen Algorithmus, der das P2P-Problem elegant löst (Dijkstra 1959). Genau genommen leistet dieser Algorithmus noch mehr; er beantwortet nämlich die Frage, welches der kürzeste Weg ist vom Startknoten zu *jedem* der anderen Knoten des Graphen. Und dieser Algorithmus soll im Folgenden erläutert werden:

Dijkstras Algorithmus ist ein sogenannter *Greedy-Algorithmus*. Darunter versteht man einen in der Informatik oft auftretenden Typus von Algorithmen, bei dem schrittweise derjenige Folgezustand ausgewählt wird, der in einem bestimmten Sinn das beste Ergebnis verspricht; das Verfahren agiert also „gefräßig", weil es zu jedem Zeitpunkt nach dem besten Leckerbissen schnappt. Wir beginnen damit, die Menge $\mathcal{B}$ der besuchten Knoten einzuführen; zu Beginn enthält diese Menge einzig den Startknoten A. In jedem Schritt wird der Algorithmus dann einen weiteren Knoten auslesen und dieser Menge einverleiben, so dass der Algorithmus terminiert, sobald $\mathcal{B}$ der Menge aller Knoten des Graphen entspricht. Zur Initiation gehört auch, die Distanzen aller anderen Knoten zum Startknoten A zu notieren, wobei wir als Distanz d gerade die Kantenlänge wählen, falls der Knoten direkt mit A verbunden ist und sonst ∞. Schließlich notieren wir in der Spalte V (Vorgänger) zu jedem Knoten den Startknoten A. Das bedeutet zunächst einfach, dass man, um diesen Knoten zu erreichen, über den Vorgängerknoten A gehen sollte, was ja immer richtig ist, da jeder Weg bei A anfängt. Freilich werden sich die Einträge in den Vorgänger-Spalten laufend verändern und immer den idealen Vorgängerknoten anzeigen, den man wählen sollte, um den jeweiligen Knoten auf kürzestem Weg zu erreichen.

$\mathcal{B}$	d(B)	V(B)	d(C)	V(C)	d(D)	V(D)	d(E)	V(E)	d(F)	V(F)	d(G)	V(G)	d(H)	V(H)
{A}	9	A	∞	A	∞	A	∞	A	∞	A	∞	A	8	A

Nun sucht der Algorithmus unter allen Knoten denjenigen mit kleinstem Distanzwert, in diesem Fall H, und fügt diesen der Menge $\mathcal{B}$ an. Das ist damit gemeint, dass das Verfahren nun denjenigen Folgezustand annimmt, der das beste Ergebnis verspricht; der leckerste Brocken ist derjenige mit minimalem Distanzwert, und dieser wird nun vom gefräßigen Algorithmus verschlungen. Sofort müssen alle Distanzwerte aktualisiert werden: Dazu wird für jeden Knoten überprüft, ob er nun via H in kürzerer Gesamtdistanz erreichbar ist als vorher ohne H. Knoten B zum Beispiel war vorher mit Weglänge 9 erreichbar. Ist er nun, da H zu den besuchten Knoten aufgenommen wurde, auf kürzerem Weg erreichbar? Nein, natürlich nicht, denn von H aus führt ja gar keine Kante nach B. Der Distanzwert von B und auch der Vorgänger von B bleiben also unverändert. Knoten C war vorher mit Weglänge ∞ erreichbar. Ist er nun, da H zu den besuchten Knoten aufgenommen wurde, auf kürzerem Weg erreichbar? Ja, klar, denn von H aus führt eine Kante der Länge 12 nach C. Der Distanzwert von C wird also auf 20 herabgesetzt, weil C von H aus in Distanz 12 und H selber von A aus in Distanz 8 erreichbar ist. Und gleichzeitig wird H zum neuen Vorgänger von C. Denn der Algorithmus muss sich merken, dass bis zu diesem Zeitpunkt H der ideale Vorgängerknoten für C ist. Auch D war vorher mit Gesamtdistanz ∞ erreichbar. Ist er nun, da H zu den besuchten Knoten aufgenommen wurde, auf kürzerem Weg erreichbar? Ja, klar, denn von H aus führt eine Kante der Länge 8 nach D. Der Distanzwert von D wird also auf 16 herabgesetzt, weil D von H aus in Distanz 8 und H selber von A aus in Distanz 8 erreichbar ist. Und gleichzeitig wird H auch zum neuen Vorgänger von D. Und so weiter. Der fett ausgezogene Rahmen zeigt an, dass die darin enthaltenen Werte sich nie mehr ändern werden. H war ja als nächster Nachbar von A auserkoren worden; es ist also unmöglich, dass H zu einem späteren Zeitpunkt auf kürzerem Weg von A aus erreichbar sein wird.

$\mathcal{B}$	d(B)	V(B)	d(C)	V(C)	d(D)	V(D)	d(E)	V(E)	d(F)	V(F)	d(G)	V(G)	d(H)	V(H)
{A}	9	A	∞	A	∞	A	∞	A	∞	A	∞	A	8	A
{A,H}	9	A	20	H	16	H	11	H	13	H	∞	A	8	A

Nun wird erneut unter allen noch nicht besuchten Knoten derjenige mit minimalem Distanzwert ausgewählt, in unserem Fall B. Dieser Knoten wird neu in die Menge der besuchten Knoten aufgenommen, und damit werden sich die B-Werte künftig nie mehr verändern. Für alle noch nicht besuchten Knoten werden nun die Distanzwerte und Vorgänger aktualisiert: C war vorher via H in Gesamtdistanz 20 erreichbar gewesen; ist C nun auf kürzerem Weg erreichbar, weil wir B in die Menge der besuchten Knoten aufgenommen haben? Nein, denn von B aus führt gar keine Kante zu C. Die C-Werte bleiben also unverändert. D war vorher via H in Gesamtdistanz 16 erreichbar gewesen; ist D nun auf kürzerem Weg erreichbar, weil wir B in die Menge der besuchten Knoten aufgenommen haben? Ja, in der Tat, von B aus ist D in Distanz 6 erreichbar, und da $d(B) + 6 < d(D)$ ist, ändern wir den Distanzwert von D zu 15 und gleichzeitig den Vorgänger von D zu B ab. E war vorher via H in Gesamtdistanz 11 erreichbar gewesen; ist E nun auf kürzerem Weg erreichbar, weil wir B in die Menge der besuchten Knoten aufgenommen haben? Nein, denn von B aus führt gar keine Kante zu E. Die E-Werte bleiben also unverändert. Und so weiter.

$\mathcal{B}$	$d(B)$	$V(B)$	$d(C)$	$V(C)$	$d(D)$	$V(D)$	$d(E)$	$V(E)$	$d(F)$	$V(F)$	$d(G)$	$V(G)$	$d(H)$	$V(H)$
{A}	9	A	∞	A	∞	A	∞	A	∞	A	∞	A	8	A
{A,H}	9	A	20	H	16	H	11	H	13	H	∞	A	8	A
{A,H,B}	9	A	20	H	15	B	11	H	12	B	∞	A	8	A

Da E nun von allen noch nicht besuchten Knoten in minimaler Distanz erreichbar ist, wird E als nächster Knoten in $\mathcal{B}$ aufgenommen. Gleichzeitig ist damit klar, dass sich die E-Werte später nicht mehr ändern werden. Und die Distanzwerte und Vorgänger aller noch nicht besuchten Knoten werden ein weiteres Mal aktualisiert. So fährt der Algorithmus fort, bis kein Knoten mehr übrig ist, und am Ende zeigen die Distanzwerte nicht nur die Längen der kürzesten Wege von A aus zu allen anderen Knoten an, mit Hilfe der Vorgänger lassen sich die kürzesten Wege auch immer konstruieren.

Zum Nachdenken!

Machen Sie sich den Ablauf des Algorithmus ganz klar, indem Sie ihn für unseren Beispielgraphen zu Ende führen. Versuchen Sie zudem, den Test, ob ein Distanzwert aktualisiert werden muss oder nicht, durch eine formale Bedingung auszudrücken.

Was macht uns sicher, dass dieser Algorithmus korrekt arbeitet? Was genau muss man sich dazu überlegen?

Nun sind wir in der Lage, den Algorithmus in Pseudocode anzugeben. Dazu nehmen wir an, dass der Graph n Knoten mit den Nummern 1, 2, ..., n aufweist und 1 der Startknoten ist. Zudem sind im zweidimensionalen Array C alle Kanten und Kantengewichte gespeichert.

Abb. 2.11 Hypothetischer
kürzester Weg

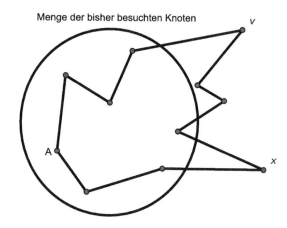

Menge der bisher besuchten Knoten

Algorithmus *Dijkstra*

```
Var i, v, w  // Integer-Variable i als Schleifenzähler
             //  Integer-Variablen v und w für Knoten
{1} → B
0 → d(1)  // Der Startknoten wird besucht und mit Distanzwert
             0 versehen.
For i = 2 to n do  //  Initialisierung aller restlichen Knoten
    C[1,i] → d(i)
    1 → V(i)
Endfor
For i = 1 to n-1 do
    Bestimme Knoten v aus {1,2, ...,n} - B so,
    dass d(v) minimal ist.
    {v}∪B  →  B
    For alle Knoten w in {1,2, ...,n} - B do
        If d(v) + C[v, w] < d(w) then
            d(v) + C[v, w] → d(w)
            v → V(w)
        Endif
    Endfor
Endfor
end
```

Wir müssen uns fragen, ob dieser Algorithmus tatsächlich immer den kürzesten Weg
zu jedem Knoten liefert. Zweifellos ist das korrekt, wenn B einzig aus dem Startknoten und
einem weiteren Knoten besteht, denn der weitere Knoten wird ja als Knoten mit minimaler
Distanz zum Start ausgelesen. Stellen wir uns nun vor, wir stehen an irgendeiner Stelle im
Ablauf des Algorithmus, und der Algorithmus erweitert B als nächstes um den Knoten
v, dessen Distanzwert sich in der Folge ja nie mehr ändern wird (Abb. 2.11). Ist es dann
möglich, dass ein kürzerer Weg zu v via einen Knoten x existiert, den der Algorithmus
übersieht?

Abb. 2.12 Von Dresden nach
Hamburg als P2P-Problem

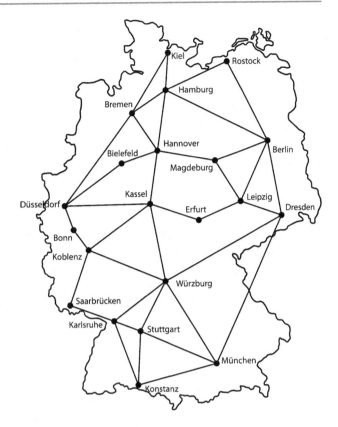

Nun, wäre der Weg über x tatsächlich kürzer als $d(v)$, so müsste insbesondere $d(x)$, welches ja einen Teil des Weges vom Start zu v ausmacht, kürzer als $d(v)$ sein. Aber wenn das so wäre, dann müsste der Algorithmus bei der aktuellen Erweiterung von $\mathcal{B}$ den Knoten x auswählen und nicht v. Folglich gibt es keinen kürzeren Weg zum neuen Knoten.

Der Dijkstra-Algorithmus löst also das P2P-Problem. Aber löst er es auch effizient? Nehmen wir einmal an, jemand plant eine Reise von Dresden nach Hamburg und legt dazu den Graphen aller größeren Städte Deutschlands vor sich aus, ein Graph, der aus Hunderten von Knoten und Tausenden von Kanten besteht. Dijkstras Algorithmus mit Startpunkt Dresden terminiert erst, wenn sämtliche Städte besucht worden sind, liefert dann aber zweifellos auch den kürzesten Weg von Dresden nach Hamburg. Allerdings werden dazu auch Stuttgart und München besucht, was in diesem Fall ganz und gar unsinnig ist, weil kein Mensch versuchen würde, Hamburg von Dresden aus via Stuttgart zu erreichen, vor allem dann nicht, wenn er am kürzesten Weg interessiert ist.

Die Hauptkritik an Dijkstras Algorithmus lautet also: Es macht oft wenig Sinn, den gesamten Graphen abzusuchen; sinnvoller wäre es, das Suchgebiet möglichst einzuschränken auf den im Hinblick auf die Zielsetzung relevanten Teil. Der klassische *A*-Search-Algorithmus* tut genau dies (Hart et al. 1968). Er benutzt geschickte Abschätzungen der

Distanzen zum Zielknoten, um damit die Auswahl der Knoten zu steuern, die besucht werden sollen. Im Jahr 2005 hatten Andrew V. Goldberg und Chris Harrelson eine glänzende Idee, wie das Suchgebiet noch mehr eingeschränkt werden kann (Goldberg und Harrelson 2005). Ihre sogenannten *ALT-Algorithmen* (A* plus Landmarks plus Triangle Inequality) wählen zuerst einige Landmarks L_1, L_2, L_3,... aus und berechnen und speichern dann die kürzesten Distanzen sämtlicher Knoten zu diesen Landmarks. Es bezeichne $d_i(v)$ eine solche im Voraus berechnete kürzeste Distanz des Knotens v zum Landmark L_i. Wenn nun jemand den kürzesten Weg von Knoten v zu Knoten w wissen will, so ist aufgrund der Dreiecksungleichung klar, dass

$$d\,(v, w) \geq d_i(v) - d_i(w)$$

sein muss. Indem man das Maximum all dieser unteren Schranken über alle Landmarks wählt, findet man eine gute untere Schranke für die gesuchte Distanz und kann diese benutzen bei der eigentlichen Berechnung des kürzesten Weges.

Es ist nicht genau bekannt, welche Algorithmen die heute gängigen Routenplaner einsetzen, aber es ist anzunehmen, dass es Varianten solcher ALT-Algorithmen sind.

2.9   Zero-Knowledge

▸   Alice steht wieder einmal am Bankautomaten, um Geld zu beziehen. Dass sie wirklich Alice ist, glaubt ihr der Automat nur, wenn sie sich ausweisen kann. Sie tippt also die PIN (persönliche Identifikationsnummer) ein, läuft dabei aber Gefahr, ausspioniert zu werden. Es könnte ja sein, dass jemand in der Schlange hinter ihr die Bewegungen ihrer Finger genau beobachtet, und es soll sogar Fälle geben, in denen Trickbetrüger die Automaten so manipuliert haben, dass die Tastenfolgen aufgezeichnet werden können. Es führt aber leider kein Weg daran vorbei: Alice muss die PIN preisgeben. Die verifizierende Instanz, in diesem Fall die Bank, kann nur dadurch von Alice' Identität überzeugt werden, dass sie das Geheimnis lüftet, welches sie identifiziert.
Welch Fortschritt wäre es doch, wenn Alice die Bank davon überzeugen könnte, dass sie die PIN kennt, ohne diese aber angeben zu müssen. Man könnte das für eine utopische Idee halten, tatsächlich ist sie aber bereits Realität. 1985 stellten Goldwasser et al. (1985), eine Informatikerin und zwei Informatiker, die Idee der *Zero-Knowledge-Verfahren* vor. Das sind interaktive Algorithmen, bei denen ein Teilnehmer, der *Beweiser*, einen anderen Teilnehmer, den *Verifizierer*, davon überzeugen kann, ein bestimmtes Geheimnis zu besitzen, ohne dieses Geheimnis je offenbaren zu müssen. Der bestmögliche Weg, ein Geheimnis zu hüten, besteht ja darin, es niemals preiszugeben. Aber wie soll das gehen?

Sehr schön illustrieren lassen sich Zero-Knowledge-Verfahren anhand der folgenden Höhlengeschichte, die erstmals 1989 in Quisquater et al. (1989) vorgestellt wurde.

Abb. 2.13 Ali Babas Höhle

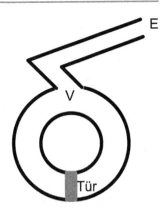

Vom Eingang E der Höhle aus führt zuerst ein Gang zu einer Verzweigung V, und von dort aus beschreiben zwei weitere Gänge einen Kreis, der allerdings durch eine Türe unterbrochen ist, welche sich nur mit einer PIN öffnen lässt. Nehmen wir nun an, Alice möchte die Bank in der Person des Bankangestellten Bob davon überzeugen, dass sie die PIN besitzt, ohne diese aber je zu offenbaren, dann spielt sie mit Bob immer wieder den folgenden Algorithmus durch:

Bob wartet bei E, während Alice sich in die Höhle zur Türe begibt; dabei wählt sie nach Zufall (etwa mit Hilfe eines Münzwurfs) entweder den linken oder den rechten Gang. Ist sie dort angekommen, macht sich Bob auf den Weg und begibt sich zur Stelle V, von wo aus er Alice nicht sehen kann. Er hat nun also keine Ahnung, ob Alice sich im linken oder im rechten Gang befindet. Bob wirft eine Münze. Je nach Ausgang des Münzwurfs bittet er Alice, via linken oder via rechten Gang zu ihm zu kommen. Offenbar muss Alice in 50 % aller Fälle die Türe öffnen, um diesem Befehl Folge leisten zu können, es sei denn, sie ist eine Betrügerin und kennt die PIN gar nicht; dann wird sie in 50 % aller Fälle Bobs Befehl nicht wunschgemäß ausführen können. Angenommen, Alice ist ehrlich und verfügt tatsächlich über die PIN, dann kann sie natürlich die Türe jedes Mal öffnen, wenn das aufgrund des Befehls von Bob notwendig ist. Je öfter sie also Bobs Befehl Folge leisten kann, desto eher wird Bob davon überzeugt sein, dass Alice das Geheimnis wirklich besitzt.

Nach der ersten Durchführung dieses Algorithmus wird Bob noch nicht sonderlich beeindruckt sein, denn Alice könnte ja zufällig, mit der Wahrscheinlichkeit 50 %, in dem Gang sein, aus der er ihr zu erscheinen befiehlt. Dass sie aber zehn oder hundert solche Durchgänge überstehen kann, dafür ist die Wahrscheinlichkeit sehr sehr klein: bei zehn Versuchen beträgt sie weniger als 0,001, bei hundert Versuchen weniger als $8 \cdot 10^{-31}$. Kann Alice den Befehlen immer Folge leisten, so kann Bob also schließlich *beliebig sicher* sein, dass Alice über das Geheimnis verfügt, ohne dass er es je zu Gesicht bekommt. Es fließt also keine Information, kein Wissen (*zero knowledge*) von Alice zu Bob.

Zum Nachdenken!

Man hört und liest immer wieder, dass der italienische Mathematiker Nicolo Tartaglia im Jahr 1535 der erste gewesen sein soll, der einen interaktiven Zero-Knowledge-Beweis geführt haben soll. Recherchieren Sie bitte, was Tartaglia damals geleistet hat und versuchen Sie, sein interaktives Verfahren als Höhlengeschichte darzustellen. Welche Rolle spielt Alice, welche Bob, welche die PIN?

Die Höhlengeschichte erläutert zwar die Grundidee der Zero-Knowledge-Beweise, sie kann aber nicht einfach auf Alice' Problem am Bankautomaten übertragen werden, denn dort müsste sie beziehungsweise ihre Bankkarte das Lesegerät überzeugen können, die PIN zu besitzen, ohne diese bekannt zu geben. Das heißt, es müsste eine Art automatische Kommunikation zwischen der Karte und dem Gerät passieren, in deren Folge das Gerät sicher sein kann, eine berechtigte Karte gelesen zu haben. Das schreit förmlich nach einem mathematischen Algorithmus. Es müsste also ein interaktiver Algorithmus gefunden werden, der für eine automatische Kommunikation zwischen Karte und Gerät sorgt und der mit Hilfe bestimmter mathematischer Operationen das Gerät von der Berechtigung der Karte überzeugen kann, ohne das Geheimnis je zu lüften. Identifikation ist an vielen Stellen notwendig, im Internetbanking, wo der Kunde sich mit einem Passwort anmelden muss und die Bank sicher sein sollte, dass sie wirklich mit dem Kontoinhaber kommuniziert, bei Rechnerzugängen, wo ein Benutzer über spezielle Zugriffsrechte verfügt, beim Zugang zu Räumen, zu Bankautomaten, zur Mobiltelefonie, und so weiter. Überall müssen Passwörter angegeben werden, die von Unbefugten abgehört werden können. Doch wenn Zero-Knowledge-Protokolle befolgt werden, fließt kein geheimes Wissen ab.

Nach 1985 wurden etliche Zero-Knowledge-Verfahren entwickelt, die auf mathematischen Problemen beruhen. Das erste machte sich den Umstand zunutze, dass die 3-Färbbarkeit von Graphen ein *NP-vollständiges Problem* ist. Des Weiteren wurde ein Verfahren entwickelt, das auf der Tatsache beruht, dass es praktisch unmöglich ist festzustellen, ob zwei große Graphen isomorph sind oder nicht. Auf beide erwähnten Probleme werden wir in Kap. 5 noch detailliert zu sprechen kommen. Im Zusammenhang mit Pay-TV Systemen wurde zum ersten Mal eine Zero-Knowledge-Kommunikation praktisch realisiert. 1991 wurde das wohl bekannteste Verfahren, das *Fiat-Shamir-Protokoll*, unter dem Namen *videocrypt* patentiert. Die Bildsignale wurden mit einem Verfahren, das als *Line-Cut-and-Rotate* bekannt geworden ist, so verändert, dass sie nur noch der Besitzer einer Smart-Card störungsfrei empfangen konnte. Die Smart-Card wiederum musste dem Decoder gegenüber beweisen, dass sie die echte Karte war, und sie tat dies mit Hilfe eines Zero-Knowledge-Verfahrens, welches auf der Mathematik der quadratischen Reste beruht.

Hier soll nun das bereits erwähnte Fiat-Shamir-Protokoll besprochen werden. Da wir in Abschn. 2.7 schon viel über die Modul-Arithmetik gelernt haben, ist diese Anwendung sogar besonders leicht zu verstehen. Wir folgen bei diesen Ausführungen einem exzellenten Text mit dem Titel „Zero-Knowledge-Verfahren", welchen die Technische Universität Dresden online gestellt hat (www.inf.tu-dresden.de).

Zunächst verlassen wir Alice und Bob und reden nur noch über den *Beweiser* P und den *Verifizierer* V. Der Beweiser verfügt über ein Geheimnis, und der Verifizierer soll sich mit beliebig hoher Sicherheit davon überzeugen können, dass der Beweiser tatsächlich über das Geheimnis verfügt, ohne dass dieses je offenbart wird. Zudem soll ein betrügerischer Beweiser mit beliebig hoher Wahrscheinlichkeit als Betrüger entlarvt werden, und überdies darf keinerlei Information vom Beweiser zum Verifizierer fließen. Vorbereitend wird nun von P oder eher von einer *Trusted Third Party* eine natürliche Zahl bestimmt, welche das Produkt von zwei verschiedenen, großen Primzahlen ist: $n = p \cdot q$ mit p und q prim. P wählt sodann sein Geheimnis als natürliche Zahl $w \in \mathbb{Z}_n^{\times}$ und berechnet den quadratischen Rest $x := w^2 \bmod n$. Die Werte n und x sollen öffentlich zugänglich sein, w bleibt aber natürlich bei P.

Algorithmus *Fiat-Shamir Schlüsselgenerierung*
```
1. P oder Trusted Third Party wählt n = p · q
   mit verschiedenen großen Primzahlen p und q.
2. P wählt w ∈ ℤₙˣ und berechnet den quadratischen Rest
   x := w² mod n.
3. Die Werte n und x werden publiziert.
   w bleibt als Geheimnis bei P.
```
End

Dabei wird wie schon in Abschn. 2.7 ausgenützt, dass es unmöglich ist, das Produkt zweier großer Primzahlen effizient zu faktorisieren. Zudem konnte man zeigen, dass das Radizieren in $\mathbb{Z}_{p \cdot q}$, wenn die beiden Primzahlen unbekannt sind, genau so schwierig ist wie das Faktorisieren des Moduls. Details dazu findet man zum Beispiel in Beutelspacher et al. (2010). Die Grundidee dabei ist zu zeigen, dass man unter der Annahme, das Radizieren wäre effizient möglich, nachweist, dass dann die Faktorisierung ebenso effizient zu machen wäre. Wer etwas mehr Mathematik vertragen kann, kann sich durch Bearbeitung der folgenden Fragen die nötigen Einsichten verschaffen.

Zum Nachdenken!

Sei $a \in \mathbb{Z}_n$. Eine Zahl $b \in \mathbb{Z}_n$ heißt Quadratwurzel von a, falls $b^2 = a$ in $\mathbb{Z}_n$ gilt. Versuchen Sie herauszufinden, wie viele Quadratwurzeln eine Zahl in $\mathbb{Z}_n$ haben kann, wenn n eine Primzahl ist. Untersuchen Sie vielleicht konkrete Beispiele wie etwa $n = 3$ oder $n = 5$. Stellen Sie anschließend eine allgemeine Vermutung auf, und versuchen Sie, diese zu beweisen.

Ist $n = p \cdot q$ mit verschiedenen ungeraden Primzahlen p und q – und um eine solche Zahl geht es ja bei Fiat-Shamir –, so ist die Frage nach den Quadratwurzeln schon etwas schwieriger zu beantworten. Untersuchen Sie das Beispiel $\mathbb{Z}_{21} = \mathbb{Z}_{3 \cdot 7}$, und stellen Sie anschließend eine Vermutung auf. (Falls Sie den *Chinesischen Restsatz* kennen, lässt sich die Vermutung relativ leicht beweisen.)

Sei nun $b_1 \in \mathbb{Z}_n^{\times}$ und $a := b_1^2 \bmod n$, noch immer mit $n = p \cdot q$. Angenommen, es existiert tatsächlich ein effizienter Algorithmus, etwa der Algorithmus *sqrt*, zur Bestimmung einer Quadratwurzel, so könnte man jetzt *sqrt* auf die Zahl a anwenden und erhielte dann eventuell eine Quadratwurzel b_2. Da es, wie oben vermutet, genau vier Quadratwurzeln der Zahl a gibt, ist mit einer Wahrscheinlichkeit von 0,5 $b_2 \notin \{b_1, n - b_1\}$. Mit anderen Worten: Nach durchschnittlich zwei Wiederholungen der Prozedur *sqrt* hätte man eine Quadratwurzel mit dieser Eigenschaft gewonnen. Für eine solche gälte nun weiter:

$$(b_1 + b_2)(b_1 - b_2) = b_1^2 - b_2^2 = a - a = 0 \pmod{n}.$$

Können Sie herausfinden, wie nun mit Hilfe dieser Tatsache eine effiziente Faktorisierung von n durchgeführt werden könnte?

Diese Überlegungen zeigen, dass das Berechnen einer Quadratwurzel gleich schwierig wie das Faktorisieren ist.

Nun, da die Vorbereitungen getroffen sind, nehmen wir an, dass der Beweiser gegenüber dem Verifizierer beweisen möchte, dass er tatsächlich das Geheimnis besitzt, ohne dieses je preisgeben zu müssen. Dazu wird immer wieder der folgende interaktive Algorithmus aus vier Schritten befolgt: Im ersten Schritt wählt P zufällig eine Zahl $s \in \mathbb{Z}_n{}^\times$ und sendet das Ergebnis der Rechnung $a := s^2 \bmod n$ an den Verifizierer. Nachdem dieser die Zahl a erhalten hat, wählt er im zweiten Schritt eine Zufallszahl c (Challenge) aus der Menge $\{0,1\}$ und sendet sie an den Beweiser. Im dritten Schritt berechnet der Beweiser das Resultat der Rechnung $z := s \cdot w^c \bmod n$ und sendet diese Zahl an den Verifizierer. Nachdem dieser die Zahl z erhalten hat, überprüft er, ob $z^2 = a \cdot x^c \bmod n$ ist, und falls das zutrifft, akzeptiert der Verifizierer diesen Beweis, und die nächste Runde startet. Je mehr erfolgreiche Runden der Beweiser übersteht, desto sicherer kann der Verifizierer sein, dass ersterer über das Geheimnis verfügt. Wir notieren zuerst den Algorithmus und erläutern ihn dann:

Algorithmus *Fiat-Shamir-Protokoll*

```
1. P wählt zufällig s ∈ ℤₙˣ, berechnet a := s² mod n und sendet
   diese Zahl an V.
2. V empfängt a, bestimmt dann eine Zufallszahl (Challenge)
   c ∈ {0,1} und sendet diese an P.
3. P berechnet z := s·wᶜ mod n und sendet diese Zahl an V.
4. V verifiziert, ob z² = a·xᶜ mod n gilt.
   Falls ja, akzeptiert V die Beweisrunde.
end
```

Wir erkennen, dass der Beweiser bei gewissen Challenges sein Geheimnis zwar braucht, aber nicht preisgeben muss. Sendet der Verifizierer die Zahl $c = 0$, so antwortet P einfach mit der Zahl s, deren Quadrat Modulo n tatsächlich gleich $a \cdot x^0$ ist. Wäre P ein Betrüger, der das Geheimnis gar nicht kennt, so würde er diesen Test schadlos überstehen, denn auch der Betrüger hat ja eine Zahl s gewählt mit der Eigenschaft $a := s^2 \bmod n$. Sendet V aber die Challenge $c = 1$, so muss P sein Geheimnis zwar in die Rechnung einfließen lassen, V erfährt aber nur das Ergebnis $z = s \cdot w$ mod n. Ein betrügerischer Beweiser könnte diesen Schritt so nicht ausführen. In jedem Fall überprüft V die Gültigkeit der Gleichung

$$z^2 = \left(s \cdot w^c\right)^2 = s^2 \cdot \left(w^2\right)^c = a \cdot x^c$$

Modulo n.

Ein Zero-Knowledge-Algorithmus sollte drei Eigenschaften erfüllen, damit er dieses Attribut verdient: Er sollte *vollständig* sein, er sollte *korrekt* sein, und er sollte die *charakteristische Zero-Knowledge-Eigenschaft* erfüllen. Vollständigkeit bedeutet, dass ein ehrlicher Beweiser vom Verifizierer schließlich immer akzeptiert wird. Korrektheit bedeutet, dass ein unehrlicher Beweiser vom Verifizierer schließlich immer überführt wird. Und die charakteristische Zero-Knowledge-Eigenschaft besagt, dass keine Wissensübertragung vom Beweiser auf den Verifizierer stattfinden darf. Diese Punkte sollten jeweils nachgewiesen werden.

Zur Vollständigkeit: Sind P und V ehrlich und befolgen streng den Algorithmus, so zeigt obige Identität gerade, dass der Verifizierer jede einzelne Runde akzeptieren wird. Da die Wahrscheinlichkeit, dass P dennoch ein Betrüger ist, mit jeder akzeptierten Runde halbiert wird, akzeptiert V also schließlich den Beweis mit beliebig großer Wahrscheinlichkeit.

Zur Korrektheit: Versetzen wir uns dazu in die Lage eines Betrügers. Ein solcher will natürlich auf jede der beiden möglichen Herausforderungen $c = 0,1$ korrekt antworten. Er kann das tatsächlich tun, muss dazu aber im Voraus erraten können, welche Challenge V ihm schicken wird. Falls er im Voraus erraten kann, dass V die Challenge $c = 0$ senden wird, so sendet er im ersten Schritt $a := s^2$ mod n und kann die Challenge dann korrekt mit s beantworten. Falls er im Voraus erraten kann, dass V die Challenge $c = 1$ senden wird, so muss er die Zahlen in den Schritten 1 und 3 so präparieren, dass die Gleichung in Schritt 4 erfüllt ist, obwohl ihm dazu das Geheimnis nicht zur Verfügung steht. Er sendet dazu in Schritt 1 die Zahl $a = s^2 \cdot x^{-1}$ mod n und in Schritt 3 die Zahl $z = s$. Auf diese Weise wird V in Schritt 4 akzeptieren, weil $a \cdot x^c = a \cdot x = s^2 \cdot x^{-1} \cdot x = s^2 = z^2$ Modulo n gilt. Um das zu können, muss sich P aber in jeder Runde im Voraus auf eine Challenge festlegen, das heißt, er wird V pro Runde nur mit einer Wahrscheinlichkeit von 50 % überzeugen. Nach vielen Runden wird V den Betrüger also mit beliebig hoher Wahrscheinlichkeit entlarven. Möchte der Betrüger seine Chancen erhöhen, so müsste er selbst dann die richtige Antwort geben, wenn er die Challenge falsch errät. Dazu müsste er aber eine Zahl kennen, deren Quadrat a ergibt und zudem eine Zahl, deren Quadrat $a \cdot x$ ergibt. Wegen

$$\frac{a \cdot x}{a} = x \text{ mod } n$$

würde er damit eine Zahl kennen, deren Quadrat x ergibt, das heißt, er müsste Modulo n radizieren können. Aber eben dies ist nicht effizient zu machen.

Zur charakteristischen Zero-Knowledge-Eigenschaft: Das ist intuitiv sofort klar. Im ersten Schritt erhält V Kenntnis von einem zufälligen quadratischen Rest, ganz ohne Bezug zu x oder zum Geheimnis. Und im dritten Schritt erfährt abhängig von der Challenge der

Verifizierer entweder die Zahl s, die auch nichts mit x oder dem Geheimnis zu tun hat, oder aber das Resultat der Rechnung $s \cdot w \bmod n$. In diesem Fall ist das Geheimnis durch s geschützt und könnte nur mit demselben Aufwand extrahiert werden, mit dem V auch das Geheimnis aus x extrahieren könnte.

Der Algorithmus erfüllt also alle geforderten Bedingungen.

2.10 Aufgaben zu diesem Kapitel

1. Erläutern Sie die Grundidee eines Monte-Carlo-Algorithmus einem fiktiven Laien.
2. Fertigen Sie ein lauffähiges Programm für den Algorithmus *Monte-Carlo-Pi* an, und bestimmen Sie damit Näherungen für Pi.
3. Erzeugen Sie eine „primzahlfreie Zone" von mindestens der Länge 10.000.
4. Einige Rechnungen in der Modul-Arithmetik:
   a) Berechnen Sie sowohl die Summe als auch das Produkt der Zahlen 7 und 9 in $\mathbb{Z}_{10}$.
   b) Berechnen Sie alle möglichen Produkte, die sich in $\mathbb{Z}_7$ bilden lassen.
   c) Berechnen Sie alle möglichen vierten Potenzen in $\mathbb{Z}_5$.
5. Alice berechnet $a^{n-1} \bmod n$ und erhält als Ergebnis die Zahl 1. Kann sie nun sicher sein, dass es sich bei n um eine Primzahl handeln muss?
6. Welche Zahlen aus $\mathbb{Z}_{13}$ sind multiplikativ invertierbar? Welche Zahlen aus $\mathbb{Z}_{12}$ sind multiplikativ invertierbar?
7. Welcher Wochentag ist heute in 247^{3198} Tagen?
8. Ein König war stolz auf seine Leibgarde und ließ diese bei allen möglichen Gelegenheiten in Dreierreihen marschieren, den General und den Adjutanten hoch zu Ross vorne weg. An einem ganz besonderen Jubiläum wollte er einmal eine neue Formation sehen und befahl der Garde, sich im Quadrat aufzustellen mit den berittenen Offizieren auf den beiden vorderen Eckplätzen links und rechts. Doch die Formation wollte einfach nicht klappen. Können Sie erklären, weshalb dieses Vorhaben zwingend scheitern musste?
9. Erläutern Sie die Grundidee des Monte-Carlo-Primtest-Algorithmus einem fiktiven Laien.
10. Fertigen Sie ein lauffähiges Programm für den Algorithmus *Monte-Carlo-Primtest* an, und testen Sie es an einigen Zahlen.
11. Versuchen Sie, den in Abschn. 2.2 erwähnten Satz von Lagrange zu beweisen.
12. Benutzen Sie den Euklidischen Algorithmus, um den ggT der beiden Zahlen 76.084 und 63.020 zu berechnen.
13. Erläutern Sie die Funktionsweise des Euklidischen Algorithmus einem fiktiven Laien. Erklären Sie auch, weshalb der Algorithmus korrekt arbeitet.
14. Was genau versteht man unter einem *Korrektheitsbeweis* eines Algorithmus, und in welchen Fällen und weshalb muss ein solcher geführt werden?
15. Fertigen Sie ein lauffähiges Programm für den Euklidischen Algorithmus an, und testen Sie es an einigen Zahlpaaren.

16. Die in der chinesischen Sammlung „Mathematik in 9 Büchern" angegebene Version des Euklidischen Algorithmus deckt sich nicht ganz mit unserer Version. Im chinesischen Text erscheint der Algorithmus im Zusammenhang mit dem Kürzen von Brüchen. Der Text nennt das Beispiel $\frac{49}{91}$ und enthält die Abbildung

$$
\begin{array}{c|c|c|c|c|c|c}
49 & 49 & 7 & 7 & 7 & 7 & 7 \\
91 & 42 & 42 & 35 & 28 & 14 & 7
\end{array}
$$

die man erhält, indem man mit der Spalte ganz links beginnt und dann die jeweils nächste Spalte dadurch bildet, dass man die kleinere der beiden Zahlen überträgt, die größere aber um die kleinere vermindert. Mit der Zahl in der letzten Spalte (7) kann man dann den Bruch kürzen. – Erklären Sie den Zusammenhang zwischen diesem und dem Euklidischen Algorithmus.

17. Bestimmen Sie die nach dem Lemma von Bézout existierenden ganzen Zahlen x und y, so dass $\mathrm{ggT}(100,35) = x \cdot 100 + y \cdot 35$.

18. Beweisen Sie, dass für zwei natürliche Zahlen $x \geq y$ Folgendes gilt: $\mathrm{ggT}(x, y) = \mathrm{ggT}(y, x \bmod y)$. Wie kann diese Tatsache benutzt werden, um die Korrektheit des Euklidischen Algorithmus zu beweisen?

19. Erklären Sie die Grundidee der rekursiven Programmierung einmal anhand der Fakultät, einmal anhand der Fibonacci-Zahlen und einmal anhand der Türme von Hanoi.

20. Fertigen Sie ein lauffähiges Programm für den Algorithmus *Hanoi* an, und testen Sie es anhand relativ kleiner Zahlen.

21. Weshalb sind numerische Verfahren in der Mathematik von so zentraler Bedeutung? Können Sie das einem fiktiven Laien erklären?

22. Rechnen Sie nach, dass der Term (Abschn. 2.5) gerade den Flächeninhalt unter der Parabel liefert, welche durch die drei Punkte $(a, f(a))$, $(m, f(m))$ und $(b, f(b))$ führt.

23. Fertigen Sie ein lauffähiges Programm für den Algorithmus *numerische Integration* an, und testen Sie es anhand einiger Integrale.

24. Fertigen Sie für die drei in Abschn. 2.6 erläuterten Sortieralgorithmen lauffähige Programme an, und untersuchen Sie diese anhand diverser Beispiellisten.

25. Auf welcher grundlegenden zahlentheoretischen Tatsache beruht der RSA-Algorithmus? Erklären Sie seine Funktionsweise einem fiktiven Laien.

26. Geben Sie einen allgemeinen Beweis an für die Tatsache, dass für zwei verschiedene Primzahlen p und q Folgendes gilt: $\varphi(p \cdot q) = (p - 1) \cdot (q - 1)$.

27. Wenn man in $\mathbb{Z}_{20}$ alle möglichen Potenzen bildet, bei welchen kann man dann ganz sicher sein, dass sie auf das Ergebnis 1 führen, ohne dass man irgendetwas berechnet? Und sind das zwingend schon alle Potenzen mit dieser Eigenschaft?

28. Versuchen Sie herauszufinden, was man über den Wert der Eulerschen φ-Funktion aussagen kann, wenn der Input eine beliebige natürliche Zahl ist.

29. Stellen Sie einen Graphen her, der ihren Wohnort und mindestens fünf Nachbardörfer enthält. Die Kanten entsprechen den realen Verbindungswegen, und die Gewichte

entsprechen den realen durchschnittlichen Fahrzeiten. Stellen Sie dann die gesamte Information in einem zweidimensionalen Array zusammen.

30. Erklären Sie einem fiktiven Laien die Grundidee eines Greedy-Algorithmus und zudem die Funktionsweise des Dijkstra-Algorithmus.
31. Fertigen Sie ein lauffähiges Programm für den Dijkstra-Algorithmus an.
32. Erklären Sie einem fiktiven Laien die Grundidee der Zero-Knowledge-Verfahren.
33. Spielen Sie das Fiat-Shamir-Protokoll anhand kleiner Zahlen durch.

Literatur

Aho, A.V., Hopcroft, J.E., Ullman, J.D.: Data Structures and Algorithms. Addison-Wesley, Reading, Massachusetts (1983)

Beutelspacher, A., Schwenk, J., Wolfenstetter, K.-D.: Moderne Verfahren der Kryptographie. Von RSA zu Zero-Knowledge. Vieweg & Teubner, Wiesbaden (2010)

Coxeter, H.S.M.: Unvergängliche Geometrie. Birkhäuser, Basel (1981)

Dewdney, A.K.: Computer-Kurzweil. Spektrum der Wissenschaft 5, 8–12 (1985)

Diffie, W., Hellman, M.E.: New directions in cryptography. IEEE Transactions on Information Theory IT-22(6), 644–654 (1976)

Dijkstra, E.W.: A note on two problems in connexion with graphs. Numerische Mathematik 1, 269–271 (1959)

Euklid: Die Elemente. Wissenschaftliche Buchgesellschaft, Darmstadt (1980)

Goldberg, A.V., Harrelson, C.: Computing the Shortest Path: A* Search Meets Graph Theory. Proc. ACM_SIAM Symp. on Discrete Algorithms, ACM (2005)

Goldwasser, S., Micali, S., Rackoff, C.: The knowledge complexity of interactive proof-systems. In: STOC 85: Proceedings of the seventeenth annual ACM symposium on Theory of computing, S. 291–304. ACM Press, New York (1985)

Green, B., Tao, T.: The Primes contain arbitrarily long arithmetic progressions. Annals of Mathematics 167(2) (2008). doi:10.4007/annals. 2008.167.481

Hardy, G.H.: A Mathematician's Apology. University Press, Cambridge (1940)

Hart, P.E., Nilsson, N.J., Raphael, B.: A Formal Basis for the Heuristic Determination of Minimum Cost Paths. IEEE Transactions on System Science and Cybernetics, SSC-4(2) (1968)

Isihara, P., Buursma, D.: Multi-Peg Tower of Hanoi. In: The. College Mathematics Journal 44(2), 110–116 (2013)

Knuth, D.E.: Sorting and Searching. In: The Art of Computer Programming, Bd. 3, Addison-Wesley, Boston (2003)

Proklus: Kommentar zum ersten Buch von Euklids Elementen. In: Steck, M. (Hrsg.), Halle (1945)

Quisquater, J.-J., Guillou, L., Annick, M., Berson, T.: How to explain zero-knowledge protocols to your children. In: CRYPTO '89: Proceedings on Advances in cryptology Springer-Verlag, New York (1989)

Rivest, R.L., Shamir, A., Adleman, L.M.: A method for obtaining digital signatures and public-key cryptosystems. Comm. ACM 21(2), 120–126 (1987)

Singh, S.: Geheime Botschaften. Carl Hauser, München (2000)

Solovay, R., Strassen V.: A fast monte-carlo-test for primality. SIAM J. Comput. **6**(1) (1977)

Wüstenhagen, M.: Ein schneller Algorithmus zur numerischen Integration. PM **38**(4), 181–183 (1996)

Effizienz von Algorithmen

3

Wir haben schon mehrfach gesehen, dass ein algorithmisches Problem nicht gelöst ist, wenn irgendein korrekter Algorithmus dafür gefunden werden kann. Eine wichtige Frage ist immer auch, ob das Verfahren in vertretbarer Zeit terminiert oder nicht. Ein Sortierverfahren, das zwar richtig sortiert, das für die Sortierung aber Monate aufwenden muss, ist praktisch wertlos. Darum muss die Frage nach der Effizient von Algorithmen in der Algorithmik eine zentrale Rolle spielen. Und genau darum wollen wir uns in Kap. 3 kümmern.

Zuerst einmal ist a priori gar nicht klar, wie man den Aufwand eines Algorithmus messen soll. In Sekunden? Das hätte den Nachteil, dass der Aufwand rechnerspezifisch ist, denn dann hätte ein Algorithmus ja je nach Rechner, auf dem er läuft, einen anderen Aufwand. Soll man die Schritte des Algorithmus zählen? Aber was ist genau ein einzelner Schritt? Und wenn einmal klar ist, wie man die Effizienz eines Algorithmus angeben kann, dann stellen sich sofort weitere, anspruchsvollere, aber auch interessantere Fragen: Kann man die Effizienz eines Algorithmus verbessern? Ist es möglich, für ein und dasselbe Problem mehrere Algorithmen zu schreiben, die sich im Aufwand stark unterscheiden? Und gibt es allenfalls einen schnellstmöglichen Algorithmus? Und wie kann man das einsehen?

Es sind solche Fragen, die uns in diesem Kapitel anstacheln werden. Antworten sind teilweise alles andere als leicht zu finden, aber es ist ein überaus faszinierendes Gebiet, dem wir hier erste zaghafte Besuche abstatten.

3.1 Die Schritte eines Algorithmus und die O-Notation

▸ Im 19. Jahrhundert haben einige Forscher darüber nachgedacht, wie viele Schritte der Euklidische Algorithmus im schlimmsten Fall benötigt. Und bereits im 18. Jahrhundert hat der Rechenmeister Christlieb Clausberg (Clausberg 1737) die „Hurtigkeit" von Rechenverfahren zum Thema gemacht. In seinem Buch „Demonstrative Rechenkunst" schreibt er ausdrücklich, dass er die Leserschaft darin anweisen möchte, kürzere oder leichtere Wege zu finden, als dass die gemeinen

A. P. Barth, *Algorithmik für Einsteiger*, DOI 10.1007/978-3-658-02282-2_3, © Springer Fachmedien Wiesbaden 2013

Berechnungen erfordern. Freilich geht es ihm noch nicht um Algorithmen im heutigen Sinne, das heißt, er fragt noch nicht danach, was ein einzelner Schritt wohl sein mag. Mit seinem Bemühen, statt der Multiplikation und Division die Addition und Subtraktion zu verwenden oder wenn immer möglich die Rechnung mit kleineren Zahlen zu verrichten, nimmt er aber wichtige Anliegen vorweg, die in den folgenden Kapiteln auch unsere Anliegen sein werden.

Zunächst fragen wir aber danach, was ein einzelner Schritt eines Algorithmus ist und wie Algorithmen nach Aufwand klassifiziert werden können.

Zum Nachdenken!

Versuchen Sie einmal mehr, algorithmisch zu denken. Sie sind ein fleischgewordener Algorithmus, dem als Input eine bestimmte Zahl x übergeben wird und dessen Aufgabe nun darin besteht, die dreizehnte Potenz dieser Zahl zu berechnen. Dazu steht Ihnen aber nur die Multiplikation zur Verfügung.

Wie gehen Sie dabei vor? Wie viele und welche Multiplikationsschritte benötigen Sie? Und wie viele Speicherplätze zur Speicherung von Zwischenresultaten?

Was ist die minimale Anzahl Multiplikationen, die Sie verwenden müssen? Und wie können Sie ganz sicher sein, dass es mit weniger Multiplikationen nicht geht?

In der Frage, über die Sie eben nachgedacht haben, geht es um die Potenz x^{13}; sie soll allein mit einzelnen Multiplikationsschritten aus dem Input x errechnet werden. Wir starten die Berechnung also mit Grad 1. Steht einzig die Zahl x zur Verfügung, so kann der erste Schritt also nur in der Multiplikation des Inputs mit sich selber bestehen; dabei erreichen wir Grad 2, denn

$$x \cdot x = x^2 \ .$$

Im zweiten Schritt können wir entweder das eben erhaltene Resultat mit dem Input oder aber mit sich selber multiplizieren, in jedem Fall erhalten wir aber höchstens Grad 4, weil

$$x^2 \cdot x^2 = x^4 \ .$$

Für den dritten Schritt stehen bereits drei mögliche Faktoren zur Verfügung, x, x^2 und entweder x^3 oder x^4, abhängig davon, was wir im zweiten Schritt getan haben. Auf jeden Fall wird das Resultat des dritten Schrittes höchstens Grad 8 liefern, weil

$$x^4 \cdot x^4 = x^8 \ .$$

Eine weitere Verdoppelung des Grades ist nicht zweckmäßig, da das Resultat ja Grad 13 haben soll. Wir könnten beispielsweise x^8 mit x^4 und das Resultat davon dann noch mit x multiplizieren, das heißt, die Potenz x^{13} lässt sich sicher mit fünf Operationen erreichen.

Die Idee, dass bei jedem Schritt der Grad höchstens verdoppelt wird, führt zur Einsicht, dass, um x^n zu berechnen, immer mindestens $\lceil \log_2(n) \rceil$ einzelne Multiplikationen benötigt werden. Merken wir uns also:

▶   Zur Berechnung von x^n aus dem Input x bei ausschließlicher Verwendung von Multiplikationsschritten sind mindestens $\lceil \log_2(n) \rceil$ Operationen nötig.

Ist $n = 13$, so ist $\lceil \log_2(13) \rceil = \lceil 3.70... \rceil = 4$. Mit weniger als vier Multiplikationen werden wir unsere Aufgabe also nicht lösen können, egal, wie clever wir es anstellen. Das bedeutet aber natürlich nicht, dass es einen Weg geben muss, der tatsächlich nur vier Multiplikationen benötigt, es bedeutet nur, dass es mit weniger nicht gehen kann. In der Tat lässt sich x^{13} nicht mit nur vier Operationen berechnen; der oben vorgeschlagene Weg mit fünf Operationen ist optimal.

Zum Nachdenken!

Diesmal bittet Sie jemand, ein Polynom auszuwerten. Als Input erhalten Sie die Koeffizienten $a_0, a_1, ..., a_n$ sowie die Zahl r, und Ihre Aufgabe besteht nun darin, das Polynom

$$a_n \cdot x^n + a_{n-1} \cdot x^{n-1} + ... + a_2 \cdot x^2 + a_1 \cdot x + a_0$$

an der Stelle r auszuwerten. Dafür dürfen Sie lediglich Multiplikationen und Additionen benutzen.

Wie viele und welche Schritte benötigen Sie, um diese Aufgabe zu lösen?

Nun ja, hier versagt die zuvor erörterte Idee, denn wir brauchen nicht nur eine Potenz, sondern alle Potenzen bis hinauf zum Grad n. Man könnte also annehmen, dass zunächst $n - 1$ Multiplikationen nötig sind zur Berechnung aller Potenzen, danach weitere n Multiplikationen, um die Potenzen mit den jeweiligen Koeffizienten zu multiplizieren und schließlich n Additionen. Das ergäbe ein Total von $2n - 1$ Multiplikationen und n Additionen. Ist das optimal?

Interessanterweise ist das nicht optimal. Der englische Mathematiker William George Horner (1786–1837) hat im Jahr 1819 das nach ihm benannte *Horner-Schema* veröffentlicht, nach dem die Auswertung eines Polynoms mit weniger Operationen geschafft werden kann. Horner berechnet der Reihe nach die folgenden Schritte:

1. Berechnung von $a_n \cdot r + a_{n-1}$ mit einer Multiplikation und einer Addition.
2. Eine Multiplikation des Terms aus 1 mit r sowie eine Addition führt auf den Term $a_n \cdot r^2 + a_{n-1} \cdot r + a_{n-2}$.
3. Eine Multiplikation des Terms aus 2 mit r sowie eine Addition führt auf den Term $a_n \cdot r^3 + a_{n-1} \cdot r^2 + a_{n-2} \cdot r + a_{n-3}$.
4. ...
   Und so weiter.

Nach genau n Multiplikationen und ebenso vielen Additionen ist die Auswertung des Polynoms also beendet, was gegenüber der ersten Idee eine deutliche Verbesserung darstellt. Ist Horner optimal, oder kann das Problem mit noch weniger Operationen gelöst

werden? Auf diese Frage gab der russische Mathematiker A. M. Ostrowski 1954 eine klare
Antwort: Er bewies erstens, dass, egal wie viele Additionen und Subtraktionen eingesetzt
werden, stets mindestens n (= Grad des Polynoms) Multiplikationen nötig sind, und zweitens, dass, egal wie viele Multiplikationen und Divisionen eingesetzt werden, stets mindestens n Additionen/Subtraktionen nötig sind (Ostrowski 1954). Horners Weg ist also
optimal. Wir können nicht erwarten, das Problem in weniger Schritten lösen zu können,
wie raffiniert wir auch sein mögen.

Die Idee, für eine Aufgabe einen möglichst effizienten Algorithmus zu finden, für das
Erreichen eines Ziels möglichst wenige Schritte zu verwenden, erhielt mit der Erfindung
der Computer viel Nahrung. Denn nun waren Algorithmen in großem Stil einsetzbar, und
da war es naheliegend zu fragen, wie viele Arbeitsschritte die Maschine wird aufwenden
müssen und ob sie in vernünftiger Zeit Resultate liefern würde.

Aus schon erläuterten Gründen ist die Laufzeit oft kein brauchbares Maß, um einen
Algorithmus zu charakterisieren. Viel erfolgreicher ist die Idee, nach der *Schrittzahl als
Funktion der Inputgröße* zu fragen. Oben haben wir gesehen, dass der eine Algorithmus zur
Auswertung eines Polynoms $3n - 1$ Schritte (Multiplikationen und Additionen) benötigt,
während Horners Algorithmus mit $2n$ Schritten auskommt. Dabei ist n die Inputgröße, in
diesem Fall der Grad des Polynoms, mit dem der Algorithmus gefüttert wird. Beim Beispiel
der Potenzbildung haben wir gesehen, dass im Minimum $\lceil \log_2(n) \rceil$ Multiplikationsschritte
nötig sind, um die Potenz vom Grad n zu berechnen. Auch hier ist n die Inputgröße, in
diesem Fall der Exponent der zu berechnenden Potenz.

Was genau ein einzelner Schritt ist, ist nicht immer ganz klar. In den bisherigen Beispielen hatten wir es relativ leicht, denn es ist recht naheliegend, als einzelnen Schritt eine Grundoperation zu wählen. Betrachten wir aber nun einmal den Bubble-Sort-Algorithmus.

Zum Nachdenken!

Führen Sie sich erneut den Algorithmus Bubblesort zu Gemüte. Was würden Sie als einzelnen Schritt dieses Algorithmus bezeichnen? Was ist die Inputgröße? Und wie viele
Schritte abhängig von der Inputgröße benötigt Bubble-Sort folglich bis zur Terminierung?

Es ist naheliegend, die Länge der Inputliste als Inputgröße zu wählen, denn es ist ja
einzig entscheidend, wie viele Elemente zu sortieren sind, nicht aber, welche. Wir müssen
uns also fragen, wie viele Schritte der Algorithmus benötigt, wenn eine Liste der Länge n
präsentiert wird. Erinnern wir uns: Die Operation, die Bubble-Sort immer und immer verwendet, ist der Vergleich zweier benachbarter Listenelemente. Im ersten Schleifendurchgang werden erst die Einträge mit den Nummern 1 und 2, danach die Einträge mit den
Nummern 2 und 3, danach die Einträge mit den Nummern 3 und 4, und so weiter, verglichen, und jedes Mal findet eine Vertauschung statt, falls das kleinere Element links steht.
Auf diese Weise „bubbelt" das kleinste Element der gesamten Liste an die Position ganz
rechts (oder ganz oben). Offenbar sind hierfür $n - 1$ Vergleichsoperationen nötig. Da nun
ein Element schon seinen definitiven Platz erreicht hat, sind im zweiten Schleifendurch-

gang bloß noch $n-2$ Vergleichsoperationen nötig, im dritten dann nur noch $n-3$, und so weiter.

Bezeichnen wir eine Vergleichsoperation als einzelnen Schritt, so benötigt Bubble-Sort also

$$(n-1) + (n-2) + ... + 3 + 2 + 1 = \frac{n\,(n-1)}{2}$$

Schritte. Betrachten wir ein weiteres Beispiel; der folgende Algorithmus berechnet die Summe der ersten n natürlichen Zahlen:

Algorithmus *Gauß(n)*

```
Var i, s        //Integer-Variablen für Schleifenzähler und Summe
0 → s           //Summe wird zu Beginn auf 0 gesetzt.
For i = 1 to n do
    s + i → s
Endfor
Print s
End
```

Als Inputgröße wählen wir die Zahl n selbst. Wie lange (im Sinne von Anzahl Schritte) der Algorithmus arbeiten wird, hängt ja wesentlich von der Größe der Zahl ab, bis zu der hinauf er addieren muss. Der Kern des Algorithmus ist eine Schleife mit n Durchgängen, in denen jeweils eine einzelne Addition ausgeführt wird. Wir können also sagen, dass die einzelnen Schritte hier Additionen sind und dass der Algorithmus abhängig von der Inputgröße genau n Schritte bis zur Terminierung benötigt. Aber sind all diese Additionen gleich schnell? Nun, genau genommen sind sie es nicht. Lassen wir den Algorithmus zum Beispiel auf einer 32-Bit-Maschine laufen, so können sämtliche Additionen direkt ausgeführt werden, solange $n < 2^{16}$ ist; bei größeren Summanden entsteht aber ein Überlauf, der zu einem höheren Zeitbedarf führt. Und: Wir hätten durchaus auch eine andere Inputgröße wählen können, nämlich etwa die Länge der Zahl n, also ihre Anzahl Stellen.

Wir sehen, dass es durchaus nicht immer eindeutig ist, was die Inputgröße sein soll; noch weniger klar ist aber, was ein einzelner Schritt ist und vor allem, dass alle einzelnen Schritte gleich viel Zeit in Anspruch nehmen. Glücklicherweise zeigt es sich in vielen praktischen Anwendungen, dass es nicht sehr schlimm ist, solche Details zu vernachlässigen. Wir treffen daher in diesem Buch die Konvention, dass wir eine Grundoperation (Addition, Subtraktion, Multiplikation, Division) wie auch eine Vergleichsoperation mit Wertzuweisung oder eine Modulo-Operation und so weiter stets als *einen Schritt* zählen werden, im Bewusstsein, dass diese Festlegung in seltenen heiklen Fällen neu beurteilt werden muss. Zusammenfassend lässt sich also sagen, dass wir die Effizienz von Algorithmen dadurch beurteilen können, dass wir die *Anzahl benötigter Schritte als Funktion der Inputgröße* untersuchen, wobei klar sein muss, was wir unter einem Schritt verstehen.

Angenommen, wir werden gebeten, eine grobe Klassifizierung der auf der Erde gebräuchlichen Geschwindigkeiten vorzunehmen. Wir könnten zum Beispiel auf die Idee kommen, als sehr langsame Geschwindigkeit die Geschwindigkeit zu nennen, mit der sich

Abb. 3.1 Geschwindigkeitsklassen

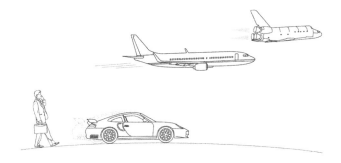

Menschen zu Fuß fortbewegen, als mittlere Geschwindigkeit diejenige, mit der Autos fahren, als hohe Geschwindigkeit diejenige, mit der Flugzeuge fliegen und als extrem hohe Geschwindigkeit diejenige, mit der Raketen fliegen (Abb. 3.1). Je nach verlangter Feinheit der Skala könnte man weitere Geschwindigkeitsklassen einführen, aber wir nehmen einmal an, wir wären schon zufrieden mit dieser Grobeinteilung. Nun könnte jemand argumentieren, dass durchaus nicht alle Menschen gleich schnell zu Fuß unterwegs sind, dass es also wenig Sinn macht, von der Geschwindigkeit zu sprechen, mit der sich Menschen zu Fuß fortbewegen. Aber wir könnten sofort entgegnen, dass uns das egal ist, denn unabhängig davon, ob nun ein Mensch zu Fuß eher langsam oder eher schnell ist, ist doch die Geschwindigkeit, mit der Autos fahren, *wesentlich höher*. Freilich gibt es auch bei Autos deutliche Geschwindigkeitsunterschiede, aber unabhängig davon, ob wir nun gerade an ein langsames Auto oder an ein Rennauto denken, ist doch die Geschwindigkeit, mit der Flugzeuge fliegen, *wesentlich höher*.

Diese etwas merkwürdigen Überlegungen zielen darauf ab, deutlich zu machen, dass wir bei Algorithmen nicht so sehr daran interessiert sind, ob nun der eine Algorithmus ganz wenig langsamer oder schneller ist als ein anderer; uns interessieren nur die wesentlichen Unterschiede. Ob nun zur Auswertung eines Polynoms $3n - 1$ Schritte anfallen oder nur $2n$, ist nicht so wichtig. Beide Terme wachsen ja linear. Es sind einfach zwei Raketen, die zwar unterschiedlich schnell, aber eben doch *sehr schnell* unterwegs sind. Für Computer, die zwischen 10^8 und 10^{16} Operationen pro Sekunde verarbeiten, ist eine Aufgabe, die eine Anzahl Schritte benötigt, welche bloß linear von der Inputgröße abhängt, äußerst schnell erledigt. Bei der Aufwandanalyse von Algorithmen sollten wir uns auf die wesentlichen Unterschiede konzentrieren können, und dazu werfen wir Algorithmen von ähnlichem Aufwand ebenso in einen Topf, wie wir alle Menschen oder alle Autos oder alle Flugzeuge oder alle Raketen je in einen Topf werfen.

Um sinnvolle „Töpfe" für Algorithmen schaffen zu können, verwenden wir eine Symbolik, die vor allem durch den deutschen Mathematiker Edmund Landau (1877–1938) bekannt gemacht wurde: die *Landau-Symbolik*. Sie wird häufig benutzt, um das asymptotische Verhalten von Folgen oder Funktionen zu beschreiben. Nehmen wir im Folgenden an, dass wir die Schrittzahl eines Algorithmus durch eine Funktion $S(n)$ abhängig von der Inputgröße ausgedrückt haben.

▶ **Definition** Wir schreiben $S(n) = O(f(n))$ (lies: „Groß O von f von n", eigentlich aber Groß Omikron), genau dann wenn die Werte der Funktion $S(n)$ schließlich, das heißt ab einer bestimmten Stelle n_0, stets $\leq c \cdot f(n)$ sind für eine Konstante c. Formal ausgedrückt:

$$S(n) = O(f(n)) \Leftrightarrow \exists n_0, c : S(n) \leq c \cdot f(n) \forall n \geq n_0 .$$

Klassifizieren wir mit der Landau-Symbolik die beiden oben erläuterten Algorithmen zur Auswertung eines Polynoms, so fallen sie offenbar in dieselbe Aufwandklasse. Im einen Fall ist $S_1(n) = 3n - 1$, im anderen Fall ist $S_2(n) = 2n$. In jedem Fall gibt es eine Konstante c, so dass $S_i(n) \leq c \cdot n$ ist. Wir können also $f(n) = n$ wählen und festhalten, dass beide Algorithmen zur Klasse $O(n)$ gehören. Beide Algorithmen landen im gleichen Topf, in der gleichen Aufwandklasse, obwohl natürlich kleine Unterschiede in der Laufzeit bestehen, so wie es kleine Unterschiede in der Laufzeit von Menschen gibt. Entscheidend ist nur, dass beide Algorithmen *sehr schnell* sind, denn ihr Aufwand wächst bloß linear mit der Inputgröße. In dieselbe Aufwandklasse fällt übrigens auch der oben erläuterte Algorithmus *Gauß* zur Addition von natürlichen Zahlen, wenn man als Inputgröße n wählt.

Zum Nachdenken!

Betrachten Sie erneut den Algorithmus *Sieb des Eratosthenes*. Welchen asymptotischen Aufwand hat dieser Algorithmus, wenn man die zu testende Zahl n selbst als Inputgröße wählt? Und welche Funktion beschreibt den asymptotischen Aufwand, wenn man die Anzahl Stellen von n als Inputgröße wählt? Dieses Beispiel macht einmal mehr sehr deutlich, dass die Inputgröße wohlüberlegt sein muss.

Etwas weniger schnell ist Bubble-Sort. Sein Aufwand ist im Wesentlichen quadratisch, denn wir hatten festgestellt, dass

$$S(n) = \frac{n(n-1)}{2} = 0.5n^2 - 0.5n$$

ist. Es gibt offenbar eine Konstante c, so dass $S(n) \leq c \cdot n^2$ ist. Folglich ist Bubble-Sort ein Algorithmus mit Aufwand $O(n^2)$, wenn man die Länge der Liste als Inputgröße wählt. Ein Quadrat wächst wesentlich schneller als ein linearer Term, also ist Bubble-Sort wesentlich langsamer als einer der Algorithmen zur Auswertung von Polynomen, etwa so, wie Flugzeuge langsamer als Raketen sind. Natürlich ist ein Algorithmus mit quadratischem Aufwand trotzdem noch immer schnell.

Langsamer als Horner, aber schneller als Bubble-Sort ist etwa der Algorithmus von Dijkstra. Es lässt sich zeigen, dass er bei einer bestimmten Wahl der Datenstruktur in die Klasse der Algorithmen mit Aufwand $O(n \cdot \log(n))$ fällt, wenn n die Anzahl Knoten des Graphen ist. Der Aufwand wächst also zwar nicht linear, aber eben auch nicht quadratisch.

Der in Abschn. 2.4 behandelte Hanoi-Algorithmus schneidet bezüglich Aufwand wesentlich schlechter ab. Wir haben hergeleitet, dass der Algorithmus bei n Scheiben $2^n - 1$

Schritte benötigt. Er gehört somit in die Klasse $O(2^n)$, was aus algorithmischer Sicht eine wirklich schlechte (und im Hinblick auf das Überleben der Menschheit eine überaus erfreuliche) Nachricht ist.

Dank Landaus Notation gelingt es uns, alle existierenden Algorithmen in nicht allzu viele Klassen übersichtlich einzuteilen. Alle Algorithmen mit Aufwand n, $2n$, $5n - 1$, $\frac{1}{3}n + 89$, ... gehören in die Klasse $O(n)$, alle Algorithmen mit Aufwand n^2, $3n^2$, $12n^2 - n$, $0.5n^2 + 6n$, ... gehören in die Klasse $O(n^2)$, alle Algorithmen mit Aufwand n^3, $7.81n^3 - n$, $n^3 + 5n^2 - n + 10$, ... gehören in die Klasse $O(n^3)$ und so weiter. Inwiefern sind solche Aufwandanalysen nun von praktischer Bedeutung? Nehmen wir an, es stünden uns für ein bestimmtes Problem zwei verschiedene Algorithmen zur Verfügung, der eine mit einem Aufwand $O(n \cdot \log(n))$ und der andere mit einem Aufwand $O(n^3)$. Wir beabsichtigen, Inputs der Größenordnung $n \leq 10^8$ algorithmisch zu bearbeiten, und es steht uns ein Computer zur Verfügung, der 10^9 Operationen pro Sekunde meistert. Der erste Algorithmus wird dann in weniger als einer Sekunde terminieren, während der zweite aber einige Millionen Jahre lang arbeiten wird. Das macht deutlich, dass ein möglicherweise korrekter Algorithmus jeglichen praktischen Wert verliert, wenn er in einer ungünstigen Aufwandklasse liegt.

Das ist von erheblicher praktischer Relevanz. Während zum Beispiel der klassische Algorithmus zur Berechnung einer Determinante zur katastrophalen Aufwandklasse $O(n!)$ gehört, gehört der Gauß-Jordan-Algorithmus für Determinantenberechnung zur Aufwandklasse $O(n^3)$. Mit letzterem lässt sich folglich eine 20×20-Determinante in deutlich weniger als einer Sekunde rechnen, während ersterer viele Jahre benötigen würde. Und während der in der Signaltechnik so wichtige Algorithmus DFT (Discrete Fourier-Transformation) eine für viele Anwendungen zu lange Laufzeit von $O(n^2)$ aufweist, benötigt der im Jahr 1965 von J. W. Cooley und J. W. Tuckey entwickelte Algorithmus FFT (Fast Fourier-Transformation) lediglich $O(n \cdot \log(n))$ Schritte (siehe dazu Cooley und Tuckey 1965).

Auch sehr interessant sind Aufwandanalysen für Primtest-Algorithmen. Während die klassischen Algorithmen (inklusive Eratosthenes) exponentiell in der Länge der Inputzahl laufen, haben die drei indischen Mathematiker Agrawal, Kayal und Saxena im Jahr 2002 einen Algorithmus gefunden, welcher zur Klasse $O((\log(n))^{12})$ gehört und somit in polynomialer Zeit läuft, was damals eine Sensation war (Agrawal et al. 2002). Der Algorithmus basiert auf folgender Äquivalenz:

▸   Sei $n \geq 2$ und $a < n$ eine beliebige natürliche Zahl, die zu n teilerfremd ist. Dann
     gilt:
$$n \text{ prim} \iff (x + a)^n = x^n + a \text{ in } \mathbb{Z}_n [x]$$
     Dabei bezeichnet $\mathbb{Z}_n[x]$ die Menge aller Polynome in x über dem Ring $\mathbb{Z}_n$.

Zum Schluss sei noch eine beeindruckende Tabelle angefügt, in der zu verschiedenen Inputgrößen n und Aufwandfunktionen $S(n)$ die Laufzeiten eines Computers angegeben sind, der eine Operation pro Nanosekunde schafft:

	$n = 20$	$n = 40$	$n = 60$	$n = 100$	$n = 500$
$n \cdot log(n)$	0,00000003 s	0,00000007 s	0,0000001 s	0,0000002 s	0,000002 s
n^2	0,0000004 s	0,000002 s	0,000004 s	0,00001 s	0,0003 s
n^5	0,003 s	0,1 s	0,8 s	10 s	8,7 h
2^n	0,001 s	0,3 h	37 a	$4 \cdot 10^{13}$ a	10^{134} a
n^n	3.325.012.683 a	$4 \cdot 10^{47}$ a	$1.5 \cdot 10^{90}$ a	$3 \cdot 10^{183}$ a	∞

3.2 Beschleunigung der Multiplikation natürlicher Zahlen

▸ Wenn nun im Folgenden die Multiplikation thematisiert werden soll, kann man sich fragen, was für Schritte wir überhaupt zu zählen beabsichtigen. Immerhin könnte man ja argumentieren, dass wir üblicherweise eine Grundoperation, somit auch eine Multiplikation, als einen Schritt zählen. Dann wäre freilich die Multiplikation nicht mehr zu beschleunigen. Aber: Sehr große Zahlen können in einem Computer meist nicht exakt mit allen Stellen dargestellt werden. Sie werden vielmehr in der exponentiellen Form

$$s \cdot m \cdot 2^e$$

abgelegt mit einem Vorzeichen-Bit s, der (meist normieren) Mantisse m und dem Exponenten e. Dabei stehen für Mantisse und Exponent je eine gewisse Anzahl Bits zur Verfügung. Bei riesigen Zahlen ist man somit gezwungen, die Multiplikation von der Software ausführen zu lassen, das heißt, wir brauchen einen Algorithmus, der die Multiplikation großer Zahlen zusammensetzt mittels Operationen auf kleineren Stücken.

In diesem Kapitel versuchen wir, die Multiplikation zweier Zahlen so umzusetzen, dass man sie zurückführt auf Grundoperationen mit einstelligen Zahlen. Ein einzelner Schritt soll also eine Grundoperation mit zwei Ziffern sein. Die Frage ist dann: Wie viele Operationen einstelliger Zahlen sind (abhängig von der Länge der Inputzahlen) nötig, um zwei beliebige Zahlen miteinander multiplizieren zu können? Da man die Multiplikation bereits an Grundschulen erlernt, ist es interessant zu fragen, wie es um den Aufwand des klassischen Schul-Algorithmus steht. Und ob man die Schulmethode beschleunigen kann.

Zum Nachdenken!

Angenommen, Sie möchten zwei n-stellige natürliche Zahlen mit der Schulmethode multiplizieren. (Denken Sie daran, dass wir immer dafür sorgen können, dass beide Inputzahlen die gleiche Länge haben; falls sie das nicht haben, ergänzt man zuvorderst bei der kürzeren Zahl einfach Nullen.) Wie viele Multiplikationen von einstelligen Zahlen fallen dabei an? Und wie viele Additionen? Versuchen Sie auch, den Aufwand zu berechnen, wenn zwei 100-stellige Zahlen zu multiplizieren sind.

Man kann sich überlegen, dass die klassische Schulmethode zur Multiplikation zweier n-stelliger Zahlen n^2 Multiplikationen und mindestens n^2 Additionen einstelliger Zahlen benötigt. Die Schulmethode gehört also in die Klasse der $O(n^2)$-Algorithmen, wenn wir Grundoperationen einstelliger Zahlen als Schritte zählen. Geht das schneller? Gibt es Algorithmen, die die Multiplikation mit geringerem Aufwand leisten? Die Antwort ist ein klares Ja. Im Jahr 1962 waren die russischen Mathematiker A. Karatsuba und Y. Ofman die ersten, denen es gelang, die Schulmethode zu beschleunigen (Karatsuba und Ofman 1962). Wir werden ihre Idee erst an einem Beispiel untersuchen, dann den allgemeinen Algorithmus formulieren und zum Schluss eine Aufwandanalyse durchführen.

Schon vor einigen hundert Jahren hat man versucht, die Multiplikation zweier Zahlen in einem gewissen Sinne zu beschleunigen. So findet man etwa zu Beginn des 16. Jahrhunderts bei dem englischen Mathematiker Johannes de Sacrobosco (Sacrobosco 1523) den Hinweis, dass es vorteilhafter ist, bei einer Multiplikation $a \cdot b$, bei der die eine Zahl, etwa a, unter 5 und die andere, b, zwischen 5 und 10 liegt, so vorzugehen:

$$a \cdot b = 10a - (10 - b) \cdot a \,.$$

Sacrobosco empfiehlt diese Vorgehensweise offenbar deshalb, weil damit eine „schwierige" Multiplikation mit einer Zahl über 5 zurückgeführt werden kann auf eine einfachere Multiplikation mit Zahlen unter 5. Was hier angestrebt wird, ist also eine Erleichterung des Kopfrechnens. Darum geht es uns aber nicht, denn wir suchen ja nach einem effizienten algorithmischen Verfahren, das sich gerade bei riesigen Zahlen günstig auswirkt. Trotzdem geht die Idee von Karatsuba und Ofman in eine ähnliche Richtung; die Multiplikation wird so umgeformt, dass sie nachher in einem bestimmten Sinne günstiger ist. Wie das funktioniert und was das genau heißen soll, untersuchen wir nun an einem Beispiel mit kleinen Zahlen:

Nehmen wir dazu an, die beiden Zahlen 72 und 35 wären miteinander zu multiplizieren. Wir wollen ja alles auf Grundoperationen mit einstelligen Zahlen zurückführen; deshalb schreiben wir:

$$
\begin{aligned}
& 72 \cdot 35 \\
&= \left(7 \cdot 10^1 + 2\right) \cdot \left(3 \cdot 10^1 + 5\right) \\
&= (7 \bullet 3) \cdot 10^2 + (7 \bullet 5 + 2 \bullet 3) \cdot 10 + 2 \bullet 5 \,.
\end{aligned}
$$

Wir bedienen uns hier ausnahmsweise besonders fetter Multiplikationszeichen, um deutlich zu machen, dass die eine Multiplikation zweistelliger Zahlen zurückgeführt werden kann auf vier Multiplikationen einstelliger Zahlen (und einige Additionen). Der erste Trick von Karatsuba und Ofman besteht nun darin, den Term so umzuformen, dass man mit weniger als vier Multiplikationen auskommt. Multiplikationen sind deutlich rechenintensiver als Additionen; darum versucht man vor allem, die Multiplikationen zu reduzieren und nimmt dabei eine unter Umständen höhere Zahl von Additionen gerne in Kauf. Die folgende raffinierte Umformung zeigt, dass schon drei Multiplikationen ausreichen, um den obigen Term zu berechnen. Man formt dazu den mittleren Summanden so um, dass

unter anderem diejenigen Multiplikationen in Erscheinung treten, die im ersten und dritten Summanden ohnehin berechnet werden müssen:

$$72 \cdot 35$$

$$= (7 \bullet 3) \cdot 10^2 + (7 \bullet 5 + 2 \bullet 3) \cdot 10 + (2 \bullet 5)$$

$$= (7 \bullet 3) \cdot 10^2 + [7 \cdot 3 + 2 \cdot 5 - (7 - 2) \bullet (3 - 5)] \cdot 10 + (2 \bullet 5) \; .$$

In der Tat sind jetzt nur noch drei unterschiedliche Multiplikationen nötig, die restlichen Multiplikationen sind ja mit den fett gedruckten bereits berechnet. Gegenüber der
klassischen Methode spart dieses Verfahren also eine Multiplikation ein, handelt sich dafür
aber einen Mehraufwand bei den Additionen ein. Gerade umwerfend klingt das nicht, und
wir müssen uns schon fragen, ob das wirklich einen deutlichen Effizienzzuwachs bringt.
Dass das die Effizienz erhöht, liegt am zweiten Trick, den sich Karatsuba und Ofman aus-
gedacht haben: Dieser zweite Trick schlägt vor, dass man das eben erläuterte Verfahren
bei großen Zahlen rekursiv anwendet. Sind etwa achtstellige Zahlen zu multiplizieren, so
führt man das zurück auf drei Multiplikationen vierstelliger Zahlen. Jede davon kann dann
zurückgeführt werden auf drei Multiplikationen zweistelliger Zahlen und jede davon auf
wieder drei Multiplikationen einstelliger Zahlen. Insgesamt fallen also nur $3^3 = 27$ einstellige Multiplikationen (und viele Additionen) an gegenüber $4^3 = 64$ Multiplikationen (und
Additionen). Je mehr Stellen die Faktoren haben, desto deutlicher wird der Spareffekt der
Potenz mit Basis 3 gegenüber der Potenz mit Basis 4.

Zum Nachdenken!

Versuchen Sie einmal, die beiden Zahlen 7912 und 3346 nach der Methode von Karatsuba und Ofman zu multiplizieren. Im ersten Schritt ist die eine Multiplikation vierstelliger Zahlen zurückzuführen auf drei Multiplikationen zweistelliger Zahlen. Wie
genau lautet der Term, der diese Rechnung leistet? Und wie viele Additionen enthält
er? (Hierbei gibt es eine kleine, interessante Entdeckung zu machen: Aus einem bestimmten Grund ist nämlich eine der Additionen eine Scheinaddition, die gar keine
Rechenleistung benötigt. Welche und warum nicht?)

Im zweiten Schritt ist dann jede der drei Multiplikationen zweistelliger Zahlen auf
drei Multiplikationen einstelliger Zahlen zurückzuführen. Wie lauten alle hierfür relevanten Terme?

Wir können immer davon ausgehen, dass die beiden Inputzahlen gleiche Länge haben
und dass diese Länge eine Zweierpotenz ist, denn notfalls kann man die Zahlen vorne mit
Nullen auffüllen. Wir dürfen daher bei der nun folgenden allgemeinen Beschreibung des
Algorithmus davon ausgehen, dass die beiden Inputzahlen a und b je $n = 2^s$ Stellen haben
für ein $s \in \mathbb{N}$. Dann brechen wir die Zahlen in Stücke gleicher Länge:

$$a = a_1 \cdot 10^{2^{s-1}} + a_0 \, ,$$

$$b = b_1 \cdot 10^{2^{s-1}} + b_0$$

wobei a_0, a_1, b_0, b_1 je höchstens 2^{s-1} Stellen haben. Dann multiplizieren wir so:

$$a \cdot b = \left(a_1 \cdot 10^{2^{s-1}} + a_0\right) \cdot \left(b_1 \cdot 10^{2^{s-1}} + b_0\right)$$

$$= (a_1 \cdot b_1) \cdot 10^{2^s} + (a_1 \cdot b_0 + a_0 \cdot b_1) \cdot 10^{2^{s-1}} + (a_0 \cdot b_0)$$

$$= \underbrace{(a_1 \cdot b_1)}_{M1} \cdot 10^{2^s} + \left[\underbrace{(a_1 \cdot b_1)}_{M1} + \underbrace{(a_0 \cdot b_0)}_{M3} - \underbrace{(a_1 - a_0) \cdot (b_1 - b_0)}_{M2}\right] \cdot 10^{2^{s-1}} + \underbrace{(a_0 \cdot b_0)}_{M3} .$$

Dabei haben wir deutlich gemacht, dass nur drei verschiedene Multiplikationen zu leisten sind, M1, M2 und M3. Für jede der drei Multiplikationen wird der Algorithmus erneut aufgerufen, allerdings mit Operanden halber Stellenzahl. Der Algorithmus arbeitet sich rekursiv hinunter bis zu einstelligen Operationen, und diese werden dann ausgeführt.

Wir müssen uns zum Schluss noch fragen, in welche Aufwandklasse dieser Algorithmus wohl gehört. Die Schulmethode für Multiplikation natürlicher Zahlen gehört in die Klasse der $O(n^2)$-Algorithmen, wenn n die Stellenzahl der Inputzahlen ist und wir die einstelligen Grundoperationen als Schritte zählen. Der rekursive Algorithmus von Karatsuba und Ofman müsste also deutlich besser abschneiden. Um das zu überprüfen, zählen wir die einstelligen Multiplikationen und Additionen:

Die Multiplikationen sind einfach zu zählen. Da der Algorithmus rekursiv mit halber Stellenzahl aufgerufen wird und jedes Mal drei Multiplikationen zu leisten sind, sind insgesamt 3^s einstellige Multiplikationen auszuführen. Eine Addition zweier n-stelliger Zahlen erledigt der Computer mit Aufwand $O(n)$. Das gibt uns das Recht, für jede Addition n-stelliger Zahlen den Term $c \cdot n$ (für eine Konstante c) zu verbuchen. Wenn wir noch einmal den obigen Term für die Multiplikation $a \cdot b$ untersuchen, so sehen wir, dass sechs Additionen anfallen, wovon aber eine „gratis" ist. Von den restlichen fünf Additionen gibt es eine von höchstens 2^{s+1}-stelligen Zahlen, zwei von höchstens $(2^s + 1)$-stelligen Zahlen und zwei von höchstens 2^{s-1}-stelligen Zahlen. Alles zusammengezählt, erhalten wir für die Additionen somit einen Aufwand von $5 \cdot c \cdot 2^s$ Schritten. Da der Algorithmus rekursiv aufgerufen wird, verbuchen wir ein Total von

$$5 \cdot c \cdot \left(2^s + 3 \cdot 2^{s-1} + 3^2 \cdot 2^{s-2} + \ldots + 3^s \cdot 2^0\right)$$

$$= 5 \cdot c \cdot 3^s \cdot \left(\left(\frac{2}{3}\right)^s + \left(\frac{2}{3}\right)^{s-1} + \left(\frac{2}{3}\right)^{s-2} + \ldots + \left(\frac{2}{3}\right)^0\right)$$

$$= 15 \cdot c \cdot 3^s \cdot \left(1 - \left(\frac{2}{3}\right)^{s+1}\right)$$

$$\leq 15 \cdot c \cdot 3^s$$

Additionen. Insgesamt hat der Algorithmus somit einen Aufwand von

$$3^s + 15 \cdot c \cdot 3^s = (1 + 15 \cdot c) \cdot 3^s = (1 + 15 \cdot c) \cdot 3^{\log_2(n)} = (1 + 15 \cdot c) \cdot n^{\log_2(3)} = (1 + 15 \cdot c) \cdot n^{1.58} .$$

Er gehört also in die Klasse $O(n^{1.58})$ und ist somit tatsächlich effizienter als die Schulmethode. Allerdings dürfen wir nicht vergessen, dass bei der Landau-Symbolik multiplikative Konstanten ausgeblendet werden. Tatsächlich ist der hier gezeigte Algorithmus erst für sehr große Zahlen rentabel, da bei kleinen Zahlen die Konstante stark ins Gewicht fällt und den Karatsuba-Algorithmus gegenüber dem klassischen bremst. Nach Karatsuba haben andere Autoren weitere Beschleunigungen der Zahlmultiplikation gefunden, etwa Toom, Cook, Schönhage und Strassen. Der Algorithmus von Schönhage und Strassen aus dem Jahr 1971 benutzt FFT (Fast Fourier-Transformation) und hat einen Aufwand von $O(n \cdot \log(n) \cdot \log(\log(n)))$ Schritten (Schönhage und Strassen 1971).

3.3 Matrixmultiplikation: Jagd nach immer kleineren Exponenten

▷ Die Matrixmultiplikation ist eine Operation, die als Subroutine in zahlreichen Anwendungen der linearen Algebra von Bedeutung ist; man benützt sie zur Lösung linearer Gleichungssysteme, zur Inversion von Matrizen, zur Bestimmung einer Determinante und für zahlreiche andere Berechnungsprobleme. Darum besteht natürlich ein großes Interesse daran, diese Operation zu beschleunigen. In seiner gefeierten Pionierarbeit aus dem Jahr 1969 konnte Volker Strassen zum ersten Mal nachweisen, dass es schneller geht als mit der klassischen Methode, welche sich direkt aus der Definition der Matrixmultiplikation ergibt. Und in der Folge setzte ein wahres Wettrennen ein um schnellere und noch schnellere Algorithmen.

Wir fragen hier: Wie werden zwei Matrizen klassische multipliziert? Wie ging Strassen vor, und welchen Aufwand hat sein Verfahren? Und welche Ergebnisse lieferte das in der Folge anbrechende Wettrennen?

Rufen wir uns zuerst die Definition einer Matrix in Erinnerung:

▷ **Definition** Unter einer $m \times n$-*Matrix* (für natürliche Zahlen m, n) versteht man eine Anordnung (meist) reeller Zahlen in einem rechteckigen Schema wie hier abgebildet:

$$A = \begin{bmatrix} a_{1,1} & a_{1,2} & \dots & \dots & a_{1,n} \\ a_{2,1} & a_{2,2} & \dots & \dots & a_{2,n} \\ \dots & \dots & \dots & \dots & \dots \\ \dots & \dots & \dots & \dots & \dots \\ a_{m,1} & a_{m,2} & \dots & \dots & a_{m,n} \end{bmatrix} .$$

Die Zahlen $a_{i,j}$ ($1 \le i \le m$, $1 \le j \le n$) heißen *Koeffizienten*, und die Matrix besteht aus m (horizontalen) *Zeilen* und n (vertikalen) *Spalten*. Ist zusätzlich $m = n$, so heißt die Matrix *quadratisch*.

Bekanntlich ist auf Matrizen die (elementweise) Addition und Subtraktion erklärt; sie setzt aber natürlich voraus, dass beide beteiligten Matrizen vom gleichen Format sind.

Etwas heikler ist die *Matrixmultiplikation*: Prägen wir uns zuerst ein, dass eine Matrixmultiplikation nur dann definiert ist, wenn die Anzahl Spalten der ersten Matrix gleich der
Anzahl Zeilen der zweiten Matrix ist und dass die Produktmatrix gleich viele Zeilen wie
die erste und gleich viele Spalten wie die zweite Matrix hat:

$$[m \times n\text{-Matrix}] \cdot [n \times p\text{-Matrix}] = [m \times p\text{-Matrix}] \ .$$

Betrachten wir das sogleich an einem Beispiel: Sei dazu

$$A = \begin{bmatrix} 2 & -1 & 7 & 8 \\ -4 & 0 & 3 & 3 \\ 1 & 2 & 3.5 & -5 \end{bmatrix}, \quad B = \begin{bmatrix} 3 & 1 \\ -4 & 7 \\ 2 & 2 \\ 6 & 1 \end{bmatrix} \ .$$

Da es sich bei der ersten Matrix um eine 3×4- und bei der zweiten um eine 4×2-
Matrix handelt, ist die Formatbedingung erfüllt, denn es ist die Anzahl Spalten der ersten
Matrix gleich der Anzahl Zeilen der zweiten. Die Multiplikation $A \cdot B$ kann folglich gebildet werden. Allerdings wird schon an dieser Stelle klar, dass Matrixmultiplikation keine
kommutative Operation sein kann; die umgekehrte Operation $B \cdot A$ wäre ja hier aus For-
matgründen nicht einmal definiert.

Wie multipliziert man nun die zwei gegebenen Matrizen? Wir haben oben festgehalten,
dass das Produkt eine Matrix sein wird, die gleich viele Zeilen wie der erste Faktor und
gleich viele Spalten wie der zweite Faktor haben wird. In unserem Beispiel wird $A \cdot B$ also
eine 3×2-Matrix sein. Sie wird somit die folgende Form haben:

$$A \cdot B = \begin{bmatrix} c_{1,1} & c_{1,2} \\ c_{2,1} & c_{2,2} \\ c_{3,1} & c_{3,2} \end{bmatrix} \ .$$

Der Eintrag $c_{i,k}$ der Produktmatrix kommt nun so zustande, dass man das Skalarpro-
dukt bildet aus der i-ten Zeile der ersten Matrix und der k-ten Spalte der zweiten Matrix.
Der Eintrag $c_{1,1}$ ist also das Skalarprodukt der ersten Zeile der ersten Matrix mit der ersten
Spalte der zweiten Matrix:

$$c_{1,1} = 2 \cdot 3 + (-1) \cdot (-4) + 7 \cdot 2 + 8 \cdot 6 = 72 \ .$$

Der Eintrag $c_{1,2}$ ist das Skalarprodukt der ersten Zeile der ersten Matrix mit der zweiten
Spalte der zweiten Matrix:

$$c_{1,2} = 2 \cdot 1 + (-1) \cdot 7 + 7 \cdot 2 + 8 \cdot 1 = 17 \ .$$

Und so weiter. Fährt man auf diese Weise fort, so erhält man schließlich:

$$A \cdot B = \begin{bmatrix} 2 & -1 & 7 & 8 \\ -4 & 0 & 3 & 3 \\ 1 & 2 & 3.5 & -5 \end{bmatrix} \cdot \begin{bmatrix} 3 & 1 \\ -4 & 7 \\ 2 & 2 \\ 6 & 1 \end{bmatrix} = \begin{bmatrix} 72 & 17 \\ 12 & 5 \\ -28 & 17 \end{bmatrix}.$$

Merken wir uns also:

▶ Seien $A = \left[a_{i,j} \right]_{1 \leq i \leq m , \, 1 \leq j \leq n}$ und $B = \left[b_{j,k} \right]_{1 \leq j \leq n , \, 1 \leq k \leq p}$ zwei Matrizen, so dass das Produkt $A \cdot B$ definiert ist. Dann ist

$$A \cdot B = \left[c_{i,k} \right]_{1 \leq i \leq m , \, 1 \leq k \leq p} \text{ und } c_{i,k} = \sum_{j=1}^{n} a_{i,j} \cdot b_{j,k} .$$

Im Folgenden gehen wir immer davon aus, dass uns zwei quadratische Matrizen vorliegen. Das kann ohnehin immer erreicht werden, indem man die Matrizen allenfalls mit Nullzeilen und Nullspalten auffüllt. Wir unterwerfen uns damit also nicht einer Einschränkung. Damit zwei quadratische Matrizen multipliziert werden können, müssen sie dasselbe Format haben. Wir können also davon ausgehen, dass jede der beiden Inputmatrizen n Zeilen und ebenso viele Spalten besitzt. Und wir fragen uns, mit welchem Aufwand die beiden Matrizen wohl multipliziert werden können.

Zum Nachdenken!
Der klassische Algorithmus für Matrixmultiplikation befolgt einfach die oben notierte Definition, das heißt, er berechnet der Reihe nach für jeden der n^2 Einträge der Produktmatrix das Skalarprodukt aus einer Zeile der ersten und einer Spalte der zweiten Matrix. Formulieren Sie hierfür einen Algorithmus in Pseudocode. Wie viele Multiplikationen und wie viele Additionen werden ausgeführt? Welchen Aufwand, notiert in der Landau-Symbolik, hat dieser Algorithmus folglich?

Angenommen, Sie dürften die besten Fachleute der Welt bitten, einen möglichst effizienten Algorithmus für Matrixmultiplikation zu liefern, welchen asymptotischen Aufwand wird dann keiner dieser Fachleute unterschreiten können? Und weshalb?

Der klassische Algorithmus für Matrixmultiplikation hat einen Aufwand von $O(n^3)$. Und man kann sich leicht überlegen, dass es mit weniger als n^2 Schritten nicht gehen kann. Wenn wir also gleich Strassens Algorithmus besprechen und nach noch effizienteren Algorithmen Ausschau halten, so werden wir auf alle Fälle Algorithmen mit asymptotischem Aufwand $O(n^c)$ erwarten für $2 \leq c \leq 3$.

Im Jahr 1969 fand Volker Strassen, dass der klassische Algorithmus für Matrixmultiplikation nicht optimal ist (Strassen 1969). Wir demonstrieren den Algorithmus zunächst an zweireihigen Matrizen. Seien also

$$A = \begin{bmatrix} a_{1,1} & a_{1,2} \\ a_{2,1} & a_{2,2} \end{bmatrix}, \quad B = \begin{bmatrix} b_{1,1} & b_{1,2} \\ b_{2,1} & b_{2,2} \end{bmatrix}$$

zwei zweireihige Matrizen. Während der klassische Algorithmus $2^3 = 8$ Multiplikationen benötigt, kommt Strassen mit nur sieben aus, indem er die folgenden Zwischenresultate berechnet:

$$z_1 := (a_{1,1} + a_{2,2}) \cdot (b_{1,1} + b_{2,2}) \, ,$$

$$z_2 := (a_{2,1} + a_{2,2}) \cdot b_{1,1} \, ,$$

$$z_3 := a_{1,1} \cdot (b_{1,2} - b_{2,2}) \, ,$$

$$z_4 := a_{2,2} \cdot (b_{2,1} - b_{1,1}) \, ,$$

$$z_5 := (a_{1,1} + a_{1,2}) \cdot b_{2,2} \, ,$$

$$z_6 := (a_{2,1} - a_{1,1}) \cdot (b_{1,1} + b_{1,2}) \, ,$$

$$z_7 := (a_{1,2} - a_{2,2}) \cdot (b_{2,1} + b_{2,2}) \, .$$

Danach können nämlich die Einträge der Produktmatrix wie folgt allein mit Additionen und Subtraktionen berechnet werden:

$$c_{1,1} = z_1 + z_4 - z_5 + z_7 \, ,$$

$$c_{1,2} = z_3 + z_5 \, ,$$

$$c_{2,1} = z_2 + z_4 \, ,$$

$$c_{2,2} = z_1 - z_2 + z_3 + z_6 \, .$$

Es wird hier also eine Multiplikation eingespart, dafür sind jedoch 18 Additionen beziehungsweise Subtraktionen auszuführen. Wir wissen aber, dass solche deutlich weniger rechenintensiv sind als Multiplikationen. Und wir haben schon in Abschn. 3.2 erlebt, dass eine scheinbar geringe Ersparnis sich durchaus sehr prägnant auswirken kann, wenn wir riesige Matrizen multiplizieren sollen und Strassens Verfahren rekursiv anwenden können. Falls es uns einfällt, die Matrixmultiplikation dadurch noch weiter zu beschleunigen, dass wir die Multiplikation zweireihiger Matrizen mit weniger als sieben Multiplikationen zu bewerkstelligen versuchen, so sollten wir uns von dieser Idee sogleich verabschieden. Der israelisch-US-amerikanische Informatiker Shmuel Winograd bewies nämlich 1971, dass jeder Algorithmus für die Multiplikation zweireihiger Matrizen stets mindestens sieben Multiplikationen benötigt (Winograd 1971). In dieser Hinsicht ist Strassens Methode also optimal.

Was bedeutet es genau, Strassens Algorithmus rekursiv anzuwenden? Wir haben weiter oben bemerkt, dass man Matrizen durchaus mit Nullzeilen und Nullspalten auffüllen kann. Deshalb können wir immer davon ausgehen, dass die Anzahl Zeilen beziehungsweise Spalten eine Zweierpotenz ist. Seien also A, B zwei große Matrizen vom Format $n \times n = 2^h \times 2^h$ ($h \in \mathbb{N}$). Wiederum sei C die Produktmatrix, die natürlich vom gleichen Format ist. Und wir bezeichnen noch mit Mult(2^h) beziehungsweise Add(2^h) die Anzahl Multiplikationen beziehungsweise Additionen/Subtraktionen, die bei der Produktbildung $A \cdot B = C$ nach Strassen insgesamt anfallen.

Zuerst spalten wir die Matrizen in je vier Untermatrizen vom Format $2^{h-1} \times 2^{h-1}$ auf:

$$A = \begin{bmatrix} A_{1,1} & A_{1,2} \\ A_{2,1} & A_{2,2} \end{bmatrix}, \quad B = \begin{bmatrix} B_{1,1} & B_{1,2} \\ B_{2,1} & B_{2,2} \end{bmatrix}, \quad C = \begin{bmatrix} C_{1,1} & C_{1,2} \\ C_{2,1} & C_{2,2} \end{bmatrix}.$$

Nun kann man sich leicht überlegen, dass auch für Untermatrizen gilt, was wir für reelle Koeffizienten gesagt haben, dass nämlich:

$$C_{1,1} = A_{1,1} \cdot B_{1,1} + A_{1,2} \cdot B_{2,1},$$
$$C_{1,2} = A_{1,1} \cdot B_{1,2} + A_{1,2} \cdot B_{2,2},$$
$$\ldots$$

Wir können also in der Tat Strassens Algorithmus rekursiv mit jeweils halber Zeilenzahl beziehungsweise halber Spaltenzahl anwenden. Welcher Gesamtaufwand fällt dabei an? Nun, da jede Multiplikation sieben Multiplikationen halb so großer Matrizen nach sich zieht, ist

$$\text{Mult}\left(2^h\right) = 7^h.$$

Wie viele Additionen fallen an? Die Produktbildung $A \cdot B$ benötigt 18 Additionen und 7 Multiplikationen von $2^{h-1} \times 2^{h-1}$-Untermatrizen. Jede der 18 Additionen von $2^{h-1} \times 2^{h-1}$-Matrizen kostet $\left(2^{h-1}\right)^2 = 4^{h-1}$ Einzeloperationen (Additionen von reellen Zahlen). Somit erhalten wir folgende Rekursionsformel:

$$\text{Add}\left(2^h\right) = 18 \cdot 4^{h-1} + 7 \cdot \text{Add}\left(2^{h-1}\right).$$

Es kann leicht vollständige Induktion benutzt werden, um zu beweisen, dass sich diese Rekursionsformel explizit so darstellen lässt:

$$\text{Add}\left(2^h\right) = 6 \cdot \left(7^h - 4^h\right).$$

Strassens Algorithmus hat also einen Gesamtaufwand von

$$\text{Add}\left(2^h\right) + \text{Mult}\left(2^h\right) = 6 \cdot \left(7^h - 4^h\right) + 7^h < 7 \cdot 7^h = 7 \cdot 7^{\log_2(n)} = 7 \cdot n^{\log_2(7)} \approx 7 \cdot n^{2.807}.$$

Diese Überlegungen zeigen, dass Strassens Algorithmus tatsächlich schneller ist als die klassische Matrixmultiplikation. Strassens Algorithmus hat einen asymptotischen Aufwand von $O(n^{2.801})$ gegenüber $O(n^3)$ bei der klassischen Methode. Das klingt nach einem sehr geringen Fortschritt; wenn man aber an große Matrizen denkt, fällt die Beschleunigung schon deutlich ins Gewicht: Bei 64-reihigen Matrizen etwa würden nach der klassischen Methode 262.144 Schritte anfallen, bei Strassen aber bloß 118.950. Und bei 256-reihigen Matrizen stehen 16.777.216 Schritte bei der herkömmlichen Methode 5.849.979 Schritten bei Strassen gegenüber.

Diese Entdeckung im Jahr 1969 wirkte äußerst stimulierend auf andere Forscher. Nun, da klar war, dass man sich mit dem klassischen Verfahren nicht zufrieden geben durfte, setzte eine Jagd ein auf immer bessere Algorithmen mit immer kleinerem Exponenten bei der Landau-Symbolik. Bei diesem Wettrennen um tiefere Exponenten hielten die Rekorde manchmal Jahre, manchmal aber auch nur Wochen oder Stunden. Die folgende Tabelle zeigt ein paar Stationen dieses „Wettforschens":

Datum	Entdecker	Exponent von n
1969	Strassen	2,807
Oktober 1978	Pan (1979)	2,795
November 1978	Bini e.a.	2,78
Juni 1979	Schönhage	2,609
Oktober 1979	Pan	2,605
Oktober 1979	Schönhage	2,548
Oktober 1979	Pan und Winograd	2,522
März 1980	Pan	2,49
September 1986	Coppersmith und Winograd	2,376

Erstaunlicherweise konnte das 1987 publizierte Verfahren von Coppersmith und Winograd (1987) seinen Rekord halten bis zum heutigen Tag. Ihr Beweis beruht auf einer von Strassen entwickelten Technik, die von ihm *Lasermethode* genannt wurde. Es darf aber nicht verschwiegen werden, dass der tiefe Exponent 2,376 nur von theoretischem Interesse ist, weil sich der asymptotische Effizienzgewinn wegen der riesigen Konstanten erst bei astronomischen Matrizen auswirken würde. Ob sich die Matrixmultiplikation je mit dem minimalen asymptotischen Aufwand von $O(n^2)$ wird realisieren lassen, steht in den Sternen, denn sehr vieles ist in diesem Bereich noch unerforscht. Zum Beispiel kennt man nicht einmal die multiplikative Komplexität dreireihiger Matrizen, obwohl man denken würde, solchen seien besonders einfach zu analysieren. (Siehe etwa Bürgisser et al. 1997.)

3.4 Beschleunigung des Sortierens

▸ In Abschn. 3.1 haben wir gesehen, dass der Sortieralgorithmus Bubblesort einen asymptotischen Aufwand von $O(n^2)$ hat, was gerade für lange Listen deutlich zu langsam ist. Nun kann man den Algorithmus zwar mit einigen Verbesserungen ausstatten, dank denen sich die multiplikative Konstante herabsetzen lässt, am quadratischen Aufwand lässt sich aber prinzipiell nichts ändern. Es stellt sich also die Frage, welchen Aufwand denn die anderen von uns in Abschn. 2.6 untersuchten Sortieralgorithmen haben. Ist das Sortieren durch direktes Einfügen oder das Sortieren durch direktes Auswählen deutlich effizienter als Bubblesort?

Nebst dieser Frage sollten wir uns auch die Frage stellen, ob wir grundsätzliche Aussagen machen können über den minimalen Aufwand eines Sortierverfahrens, der also, wie raffiniert wir auch sein mögen, nicht unterschritten werden kann. Und wenn wir das schaffen, besteht die größte Herausforderung darin, einen wirklich schnellen Algorithmus zu finden, der diesen Namen auch verdient.

Welchen Aufwand hat das Sortieren durch direktes Auswählen? Wir schicken die schlechte Nachricht voraus: Auch dieser Algorithmus hat Aufwand $O(n^2)$, er ist also ungefähr gleich schnell (oder langsam) wie Bubblesort. Interessant ist aber, wie sich das nachweisen lässt. Um ihn besser analysieren zu können, notieren wir hier den Algorithmus noch einmal; diesmal lassen wir aber die Kommentare weg und fügen dafür Zeilennummern ein:

Algorithmus *Sortieren durch direktes Auswählen* (L,n)

```
Var i, j, h, p
For i = 1 to n-1 Step 1 do        (4)
    L[i] → h                      (3)
    i → p
    For j = i+1 to n Step 1       (2)
        If L[j] < h then          (1)
            L[j] → h
            j → p
        Endif                     (1′)
    Endfor                        (2′)
    L[i] → L[p]
    h → L[i]                      (3′)
Endfor                            (4′)
Print L
End
```

Für die Zeilen (1)–(1′), das Testen der If-Bedingung sowie die beiden Speicheranweisungen, ist jedes Mal eine konstante Zeit c nötig, die unabhängig von der Listengröße ist. Diese Zeilen sind aber eingebettet in die Schleife (2)–(2′), die aus $n - i$ Durchgängen besteht. Somit benötigt die Schleife die Zeit $(n - i) \cdot c + m$, wobei wir noch eine konstante Zeit m dazugeben für die Initialisierung der Schleife. Der Rest des Abschnittes (3)–(3′) besteht nur aus Speicheranweisungen, für die wir ebenfalls ein konstante Zeit p (unabhängig von der Länge der Liste) veranschlagen. Somit benötigen die Zeilen (3)–(3′) nun insgesamt die Zeit $(n - i) \cdot c + m + p$. Nun sind auch diese Zeilen wieder eingebettet in die Schleife (4)–(4′) mit $n - 1$ Durchgängen, so dass wir dem Algorithmus schließlich einen Aufwand von

$$A = \sum_{i=1}^{n-1} \left[(n - i) \cdot c + m + p \right] + q$$

zuordnen, wobei wir noch eine konstante Zeit q für die Initialisierung der Schleife (4)–(4′) addiert haben. Einige einfache Umformungen führen nun rasch zum Ziel:

$$A = \sum_{i=1}^{n-1} \left[-i \cdot c \right] + (n-1) \cdot (n \cdot c + m + p) + q$$

$$= -c \cdot (1 + 2 + 3 + \dots + (n-1)) + (n-1) \cdot (n \cdot c + m + p) + q$$

$$= -c \cdot \frac{n \cdot (n-1)}{2} + n^2 \cdot c + n \cdot m + n \cdot p - n \cdot c - m - p + q$$

$$= \frac{c}{2} \cdot n^2 + \left(m + p - \frac{c}{2} \right) \cdot n + (q - m - p) \ .$$

Für genügend große n sind die beiden hinteren Terme $< n^2$, so dass also per Definitionem $A = O(n^2)$ folgt, was ja zu beweisen war. Leider ist auch der Algorithmus *Sortieren durch direktes Einfügen* in derselben Aufwandklasse, so dass wir also auch von dort keine Effizienzsteigerung erwarten dürfen.

Zum Nachdenken!

Vielleicht ist Ihnen schon einmal der folgende Gedanke gekommen: Beim Algorithmus Sortieren durch direktes Einfügen haben wir das Einfügen des neuen Elementes in die schon sortierte Teilliste sehr aufwändig gestaltet. Wir haben die Teilliste nämlich einfach von hinten bis vorne schrittweise durchsucht, um die Einschubstelle zu finden, und dort haben wir dann das neue Element eingefügt. Stellen Sie sich nun einmal vor, Sie hätten ein dickes Bündel lexikographisch sortierter Akten vor sich und müssten nun eine vergessene oder erst nachträglich erhaltene Akte an der richtigen Stelle einfügen. Würden Sie wirklich oben beginnend eine Akte nach der anderen umblättern, bis die richtige Stelle gefunden ist? Bei diesem *linearen Suchen* müssten Sie durchschnittlich die Hälfte der Akten umblättern, die Anzahl Suchschritte steigt also proportional zur Anzahl Einträge. Oder wie würden Sie sonst vorgehen?

Mit dem Algorithmus *binäres Suchen* gelingt das Einfügen der Akte deutlich schneller: Dabei beginnt man mit der Akte genau in der Mitte des Stapels und fragt sich, ob die neue Akte vor oder nach dieser Stelle eingefügt werden muss. Je nach Antwort fährt man dann mit der entsprechenden Hälfte des Stapels fort, geht wieder in die Mitte und fragt sich, ob die neue Akte vor oder nach dem mittleren Element des halben Stapels eingefügt werden muss, und so weiter. Weshalb heißt dieses Verfahren wohl *binäres Suchen*? Können Sie für das Verfahren einen Algorithmus in Pseudocode angeben?

Und die wichtigste Frage: Wie viele Suchschritte sind bei einem Stapel aus n Einträgen nötig, um die Einschubstelle zu lokalisieren?

Wenn wir nachher einen deutlich schnelleren Sortieralgorithmus untersuchen, wird sich die Frage aufdrängen, ob sich die Effizienz noch weiter verbessern lässt oder nicht. Es macht also Sinn, dass wir zuerst der Frage nachgehen, ob wir irgendetwas aussagen können über den minimalen Aufwand eines Sortierverfahrens. Wenn wir wissen, welche Schrittzahl prinzipiell nicht unterschritten werden kann, sind wir auch viel besser in der Lage abzuschätzen, ob wir mit dem neuen Verfahren zufrieden sein dürfen oder nicht. Bei genauerem Nachdenken zeigt sich, dass diese Frage gar nicht so einfach zu beantworten ist. Eine Antwort hängt nämlich wesentlich davon ab, was wir als Sortierverfahren überhaupt zulassen wollen oder besser, mit was für Techniken wir den Algorithmus auszustatten gedenken. Nehmen wir einmal an, wir müssten die folgende Liste aus Nullen und Einsen sortieren:

$$1000111011011001001110010110001110100011101011000001101010100011100$$

Sortieren hieße in diesem Fall einfach, dass wir die Ziffern so anordnen, dass zuerst alle Nullen und danach alle Einsen kommen. Das lässt sich aber mit linearem Aufwand erreichen, denn wir müssen lediglich die ganze Liste von vorne bis hinten scannen und zählen, wie oft die Null vorkommt (und eventuell noch, wie viele Einträge die Liste besitzt). Danach schreiben wir die Liste einfach neu gemäß den eben bestimmten Anzahlen.

Dieses Beispiel macht uns die Schwierigkeit bewusst. Wir können nur dann eine sinnvolle Antwort auf die oben gestellte Frage geben, wenn klar ist, von welcher Art das Sortierverfahren sein soll. Alle bisher betrachteten Algorithmen setzen wiederholt die Technik ein, jeweils zwei Einträge der Liste miteinander zu vergleichen. Legen wir uns auf diese Technik fest, so kann obige Folge von Nullen und Einsen natürlich nicht mehr mit linearem Aufwand sortiert werden. Aber das ist genau die Technik, die alle bisherigen Algorithmen charakterisiert und von der wir annehmen, dass sie auch bei raffinierteren Verfahren unumgänglich sein wird. Darum formulieren wir die Frage so: Wenn wir das Vergleichen von zwei Listenelementen als charakteristische Technik eines Sortierverfahrens haben wollen, was können wir dann über den minimalen Aufwand solcher Verfahren aussagen?

Dann allerdings lässt sich recht einfach eine gute Antwort geben: Dazu stellen wir zuerst einmal fest, dass jedes vergleichsbasierte Sortierverfahren durch einen *Vergleichsbaum* repräsentiert werden kann. Das ist ein (mathematischer) Baum, der alle möglichen Abfolgen der paarweisen Vergleiche abbildet. Die folgende Abbildung zeigt den Vergleichsbaum des Algorithmus Sortieren durch direktes Einfügen bei drei Einträgen (Abb. 3.2).

Bei diesem Algorithmus werden ja zuerst die beiden Einträge mit den Nummern 1 und 2 verglichen; deshalb bildet dieser Vergleich die Wurzel des Baumes. Je nachdem, wie dieser Vergleich ausfällt, werden nachher die Einträge mit den Nummern 2 und 3 respektive 1 und 3 verglichen. Diese Vergliche bilden somit die Knoten der zweiten Baumstufe. Und so weiter. Die Blätter des Baumes zeigen dann alle möglichen sortierten Reihenfolgen der drei Listeneinträge.

Der entscheidende Punkt ist nun der: Ganz unabhängig davon, nach welcher Methode der Algorithmus sortiert, es lässt sich, solange der Algorithmus vergleichsbasiert ist, immer ein Vergleichsbaum zuordnen, dessen Blätter alle möglichen Permutationen der Listeneinträge zeigt. Da die Liste n Einträge hat, hat der Baum $n!$ Blätter. Und darum hat der Baum

Abb. 3.2 Vergleichsbaum
für Sortieren durch direktes
Einfügen mit drei Einträgen

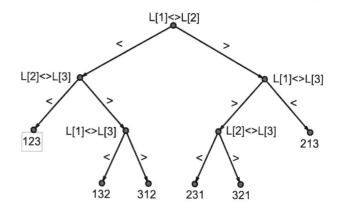

$\log_2(n!)$ Stufen, was bedeutet, dass der Sortieralgorithmus im schlechtesten Fall genauso viele Vergleichsschritte abarbeiten muss.

Nach einer von James Stirling entwickelten Formel ist

$$n! = \sqrt{2\pi n} \cdot \left(\frac{n}{e}\right)^n \cdot e^{\frac{\theta}{12n}}$$

für eine Zahl θ zwischen 0 und 1. Bildet man von diesem Term den Binärlogarithmus, so erhält man einen Term der Art $O(n \cdot \log_2(n))$. Darum können wir Folgendes aussagen:

▸ Jeder vergleichsbasierte Sortieralgorithmus hat zum Sortieren von *n* Elementen einen asymptotischen Aufwand von mindestens $O(n \cdot \log_2(n))$.

Damit ist nun klar, was wir erhoffen dürfen. Wir haben bisher ausschließlich Sortieralgorithmen mit quadratischem Aufwand kennengelernt, und unser neues Resultat gibt uns die Hoffnung, dass sich der Aufwand bei geschicktem Vorgehen noch auf $O(n \cdot \log_2(n))$ drücken lässt. Und tatsächlich sind so schnelle Algorithmen gefunden worden. Wir besprechen hier den Algorithmus *Quicksort* von C. A. R. Hoare aus dem Jahr 1962 (Hoare 1962). Er ist ein Musterbeispiel zur *divide-and-conquer-Technik*: Dabei wird ein Problem in kleinere Teilprobleme unterteilt, die dann einfacher zu beherrschen sind. Bei Quicksort wird ein bestimmtes Listenelement (etwa das mittlere) ausgewählt, und anschließend sorgt ein raffiniertes Verfahren für die Entstehung zweier Teillisten, nämlich einer linken, die alle diejenige Einträge enthält, welche kleiner sind als das ausgewählte Element, und einer rechten, die alle diejenigen Einträge enthält, welche grösser sind. Diese Teillisten lassen sich überraschend schnell bilden, und sind sie einmal gebildet, können sie unabhängig voneinander weiterverarbeitet werden.

Wir erläutern den Algorithmus sogleich anhand eines einfachen Beispiels. Angenommen, die folgende Liste ist zu sortieren:

$$\boxed{5}\boxed{13}\boxed{2}\boxed{9}\boxed{21}\boxed{8}\boxed{7}\boxed{1}$$

Zunächst wählen wir ein bestimmtes Element der Liste, zum Beispiel das mittlere oder, wie hier, das linke der beiden mittleren Elemente: $p := 9$. Dieses im Folgenden immer markierte Element heißt Pivot. Ferner setzen wir je einen Zeiger ans linke und rechte Ende der Liste:

$$\boxed{5}\boxed{13}\boxed{2}\underline{\boxed{9}}\boxed{21}\boxed{8}\boxed{7}\boxed{1}$$

Nun geht es darum, sogenannte *Fehlstände* zu suchen und zu beheben, das heißt, wir rücken den linken Zeiger immer um eine Position nach rechts, bis wir ein Element finden, das $\geq p$ ist, genauer: Der linke Zeiger rückt vor, falls das Element, auf das er zeigt, $< p$ ist. Danach rücken wir den rechten Zeiger nach links, bis wir ein Element finden, das $\leq p$ ist, genauer: Der rechte Zeiger rückt nach links, falls das Element, auf das er zeigt, $> p$ ist. Nun zeigt also der linke Zeiger auf ein Element, welches grösser oder gleich dem Pivot ist, und der rechte Zeiger zeigt auf ein Element, welches kleiner oder gleich dem Pivot ist. Diese beiden Elemente bilden den Fehlstand, denn eigentlich müsste ja das kleinere Element links vom Pivot und das größere rechts stehen. Folglich werden sie nun vertauscht. In unserem Beispiel sieht das so aus:

Vorrücken zum Fehlstand:

$$\boxed{5}\boxed{13}\boxed{2}\underline{\boxed{9}}\boxed{21}\boxed{8}\boxed{7}\boxed{1}$$

Beheben des Fehlstandes:

$$\boxed{5}\boxed{1}\boxed{2}\underline{\boxed{9}}\boxed{21}\boxed{8}\boxed{7}\boxed{13}$$

Nun rücken die Zeiger weiter vor, bis ein allfälliger nächster Fehlstand entdeckt wird.
Vorrücken zum Fehlstand (Da ja 9 nicht kleiner als 9 ist, hält der linke Zeiger unter dem Pivot an!):

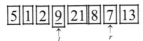

Beheben des Fehlstandes:

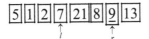

Und wiederum rückt der linke Zeiger vor, da das Element, auf das er zeigt, kleiner ist als das Pivot. Der rechte Zeiger verharrt dagegen an seiner Position, da 9 nicht grösser ist als 9.

$$\boxed{5}\ \boxed{1}\ \boxed{2}\ \boxed{7}\ \underset{l}{\boxed{21}}\ \boxed{8}\ \underset{r}{\boxed{9}}\ \boxed{13}$$

Beheben des Fehlstandes:

$$\boxed{5}\ \boxed{1}\ \boxed{2}\ \boxed{7}\ \underset{l}{\boxed{9}}\ \boxed{8}\ \underset{r}{\boxed{21}}\ \boxed{13}$$

Diesmal verharrt der linke Zeiger, während der rechte nach links rückt:

$$\boxed{5}\ \boxed{1}\ \boxed{2}\ \boxed{7}\ \underset{l}{\boxed{9}}\ \underset{r}{\boxed{8}}\ \boxed{21}\ \boxed{13}$$

Beheben des Fehlstandes:

$$\boxed{5}\ \boxed{1}\ \boxed{2}\ \boxed{7}\ \underset{l}{\boxed{8}}\ \underset{r}{\boxed{9}}\ \boxed{21}\ \boxed{13}$$

Noch einmal Vorrücken, und dann gelangen wir zum ersten Mal in die Situation, in der die beiden Zeiger an derselben Position stehen:

$$\boxed{5}\ \boxed{1}\ \boxed{2}\ \boxed{7}\ \boxed{8}\ \underset{l,r}{\boxed{9}}\ \boxed{21}\ \boxed{13}$$

Nun ist die besonders glückliche Situation eingetreten, in der das Pivot alle Listeneinträge, die kleiner als das Pivot sind, trennt von den Listeneinträgen, die grösser sind (*divide*). Die weitere Sortierung der Liste kann also dadurch geschehen, dass beide Teillisten einzeln und ohne Rücksicht aufeinander sortiert werden können (*conquer*). Wir müssen also jetzt den Algorithmus rekursiv auf die beiden neu entstandenen Teillisten anwenden, bis Teillisten der Länge 1 entstanden sind. Dann wird die ganze Liste sortiert vorliegen.

In Pseudocode nimmt der Algorithmus folgende Gestalt an. Dabei übergeben wir dem Algorithmus zwei Indizes *a* und *b*, die die Information enthalten, bei welchem Index die zu sortierende (Teil-)Liste anfängt (*a*) und bei welchem sie aufhört (*b*). Zu Beginn muss Quicksort natürlich mit den Werten $a = 1$ und $b = n$ aufgerufen werden.

Algorithmus *Quicksort* (a, b)

```
Var p, lz, rz        //Integer-Variablen für das Pivot und für die
                       Positionen des linken
                     //und rechten Zeigers
If a<b then          //Abbruch, falls Teilliste nur aus einem
                       Element besteht
  L[⌊a+b/2⌋] → p      //Pivot bestimmen
  a → lz
  b → rz             //Zeiger ans linke bzw. rechte Ende heften
  Loop
      While L[lz] <p do
          lz+1 → lz
      Endwhile        //linker Zeiger rückt nach rechts
      While L[rz] >p do
          rz-1 → rz
      Endwhile        //rechter Zeiger rückt nach links
      Swap(L[lz], L[rz])
  Until lz ≥ rz
  Quicksort(a, rz)
  Quicksort(lz, b)
Endif
End
```

Nun bleibt die zentrale Frage, ob der Algorithmus hält, was sein Name verspricht. Wie groß ist sein asymptotischer Aufwand, und wie lässt sich das nachweisen?

Zunächst halten wir fest, dass die folgende Aufwandanalyse auf der Annahme basiert, dass die Elemente der Liste zufällig angeordnet sind. Das Pivot kann nach der Partition der Liste an jeder Stelle mit gleicher Wahrscheinlichkeit stehen, so dass die Liste also in zwei Teillisten mit den Längen 1 und $n-1$, 2 und $n-2$, 3 und $n-3$ und so weiter je mit der Wahrscheinlichkeit $\frac{1}{n}$ aufgeteilt wird. Bezeichnen wir mit $A(n)$ den Aufwand von Quicksort zur Sortierung einer Liste mit n Einträgen, so gilt also für eine Konstante c, dass

$$A(n) \leq c \cdot n + \frac{1}{n} \cdot \sum_{s=1}^{n-1} (A(s) + A(n-s)) = c \cdot n + \frac{2}{n} \cdot \sum_{s=1}^{n-1} A(s).$$

Dabei haben wir noch einen linearen Aufwand zugeschlagen für das Suchen und (allfällige) Beheben der Fehlstände. Nun benutzen wir vollständige Induktion, um zu beweisen, dass der Algorithmus tatsächlich einen asymptotischen Aufwand von $O(n \cdot \log_2(n))$ hat:

Beweis Der Induktionsstart ist besonders einfach: Bei einer Liste mit einem einzigen Element gibt es nichts zu sortieren, und folglich ist der Aufwand 0.

Nehmen wir nun an, die Behauptung sei $\forall n \leq k$ erfüllt. Und wir zeigen, dass sie dann auch für $n = k+1$ zutrifft. Nun, wegen obiger Ungleichung ist

$$A(k+1) \leq c \cdot (k+1) + \frac{2}{k+1} \cdot \sum_{s=1}^{k} A(s).$$

Ausführlicher dargestellt:

$$A(k+1) \leq c \cdot (k+1) + \frac{2}{k+1} \cdot (A(1) + A(2) + \dots + A(k)) \ .$$

Nach Induktionsvoraussetzung gilt dann für eine weitere Konstante d:

$$A(k+1) \leq c \cdot (k+1) + \frac{2}{k+1} \cdot d \cdot \left(1 \cdot \log_2(1) + 2 \cdot \log_2(2) + \dots + k \cdot \log_2(k)\right) \ .$$

Da $x \cdot \log_2(x)$ eine monoton wachsende Funktion ist, können wir folgendermaßen abschätzen:

$$A(k+1) \leq c \cdot (k+1) + \frac{2}{k+1} \cdot d \cdot \int_1^{k+1} x \cdot \log_2(x) \, \mathrm{d}x \ .$$

Berechnung des Integrals führt auf:

$$A(k+1) \leq c \cdot (k+1) + \frac{2}{k+1} \cdot d \cdot \left[\frac{x^2}{2} \cdot \log_2(x) - \frac{\log_2(e)}{4} \cdot x^2\right]\Big|_1^{k+1} \ .$$

Und weiter:

$$A(k+1) \leq c \cdot (k+1) + \frac{2}{k+1} \cdot d \cdot \left[\frac{(k+1)^2}{2} \cdot \log_2(k+1) - \frac{\log_2(e)}{4} \cdot (k+1)^2 + \frac{\log_2(e)}{4}\right] \ .$$

Wir multiplizieren aus, vereinfachen und lassen den mittleren Term der Klammer weg, wodurch der Wert des Terms wächst:

$$A(k+1) \leq c \cdot (k+1) + d \cdot (k+1) \cdot \log_2(k+1) + \frac{\log_2(e)}{2} \cdot d \cdot \frac{1}{k+1} \ .$$

Für k genügend groß ist sowohl der erste wie auch der dritte Summand kleiner als ein Vielfaches des mittleren Summanden, so dass also

$$A(k+1) \leq \widetilde{d} \cdot (k+1) \cdot \log_2(k+1)$$

gilt, womit nachgewiesen ist, dass Quicksort den asymptotischen Aufwand $O(n \cdot \log_2(n))$ hat.

□

3.5 Einführung in die Komplexitätstheorie

▷   In den Abschn. 3.1–3.4 haben wir erlebt, dass die Frage nach der Komplexität von Algorithmen eine sinnvolle und wichtige Frage ist. Dass man sich überhaupt bemüht, Algorithmen zu beschleunigen, ist in der Mathematik – gemessen an der

Länge ihrer Geschichte – eine relativ moderne Entwicklung; im Zusammenhang mit Computern ist diese Bemühung unausweichlich geworden. Jedoch weckt jede Beschleunigung den Appetit auf mehr. Wenn man schon Wege gefunden hat, einen Algorithmus effizienter zu gestalten, wieso soll man dann mit noch mehr Raffinesse nicht eine noch effizientere Version bauen können? Es stellt sich also immer die Frage, ob man auch untere Schranken für den Aufwand angeben kann, die prinzipiell nicht mehr unterschritten werden können, wie raffiniert man es auch anstellt. Kann man das, so weiß man, dass weitere Bemühungen um Beschleunigungen aussichtslos sind.

Mit der Frage nach einer unteren Schranke für die Komplexität (den Aufwand) eines Algorithmus öffnet sich das Feld der *Komplexitätstheorie*, einer sehr modernen Theorie im Grenzbereich zwischen Mathematik und Informatik. Wie diese Theorie ihren Anfang nahm, wie ihre typischen Fragen lauten und mit welchen Methoden sie arbeitet, das soll in diesem Kapitel im Sinne einer kurzen Einführung diskutiert werden.

Einer der wichtigsten Pioniere der Komplexitätstheorie ist der deutsche Mathematiker Volker Strassen (*1936); darum macht es Sinn, seine eigene Charakterisierung dieser Theorie zu lesen:

Unter der Komplexität eines algorithmischen Problems versteht man im einfachsten Fall die minimale zu seiner Lösung hinreichende Anzahl von Rechenschritten. Ihr Studium ist der Gegenstand der Komplexitätstheorie. Jeder Algorithmus liefert eine obere Schranke für die Komplexität der von ihm gelösten Aufgabe. Daher besitzt das Gebiet keine scharfen Grenzen zur Numerik und zu denjenigen Teilen der Informatik, die sich mit dem Entwurf und der Analyse von Algorithmen befassen. Es gewinnt seine Identität erst durch die Betonung von unteren Komplexitätsschranken (bis hin zu Optimalitätsbeweisen für manche Verfahren) (aus Strassen 1984).

Die nun folgende Einführung widmet sich dem im Zitat erwähnten einfachsten Fall; wir definieren Komplexität und untersuchen an einigen ausgewählten Beispielen die zentralen Fragestellungen und Methoden dieser Disziplin.

Beginnen wir mit einer Art Spiel: Angenommen, es sind drei sogenannte *Inputs* x, y, z gegeben, und es ist das Ziel des Spiels, den Term $T := 3 \cdot x + 4 \cdot y + 3 \cdot z$ zu berechnen. Die Spielregel besagt, dass wir dazu nur zwei Typen von Berechnungsschritten einsetzen dürfen, nämlich die Addition von zwei bereits berechneten Termen sowie die Vervielfachung eines schon berechneten Terms mit einer reellen Zahl.

Zum Nachdenken!

Wenn Sie einzig die beiden erwähnten Operationen benützen dürfen, mit was für einer Abfolge von Schritten könnten Sie dann den fraglichen Term berechnen? Welche Länge hat diese Abfolge? Könnten Sie den Term auch mit einer kürzeren Abfolge von Schritten berechnen?

Und welche Länge einer Berechnungsfolge kann aber grundsätzlich nicht mehr unterschritten werden? Und was macht Sie diesbezüglich so sicher?

Wir könnten den Term zum Beispiel mit folgenden Schritten berechnen:

$$(1) \quad x \quad \text{(ist Input)}$$
$$(2) \quad y \quad \text{(ist Input)}$$
$$(3) \quad z \quad \text{(ist Input)}$$

- - - - - - - - - -

$$(4) \qquad 3 \cdot x \qquad \text{(Vervielfachung von (1) mit 3)}$$
$$(5) \qquad 4 \cdot y \qquad \text{(Vervielfachung von (2) mit 4)}$$
$$(6) \qquad 3 \cdot z \qquad \text{(Vervielfachung von (3) mit 3)}$$
$$(7) \quad 3 \cdot x + 4 \cdot y \qquad \text{(Addition von (4) und (5))}$$
$$(8) \quad 3 \cdot x + 4 \cdot y + 3 \cdot z \qquad \text{(Addition von (7) und (6)) .}$$

Das Ziel des Spiels ist also erreicht worden mit einer Berechnungsfolge der Länge 5. (Die Auflistung der Inputs zählen wir nicht mit.) Stellen wir uns weiter vor, das Spiel werde von zwei Gegnern gespielt und es gewinn derjenige, der die kürzeste Berechnungsfolge angeben kann. Werden wir dann mit obiger Berechnungsfolge Aussicht auf den Sieg haben? Wohl kaum. Unserem Gegner wird bestimmt eine kürzere Berechnungsfolge einfallen, wie etwa diese:

$$(1) \quad x \quad \text{(ist Input)}$$
$$(2) \quad y \quad \text{(ist Input)}$$
$$(3) \quad z \quad \text{(ist Input)}$$

- - - - - - - - - -

$$(4) \qquad x + y \qquad \text{(Addition von (1) und (2))}$$
$$(5) \qquad x + y + z \qquad \text{(Addition von (4) und (3))}$$
$$(6) \qquad 3 \cdot (x + y + z) \qquad \text{(Vervielfachung von (5) mit 3)}$$
$$(7) \quad 3 \cdot (x + y + z) + y = T \qquad \text{(Addition von (6) und (2)) .}$$

Der gewünschte Term lässt sich also auch mit einer Berechnungsfolge der Länge 4 berechnen. Bis zu dieser Stelle haben wir keine Komplexitätstheorie getrieben; wir haben, um bei den gewohnten Sprechweisen zu bleiben, zwei verschiedene Algorithmen für ein bestimmtes Problem aufgestellt, von denen der erste in fünf und der zweite in vier Schritten terminiert. Innerhalb der Komplexitätstheorie bewegen wir uns erst, wenn wir beweisen, dass das Problem nicht mit weniger als einer bestimmten Anzahl Schritten gelöst werden kann, wie raffiniert wir es auch immer anstellen mögen, wenn wir also eine untere Schranke angeben können. Die *Komplexität L* wäre in diesem Fall die minimale zur Berechnung des Terms hinreichende Anzahl Schritte. Dank obiger Berechnungsfolge wissen wir nun, dass $L \leq 4$ ist. Wir wissen aber deswegen noch nichts über die untere Schranke.

Nun sind wir in der Lage, zwei Typen von Komplexität zu definieren und beispielhaft untersuchen zu können:

▸ **Definition** Gegeben sei eine gewisse Anzahl von Inputs: x_1, x_2, ..., x_n.

Ein Term $b := c_1 \cdot x_1 + c_2 \cdot x_2 + \ldots + c_n \cdot x_n$ heißt Linearkombination der Inputs, wenn alle Koeffizienten c_i reelle Zahlen sind.

Eine Folge

$$b_1$$
$$b_2$$
$$\ldots$$
$$b_n$$
$$----$$
$$b_{n+1}$$
$$b_{n+2}$$
$$\ldots$$
$$b_{n+r}$$

heißt *lineare Berechnungsfolge* für b_{n+r}, genau dann, wenn $b_i = x_i$ gilt $\forall\, i \le n$ und für jedes b_k unterhalb der gestrichelten Linie gilt, dass b_k ein reelles Vielfaches eines früheren b_i ($i < k$) oder aber die Summe von zwei früheren b_i, b_j ($i, j < k$) ist. Insbesondere sind dann alle b_k Linearkombinationen der Inputs.

▸ **Definition** Sei nun T irgendeine Linearkombination der Inputs. Die Länge einer kürzesten linearen Berechnungsfolge für T heißt *(lineare) Komplexität* von T und wird mit $L_l(T)$ bezeichnet. Sind gleich mehrere Terme $T_1, \ldots, T_p$ (alle Linearkombinationen der Inputs) zu berechnen, so bezeichnen wir mit $L_l(T_1, \ldots, T_p)$ die Länge einer kürzesten linearen Berechnungsfolge, die alle Terme $T_1, \ldots, T_p$ berechnet.

Mit diesen Bezeichnungen können wir unsere Erkenntnis aus obigem Spiel so darstellen: $L_l(3 \cdot x + 4 \cdot y + 3 \cdot z) \le 4$.

Wir definieren an dieser Stelle auch noch einen anderen (multiplikativen) Typ von Komplexität:

▸ **Definition** Wiederum sei eine gewisse Anzahl von Inputs x_1, x_2, ..., x_n gegeben. Eine Folge wie diejenige in obiger Definition heißt *multiplikative Berechnungsfolge* für b_{n+r}, genau dann wenn $b_i = x_i$ gilt $\forall\, i \le n$ und für jedes b_k unterhalb der gestrichelten Linie gilt, dass $b_k = b_i$ für ein $i < k$ oder aber $b_k = b_i \cdot b_j$ für $i, j < k$.

▸ **Definition** Sei T irgendein Term der Form $\prod_{i=1}^{n} x_i^{c_i}$ für $c_i \in \mathbb{N}$.

Die Länge einer kürzesten multiplikativen Berechnungsfolge für T heißt *multiplikative Komplexität* von T und wird mit $L_m(T)$ bezeichnet.

Wir hatten in Abschn. 3.1 das Problem besprochen, x^n mit so wenigen Multiplikationen wie nur möglich zu berechnen und dabei entdeckt, dass im Minimum $\lceil \log_2 (n) \rceil$ einzelne Multiplikationen nötig sind. Finden Sie nun je eine möglichst kurze multiplikative Berechnungsfolge für x^{18} und für x^{28}. Kann die theoretische untere Aufwandsschranke realisiert werden?

Die zentralen Fragestellungen der Komplexitätstheorie sind vielfältig. Ist P irgendein Problem und L irgendein Komplexitätsmaß, so lautet die einfachste Frage: „$L(P) \le$?". Jeder Algorithmus, der das Problem löst, beantwortet diese Frage, denn er liefert eine obere Schranke für die Komplexität des Problems. Bedeutend schwieriger ist im Allgemeinen die Frage „$L(P) \ge$?", denn zur Beantwortung dieser Frage muss ein Beweis geführt werden, der zeigt, dass das Problem, mit welcher Berechnungsfolge auch immer, nicht mit einem kleineren als einem bestimmten Aufwand gelöst werden kann. Natürlich bedeutet die Angabe einer solchen unteren Schranke für die Komplexität noch nicht, dass auch ein Algorithmus mit diesem minimalen Aufwand existieren muss; sie bedeutet nur, dass kein Algorithmus mit einem noch geringeren Aufwand existieren kann. Die anspruchsvollste Frage der Komplexitätstheorie lautet demnach: „$L(P) =$?". Ist sie beantwortet, so hat man einen Beweis für die Optimalität eines Algorithmus in Händen, vorausgesetzt, man kennt überhaupt einen Algorithmus mit Aufwand $L(P)$.

Die beiden ältesten Arbeiten, die man heute der Komplexitätstheorie zurechnet, stammen vom deutschen Mathematiker Arnold Scholz aus dem Jahr 1937 (Scholz 1937) und vom bereits in Abschn. 3.1 erwähnten russische Mathematiker Alexander Ostrowski aus dem Jahr 1954 (Ostrowski 1954). Den bedeutendsten Entwicklungsschub erfuhr die Theorie aber erst dank der viel zitierten Pionierarbeit (Strassen 1969) von Volker Strassen aus dem Jahr 1969. Im Folgenden betrachten wir nun zwei illustrative Beispiele zu den oben genannten Komplexitäts-Definitionen. Als erstes werden wir eine untere und eine obere Schranke für die Komplexität der Potenzbildung angeben, die auf einer schönen Idee von Arnold Scholz beruht, und als zweites untersuchen wir dann einen Satz von Jacques Morgenstern aus dem Jahr 1973.

Um eine multiplikative Berechnungsfolge für den Term $T := x^n$ (für ein gegebenes $n \in \mathbb{N}$) anzugeben, brauchen wir einzig das Inputelement x. Eine erste mögliche Berechnungsfolge ist natürlich diese:

$$b_1 = x$$

$$- \; - \; - \; -$$

$$b_{1+1} = b_1 \cdot b_1 = x^2$$
$$b_{1+2} = b_1 \cdot b_2 = x^3$$

$$\ldots$$

$$b_{1+(n-1)} = b_1 \cdot b_{1+(n-2)} = x^n \; .$$

Die Länge dieser Berechnungsfolge ist $n - 1$, so dass wir damit bereits eine erste obere Schranke für die multiplikative Komplexität der Potenzbildung besitzen: $L_m(x^n) \le n - 1$. In Abschn. 3.1 haben wir die Potenzbildung schon einmal betrachtet und festgestellt, dass zur Bildung der Potenz stets mindestens $\lceil \log_2(n) \rceil$ Multiplikationsschritte nötig sind. Zusammengesetzt ergibt das:

$$\lceil \log_2(n) \rceil \le L_m(x^n) \le n - 1 .$$

Die Frage ist nun, ob noch eine engere Eingrenzung möglich ist? In der Tat, dank einer schönen Idee von Arnold Scholz aus dem Jahr 1937 sind wir in der Lage, die obere Schranke deutlich herabzusetzen. Dazu stellen wir den Exponenten im Zweiersystem dar:

$$n = a_s \cdot 2^s + a_{s-1} \cdot 2^{s-1} + \ldots + a_1 \cdot 2 + a_0 .$$

Dabei sind alle $a_i \in \{0,1\}$ und $a_s = 1$. Merken wir uns gleich, dass natürlich $2^s \le n$ und somit auch $s \le \log_2(n)$ ist. Die Darstellung des Exponenten im Zweiersystem ermöglicht nun die folgende multiplikative Berechnungsfolge für x^n:

$$b_1 = x$$

$$- - - -$$

$$b_{1+1} = x^{a_s \cdot 2} \, (= b_1 \cdot b_1)$$

$$b_{1+2} = x^{a_s \cdot 2 + a_{s-1}} \, (= b_2 \text{ oder } b_2 \cdot b_1)$$

$$b_{1+3} = x^{a_s \cdot 2^2 + a_{s-1} \cdot 2} \, (= b_3 \cdot b_3)$$

$$b_{1+4} = x^{a_s \cdot 2^2 + a_{s-1} \cdot 2 + a_{s-2}} \, (= b_4 \text{ oder } b_4 \cdot b_1)$$

$$b_{1+5} = x^{a_s \cdot 2^3 + a_{s-1} \cdot 2^2 + a_{s-2} \cdot 2} \, (= b_5 \cdot b_5)$$

$$\ldots$$

$$b_{1+(2s-1)} = x^{a_s \cdot 2^s + a_{s-1} \cdot 2^{s-1} + \ldots + a_1 \cdot 2} \, (= b_{1+(2s-2)} \cdot b_{1+(2s-2)})$$

$$b_{1+2s} = x^{a_s \cdot 2^s + a_{s-1} \cdot 2^{s-1} + \ldots + a_1 \cdot 2 + a_0} = x^n .$$

Diese Berechnungsfolge hat Länge $2s$, und da ja $s \le \log_2(n)$ ist, haben wir die folgende deutlich engere Eingrenzung der multiplikativen Komplexität der Potenzbildung bewiesen:

▶   **Satz (Scholz 1937)**

$$\lceil \log_2(n) \rceil \le L_m(x^n) \le 2 \cdot \log_2(n)$$

Kommen wir nun zu dem angekündigten Satz des 1994 verstorbenen französischen Mathematikers Jacques Morgenstern (Morgenstern 1973):

Sei M eine (quadratische) $n \times n$-Matrix mit reellen (oder komplexen) Einträgen, und sei $\vec{v}$ ein n-dimensionaler Vektor:

$$M = \begin{bmatrix} a_{1,1} & a_{1,2} & \cdots & a_{1,n} \\ a_{2,1} & a_{2,2} & \cdots & a_{2,n} \\ \cdots & \cdots & \cdots & \cdots \\ a_{n,1} & a_{n,2} & \cdots & a_{n,n} \end{bmatrix}, \quad \vec{v} = \begin{bmatrix} x_1 \\ x_2 \\ \cdots \\ x_n \end{bmatrix}.$$

Eine in der Mathematik und ihren Anwendungsgebieten sehr häufige Operation ist die Produktbildung einer Matrix mit einem Vektor, also

$$M \cdot \vec{v} = \begin{bmatrix} a_{1,1} & a_{1,2} & \cdots & a_{1,n} \\ a_{2,1} & a_{2,2} & \cdots & a_{2,n} \\ \cdots & \cdots & \cdots & \cdots \\ a_{n,1} & a_{n,2} & \cdots & a_{n,n} \end{bmatrix} \cdot \begin{bmatrix} x_1 \\ x_2 \\ \cdots \\ x_n \end{bmatrix} = \begin{bmatrix} \sum_{j=1}^{n} a_{1,j} \cdot x_j \\ \sum_{j=1}^{n} a_{2,j} \cdot x_j \\ \cdots \\ \sum_{j=1}^{n} a_{n,j} \cdot x_j \end{bmatrix}.$$

Beispielsweise sorgt die Operation

$$\begin{bmatrix} \cos(\alpha) & -\sin(\alpha) \\ \sin(\alpha) & \cos(\alpha) \end{bmatrix} \cdot \begin{bmatrix} x \\ y \end{bmatrix}$$

für eine Rotation des Vektors um den Origo mit Winkel α.

Allgemein sind also die Terme

$$T_i := \sum_{j=1}^{n} a_{i,j} \cdot x_j$$

zu berechnen, das heißt, wir suchen nach einer linearen Berechnungsfolge für diese Terme und damit nach Aussagen über die lineare Komplexität, die wir mit $L_l(M)$ abkürzen wollen. Eine obere Schranke ist sehr einfach anzugeben: Jeder solche Term kann aus den Inputs berechnet werden, indem man jeden Input mit dem Koeffizienten vervielfacht und anschließend alle vervielfachten Inputs addiert. Dafür reichen offenbar $n + (n-1) = 2n - 1$ Schritte pro Vektoreintrag, so dass also sicher $L_l(M) \le 2n^2 - n$ gilt. Können wir auch eine untere Komplexitätsschranke angeben? Ja, in der Tat, Morgenstern fand 1973 den folgenden raffinierten Weg:

Angenommen,

$$b_1 = x_1, \quad b_2 = x_2, \quad \ldots, \quad b_n = x_n, \quad b_{n+1}, \quad b_{n+2}, \quad \ldots, \quad b_{n+r}$$

sei eine kürzeste Berechnungsfolge für die Terme T_i. Da es eine lineare Berechnungsfolge ist und alle b_i somit Linearkombinationen der Inputs sind, folgt, dass

$$b_i = \sum_{j=1}^{n} \beta_{i,j} \cdot x_j$$

gilt für gewisse reelle (oder komplexe) Koeffizienten $\beta_{i,j}$. Betrachten wir nun die folgende $(n + r) \times n$-Matrix:

$$B := \begin{bmatrix} 1 & 0 & 0 & \ldots & 0 \\ 0 & 1 & 0 & \ldots & 0 \\ \ldots & \ldots & \ldots & \ldots & \ldots \\ \ldots & \ldots & \ldots & \ldots & \ldots \\ 0 & 0 & \ldots & 0 & 1 \\ \beta_{n+1,1} & \beta_{n+1,2} & \ldots & \ldots & \beta_{n+1,n} \\ \beta_{n+2,1} & \beta_{n+2,2} & \ldots & \ldots & \beta_{n+2,n} \\ \ldots & \ldots & \ldots & \ldots & \ldots \\ \ldots & \ldots & \ldots & \ldots & \ldots \\ \beta_{n+r,1} & \beta_{n+r,2} & \ldots & \ldots & \beta_{n+r,n} \end{bmatrix}.$$

Der obere Teil enthält offenbar die Einheitsmatrix, und im unteren Teil sind gerade alle Koeffizienten notiert, die anfallen, wenn man die den Inputs folgenden Terme der Berechnungsfolge als Linearkombinationen der Inputs schreibt. Wenn wir diese Matrix mit unserem Vektor $\vec{v}$ multiplizieren, was vom Format her ja möglich ist, so entsteht dieser neue Vektor:

$$B \cdot \vec{v} = B \cdot \begin{bmatrix} x_1 \\ x_2 \\ \ldots \\ x_n \end{bmatrix} = \begin{bmatrix} x_1 \\ x_2 \\ \ldots \\ \ldots \\ x_n \\ b_{n+1} \\ b_{n+2} \\ \ldots \\ \ldots \\ b_{n+r} \end{bmatrix}.$$

Da der Resultatvektor ja gerade eine kürzeste Berechnungsfolge für die Terme $T_1, \ldots, T_n$ ist, müssen genau diese Terme auch als Koordinaten in unserem Resultatvektor vorhanden sein; wir wissen bloß nicht, an welchen Stellen und in welcher Reihenfolge sie darin vorkommen. Daraus aber folgt, dass unsere Matrix M eine $n \times n$-Untermatrix von B sein muss. Alle Zeilen von M kommen auch in B vor, aber eben: Wir haben keine Ahnung, wo und in welcher Reihenfolge sie darin stehen. Um eine höhere Anschaulichkeit zu erreichen, notieren wir hier einmal, wie die Verhältnisse etwa sein *könnten*:

$$B = \begin{bmatrix} 1 & 0 & 0 & \dots & 0 \\ \dots & \dots & \dots & \dots & \dots \\ 0 & 0 & \dots & 0 & 1 \\ \dots & \dots & \dots & \dots & \dots \\ a_{3,1} & a_{3,2} & \dots & \dots & a_{3,n} \\ \dots & \dots & \dots & \dots & \dots \\ \dots & \dots & \dots & \dots & \dots \\ a_{1,1} & a_{1,2} & \dots & \dots & a_{1,n} \\ \dots & \dots & \dots & \dots & \dots \\ a_{n,1} & a_{n,2} & \dots & \dots & a_{n,n} \\ \dots & \dots & \dots & \dots & \dots \\ \dots & \dots & \dots & \dots & \dots \\ \dots & \dots & \dots & \dots & \dots \\ a_{2,1} & a_{2,2} & \dots & \dots & a_{2,n} \\ \dots & \dots & \dots & \dots & \dots \\ \dots & \dots & \dots & \dots & \dots \end{bmatrix}.$$

Weiter: Nach Definition einer linearen Berechnungsfolge kann es ja gewisse Berechnungsschritte geben, die Vielfache von früheren Termen sind. Wir wählen nun eine Zahl $c > 0$ so, dass sie *grösser ist als der Betrag des größten vorkommenden Vervielfachungsfaktors, mindestens aber 2.* Nun kommen wir zum heikelsten Punkt: Wir möchten folgendes Lemma nachweisen:

▶   **Lemma** Der Betrag der Determinante einer $n \times n$-Untermatrix von B, die zwischen der 1. Zeile und der q-ten Zeile ($q \ge n$) von B angesiedelt ist, ist stets $\le$ c^{q-n}.

Wenn hierfür der Beweis erbracht ist, folgt, da ja M gerade eine solche Untermatrix ist, dass

$$|\det(M)| \le c^{(n+r)-n} = c^r$$

gilt, woraus sofort geschlossen werden kann, dass

$$L_l(M) = r \ge \log_c(|\det(M)|)$$

ist. Freilich muss die Determinante hierfür verschieden von Null sein. Wenn das Lemma also bewiesen sein wird, dann halten wir damit auch einen Beweis für den folgenden Satz in Händen, welcher eine untere Schranke für die lineare Komplexität der Multiplikation einer Matrix mit einem Vektor liefert:

▶   **Satz (Morgenstern 1973)** Falls $\det(M) \ne 0$ ist, folgt: $L_l(M) \ge \log_c(|\det(M)|)$

Es bleibt nur noch, das Lemma zu beweisen, und dazu benutzen wir vollständige Induktion nach q:

Beweis Für $q = n$ (der kleinstmögliche Wert für q) hat die Untermatrix die Determinante 1, und tatsächlich ist $1 \leq c^{n-n}$. Nehmen wir nun an, die Behauptung sei wahr für alle Untermatrizen von B, die zwischen der 1. Zeile und der q-ten Zeile angesiedelt sind, und wir betrachten eine Untermatrix U, die zwischen den Zeilen 1 und $q + 1$ angesiedelt ist. So, wie wir B konstruiert haben, besteht ja die unterste Zeile von U (und natürlich nicht nur diese) aus den Koeffizienten eines Terms der linearen Berechnungsfolge; und so, wie wir die lineare Berechnungsfolge definiert haben, gibt es für einen ihrer Terme nur zwei Möglichkeiten: Entweder ist er ein Vielfaches eines früheren Terms oder die Summe von zwei früheren Termen. Auf die Untermatrix U übertragen heißt das, dass ihre unterste Zeile entweder ein Vielfaches einer oberen Zeile oder aber die Summe von zwei oberen Zeilen von B ist. Wir untersuchen die beiden Fälle getrennt voneinander:

Falls die unterste Zeile von U das λ-Fache einer oberen Zeile von B ist, hat U die folgende Gestalt:

$$
U = \begin{bmatrix}
\dots & \dots & \dots & \dots & \dots \\
\dots & \dots & \dots & \dots & \dots \\
\dots & \dots & \dots & \dots & \dots \\
\dots & \dots & \dots & \dots & \dots \\
\lambda \cdot a & \lambda \cdot b & \lambda \cdot c & \dots & \lambda \cdot z
\end{bmatrix},
$$

wobei $(a, b, c, \dots, z)$ eine weiter oben angesiedelte Zeile von B ist. Nun lässt sich leicht nachweisen, dass in einem solchen Fall für die Determinante der Matrix Folgendes gilt:

$$
\det(U) = \det \begin{bmatrix}
\dots & \dots & \dots & \dots & \dots \\
\dots & \dots & \dots & \dots & \dots \\
\dots & \dots & \dots & \dots & \dots \\
\dots & \dots & \dots & \dots & \dots \\
\lambda \cdot a & \lambda \cdot b & \lambda \cdot c & \dots & \lambda \cdot z
\end{bmatrix} = \lambda \cdot \det \begin{bmatrix}
\dots & \dots & \dots & \dots & \dots \\
\dots & \dots & \dots & \dots & \dots \\
\dots & \dots & \dots & \dots & \dots \\
\dots & \dots & \dots & \dots & \dots \\
a & b & c & \dots & z
\end{bmatrix} .
$$

Die Matrix, für die wir nun die Determinante zu berechnen haben, ist bis auf Vertauschung der Zeilen auch eine Untermatrix von B, und sie ist zwischen den Zeilen 1 und q angesiedelt. Somit können wir die Induktionsvoraussetzung anwenden und folgern, dass

$$
|\det(U)| = |\lambda| \cdot \left| \det \begin{bmatrix}
\dots & \dots & \dots & \dots & \dots \\
\dots & \dots & \dots & \dots & \dots \\
\dots & \dots & \dots & \dots & \dots \\
\dots & \dots & \dots & \dots & \dots \\
a & b & c & \dots & z
\end{bmatrix} \right| \leq |\lambda| \cdot c^{q-n} \leq c \cdot c^{q-n} = c^{(q+1)-n} .
$$

Wir haben c ja gerade so gewählt, dass es grösser ist als der größte Betrag eines vorkommenden Vervielfachungsfaktors (und mindestens 2). Damit ist für den ersten Fall der Induktionsbeweis abgeschlossen.

Falls aber die unterste Zeile von U die Summe von zwei oberen Zeilen von B ist, lässt sich die Untermatrix so darstellen:

$$
U = \begin{bmatrix}
\cdots & \cdots & \cdots & \cdots & \cdots \\
\cdots & \cdots & \cdots & \cdots & \cdots \\
\cdots & \cdots & \cdots & \cdots & \cdots \\
\cdots & \cdots & \cdots & \cdots & \cdots \\
a + a\prime & b + b\prime & c + c\prime & \cdots & z + z\prime
\end{bmatrix}.
$$

Dabei sind $(a, b, c, \ldots, z)$ und $(a\prime, b\prime, c\prime, \ldots, z\prime)$ zwei obere Zeilen von B. Es lässt sich leicht nachweisen, dass für die Determinante einer solchen Matrix Folgendes gilt:

$$
\det \begin{bmatrix}
\cdots & \cdots & \cdots & \cdots & \cdots \\
\cdots & \cdots & \cdots & \cdots & \cdots \\
\cdots & \cdots & \cdots & \cdots & \cdots \\
\cdots & \cdots & \cdots & \cdots & \cdots \\
a + a\prime & b + b\prime & c + c\prime & \cdots & z + z\prime
\end{bmatrix}
$$

$$
= \det \begin{bmatrix}
\cdots & \cdots & \cdots & \cdots & \cdots \\
\cdots & \cdots & \cdots & \cdots & \cdots \\
\cdots & \cdots & \cdots & \cdots & \cdots \\
\cdots & \cdots & \cdots & \cdots & \cdots \\
a & b & c & \cdots & z
\end{bmatrix}
+ \det \begin{bmatrix}
\cdots & \cdots & \cdots & \cdots & \cdots \\
\cdots & \cdots & \cdots & \cdots & \cdots \\
\cdots & \cdots & \cdots & \cdots & \cdots \\
\cdots & \cdots & \cdots & \cdots & \cdots \\
a\prime & b\prime & c\prime & \cdots & z\prime
\end{bmatrix}.
$$

Nun sind beide Matrizen auf der rechten Seite bis auf Vertauschung der Zeilen Untermatrizen von B, die zwischen den Zeilen 1 und q angesiedelt sind. Daher können wir die Induktionsvoraussetzung anwenden und folgern, dass

$$
|\det(U)| \le \left| \det \begin{bmatrix}
\cdots & \cdots & \cdots & \cdots & \cdots \\
\cdots & \cdots & \cdots & \cdots & \cdots \\
\cdots & \cdots & \cdots & \cdots & \cdots \\
\cdots & \cdots & \cdots & \cdots & \cdots \\
a & b & c & \cdots & z
\end{bmatrix} \right|
$$

$$
+ \left| \det \begin{bmatrix}
\cdots & \cdots & \cdots & \cdots & \cdots \\
\cdots & \cdots & \cdots & \cdots & \cdots \\
\cdots & \cdots & \cdots & \cdots & \cdots \\
\cdots & \cdots & \cdots & \cdots & \cdots \\
a\prime & b\prime & c\prime & \cdots & z\prime
\end{bmatrix} \right| \le 2 \cdot c^{q-n} \le c \cdot c^{q-n} = c^{(q+1)-n}
$$

gilt. Damit ist die vollständige Induktion auch für diesen Fall geführt, und wir sind am Ende des Beweises angelangt.

□

Bevor wir dieses Kapitel beenden, sollten wir unbedingt noch kurz auf eine Methode zu sprechen kommen, die für die Komplexitätstheorie sehr typisch und wertvoll ist: die *Methode der Reduktion*. Verständlicherweise ist es oftmals schwierig, die Komplexität eines

Problems exakt zu bestimmen. Immerhin kann es in einem solchen Fall aber gelingen, die *relative Schwierigkeit* des Problems zu einem anderen Problem zu bestimmen. Man beweist dann etwa, dass die Komplexität grösser oder mindestens gleich groß ist wie die Komplexität eines anderen Problems, und dies kann sogar dann gelingen, wenn die Komplexitäten beider Probleme noch unbekannt sind. Merken wir uns die folgende Definition:

▶ **Definition** Seien P_1 und P_2 zwei lösbare Probleme. P_1 heißt auf P_2 *(linear) reduzierbar*, in Zeichen: $P_1 \le^l P_2$, genau dann wenn die Existenz eines Algorithmus für P_2, der mit Aufwand $O(t(n))$ läuft, impliziert, dass auch ein Algorithmus für P_1 existieren muss, der ebenfalls mit Aufwand $O(t(n))$ läuft.

Gilt $P_1 \le^l P_2$ und gleichzeitig $P_2 \le^l P_1$, so heißen die Probleme *(linear) äquivalent*, in Zeichen: $P_1 \equiv^l P_2$.

Was kann es für Vorteile haben, um die (lineare) Reduzierbarkeit eines Problems auf ein anderes, etwa $P_1 \le^l P_2$, zu wissen? Nun, falls ein „schneller" Algorithmus für P_2 schon bekannt ist, dann wissen wir, dass ein ebenso schneller Algorithmus auch für P_1 existieren muss und dass es sich lohnt, danach zu suchen. Falls wir eine deutliche Beschleunigung eines Algorithmus für P_2 erreicht haben, haben wir damit die Grundlage gelegt für eine ebenso deutliche Beschleunigung des Algorithmus für P_1. Und falls es in Jahrzehnten nicht gelungen ist, einen effizienten Algorithmus für P_1 zu entdecken, werden wir die Behandlung von P_2 sehr vorsichtig und mit geringen Erwartungen in Gang setzen, denn es ist sehr unwahrscheinlich, dass wir einen effizienten Algorithmus für P_2 finden werden.

Wir werden uns in Kap. 5 erneut mit der Methode der Reduktion auseinandersetzen; dort wird es aber vor allem darum gehen, mit Hilfe der Reduktion „schlechte Nachrichten" von einem Problem auf ein anderes zu übertragen: Wir werden nämlich die algorithmische Unlösbarkeit eines Problems dadurch nachweisen können, dass wir es auf ein anderes Problem reduzieren, dessen algorithmische Unlösbarkeit wir schon eingesehen haben.

3.6 Aufgaben zu diesem Kapitel

1. Erläutern Sie einem fiktiven Laien, wie die Effizienz eines Algorithmus beurteilt werden kann.
2. Beweisen Sie, dass $S(n) = O(f(n))$ ist, wenn
   a) $S(n) = n^2$ und $f(n) = n^3$.
   b) $S(n) = \frac{n(n-1)(n+1)}{6}$ und $f(n) = n^3$.
   c) $S(n) = n \cdot \log(n)$ und $f(n) = n^2$.
3. Beweisen Sie: $S(n) = O(n) \Rightarrow (S(n))^2 = O(n^2)$.
4. Jemand behauptet, dass $S(n) = O(n) \Rightarrow 2^{S(n)} = O(2^n)$ gilt. Entscheiden Sie, ob diese Behauptung zutrifft oder nicht, und begründen Sie.
5. Recherchieren Sie, was man unter dem TSP-Problem (Travelling Salesman Problem) versteht. Entwickeln Sie dann einen Algorithmus, der das Problem löst, analysieren Sie

den Aufwand und stellen Sie diesen mit der Landau-Symbolik dar. Wenn Ihr Computer einen Schritt pro Nanosekunde schafft, wie lange wird er dann arbeiten, wenn 10, 20, 50 oder 200 Städte zu besuchen sind?

6. Erläutern Sie die Grundidee des Algorithmus von Karatsuba und Ofman gegenüber einem fiktiven Laien. Auf welchen beiden wesentlichen Ideen beruht das Verfahren?

7. Führen Sie den Algorithmus von Karatsuba und Ofman „in Zeitlupe" anhand der Operanden 7124 und 1237 durch. Achten Sie darauf, dass Sie wirklich nur Multiplikationen einstelliger Zahlen ausführen; alle anderen sind auf solche zurückzuführen.

8. Berechnen Sie aus den folgenden Matrizen alle definierten Matrixmultiplikationen:

$$A = \begin{bmatrix} 1 & 2 \\ -3 & 4 \end{bmatrix}, \quad B = \begin{bmatrix} 5 & -6 \\ 7 & 8 \end{bmatrix}, \quad C = \begin{bmatrix} 0 & 1 \\ 1 & 1 \\ 1 & 0 \end{bmatrix},$$

$$D = \begin{bmatrix} 2 & 0 & 0 & 1 & -1 \\ 0 & 1 & 1 & 2 & 0 \\ 0 & 3 & 1 & 0 & 2 \end{bmatrix}, \quad E = \begin{bmatrix} 2 \\ 3 \\ -4 \\ 1 \\ 5 \end{bmatrix}.$$

9. Lösen Sie das lineare Gleichungssystem $M \cdot \vec{x} = \vec{b}$, wenn

$$M = \begin{bmatrix} 1 & 2 & 0 & 1 \\ -2 & 1 & 2 & -1 \\ 7 & -3 & 1 & -1 \\ 0 & -2 & 1 & 3 \end{bmatrix}, \quad \vec{x} = \begin{bmatrix} x_1 \\ x_2 \\ x_3 \\ x_4 \end{bmatrix}, \quad \vec{b} = \begin{bmatrix} 9 \\ 2 \\ 0 \\ 11 \end{bmatrix}.$$

10. Erklären Sie die Grundidee des Algorithmus von Strassen in eigenen Worten einem fiktiven Laien.

11. Führen Sie Strassens schnelle Multiplikation in Zeitlupe anhand der folgenden Matrizen durch. Achten Sie aber darauf, dass Sie wirklich nur Multiplikationen von reellen Zahlen (also von 1×1-Matrizen) ausführen; alle anderen Multiplikationen von Untermatrizen müssen auf solche zurückgeführt werden.

$$A = \begin{bmatrix} 2 & 0 & -1 & 3 \\ 4 & 4 & 4 & -1 \\ 5 & 1 & -2 & 2 \\ 3 & 0 & 0 & 1 \end{bmatrix}, \quad B = \begin{bmatrix} 4 & -5 & 1 & -2 \\ 0 & 7 & 7 & 2 \\ 4 & 4 & -4 & 1 \\ 1 & -2 & 0 & 9 \end{bmatrix}.$$

12. Führen Sie eine detaillierte Aufwandanalyse für den Algorithmus *Sortieren durch direktes Einfügen* durch, die in der Feststellung mündet, dass der Algorithmus den asymptotischen Aufwand $O(n^2)$, wenn n die Listenlänge ist.

13. Wenn man beim Sortieren durch direktes Einfügen die Einschubstelle mit binärem Suchen aufspürt anstatt durch lineares Suchen, welchen Aufwand haben dann alle Einfügschritte zusammen (und nur diese)?

14. Erläutern Sie die Grundidee von Quicksort gegenüber einem fiktiven Laien.

15. Führen Sie den Algorithmus Quicksort „in Zeitlupe" anhand der folgenden Liste aus:

$$\boxed{9}\,\boxed{31}\,\boxed{2}\,\boxed{19}\,\boxed{11}\,\boxed{15}\,\boxed{8}\,\boxed{30}\,\boxed{1}\,\boxed{7}$$

16. Programmieren Sie den Algorithmus Quicksort und untersuchen Sie anhand verschiedener Beispiele.

17. Zeigen Sie anhand eines geschickt gewählten Listenbeispiels, dass Quicksort nur *im Mittel* den günstigen Aufwand $O(n \cdot log_2(n))$ hat. Im schlechtesten Fall steigt der Aufwand nämlich auf $O(n^2)$. Können Sie eine Liste konstruieren, bei der man das gut verstehen kann? Und wo in der Aufwandanalyse haben wir davon Gebrauch gemacht, dass der günstige Aufwand nur ein statistischer Mittelwert ist?

18. Erläutern Sie die Grundidee der Komplexitätstheorie gegenüber einem fiktiven Laien. Wie ist die lineare und wie die multiplikative Berechnungskomplexität eines Problems definiert?

19. Was besagt der Satz von Scholz aus dem Jahr 1937, und auf welcher raffinierten Idee basiert sein Beweis?

20. Für diese Aufgabe führen wir eine neue Definition der Berechnungskomplexität ein. Dabei lassen wir uns von der Grundidee leiten, dass bei einer Berechnung vor allem Multiplikationen und Divisionen rechenintensiv sind, während Additionen und Subtraktionen (fast) gratis sind:

▸ **Definition** Wiederum seien $x_1, x_2, ..., x_n$ die Inputs. Eine Folge

$$b_1, b_2, ..., b_n, b_{n+1}, b_{n+2}, ..., b_{n+r}$$

heißt *Berechnungsfolge*, genau dann wenn $b_i = x_i \forall i \leq n$ und $b_i = u_i \cdot v_i$ oder $b_i = u_i/v_i$ $\forall i > n$, wobei $u_i, v_i \in \mathbb{R} + \sum\limits_{j=1}^{n} \mathbb{R} \cdot x_j + \sum\limits_{k=1}^{i-1} \mathbb{R} \cdot b_k$. ($\mathbb{R} \cdot a$ bezeichnet die Menge aller reellen Vielfachen von a.)

Unter der *Berechnungskomplexität* eines Terms T versteht man dann die Länge einer kürzesten Berechnungsfolge für diesen Term.

Lösen Sie die folgenden Teilaufgaben bitte unter Verwendung dieser Definition.

a) Sei x einziger Input. Beweisen Sie, dass für die Komplexität der Polynomauswertung gilt:

$$L\left(\sum_{i=0}^{n} a_i \cdot x^i\right) \leq n$$

Pan bewies 1966, dass diese Komplexität sogar $= n$ ist (Pan 1966).

b) Sei wiederum x der einzige Input. Beweisen Sie, dass für die Komplexität der Auswertung einer rationalen Funktion gilt:

$$L\left(\frac{\sum\limits_{i=0}^{m} a_i \cdot x^i}{\sum\limits_{i=0}^{n} b_i \cdot x^i}\right) \leq m + n + 1$$

Man kann sogar Gleichheit beweisen.

c) Für diese Aufgabe lassen wir als Koeffizienten nicht nur reelle, sondern auch komplexe Zahlen zu. Inputs seien a, b, c, d. Die Multiplikation zweier komplexer Zahlen geschieht bekanntlich nach folgender Regel:

$$(a + ib) \cdot (c + id) = (a \cdot c - b \cdot d) + i(a \cdot d + b \cdot c)$$

Beweisen Sie, dass $L(a \cdot c - b \cdot d, \ a \cdot d + b \cdot c) \leq 3$ ist. Auch hier lässt sich sogar Gleichheit nachweisen, so dass Ihre Berechnungsfolge also optimal ist.

d) Inputs seien hier x und y. Beweisen Sie den Satz von Borodin und Munro (1975) über die allgemeine binäre Form:

$$L\left(\sum\limits_{i=0}^{n} a_i \cdot x^i \cdot y^{n-i}\right) \leq n + 2 \cdot \log_2(n) + 2$$

Literatur

Agrawal, M., Kayal, N., Saxena, N.: Primes is in P. Dept. Of Comp. Science, Kanpur (2002)

Borodin, A., Munro, I.: The Computational Complexity of Algebraic and Numeric Problems. American Elsevier, University of Michigan (1975)

Bürgisser, P., Clausen, M., Shokrollahi, M.: Algebraic complexity theory. Springer, Berlin (1997)

Clausberg, C.: Demonstrative Rechenkunst, Oder Wissenschaft, gründlich und kurz zu rechnen. Breitkopf, Leipzig (1737)

Cooley, J.W., Tuckey, J.W.: An algorithm for the machine calculation of complex Fourier series. Math. of Comp. **19**(90), 297–301 (1965)

Coppersmith, D, Winograd, S.: Matrix multiplications via arithmetic progression. In: Proc. 19th ACM STOC, S. 1–6 (1987)

Hoare, C.A.R.: Quicksort. The Computer Journal **5**(1), 10–15 (1962)

Karatsuba, A., Ofman, Y.: Multiplication of Many-Digital Numbers by Automatic Computers. Proceedings of the USSR Academy of Sciences **145**, 293–294 (1962)

Morgenstern, J.: Note on a Lower Bound of the Linear Complexity of the Fast Fourier Transform. Journal of the ACM **20**(2), 305–306 (1973)

Ostrowski, A.M.: On two problems in abstract algebra connected with Horner's rule. In: Studies in Mathematics and Mechanics, S. 40–48. Academic Press, New York (1954)

Pan, V.Y.: Methods for Computing Values of Polynomials. Russ. Math. Surv. **21**, 105–136 (1966)

Pan, V. Y.: Field extension and trilinear aggregating, uniting and cancelling for the acceleration of matrix multiplication. In: Proc. Of the 20th Ann. IEEE Symp. On Foundations of Comp. Sc., S. 28–38 (1979)

Sacrobosco, J.: Tractatus de algorismo, oder: De Arte Numerandi, Druck ohne Angabe von Ort und Zeit [1490?] sowie Wien (1517) durch Hieronymos Vietor, Krakau (1521 oder 1522), Venedig (1523)

Scholz, A.: Aufgabe 253, Jahresbericht der Deutschen Mathematischen Vereinigung **47**, S. 41–42 (1937)

Schönhage, A., Strassen, V.: Schnelle Multiplikation grosser Zahlen. Computing **7**, 281–292 (1971)

Strassen, V.: Gaussian Elimination is not optimal. Num. Math. **13**, 354–356 (1969)

Strassen, V.: Algebraische Berechnungskomplexität. Perspectives in Mathematics, Anniversary of Oberwolfbach. Birkhäuser, Basel (1984)

Winograd, S.: On multiplication of 2×2-matrices. Linear algebra and ist applications **4**, 381–388 (1971)

Turing-Maschinen

4

Ist das nicht erstaunlich? Nun haben wir drei umfangreiche Kapitel lang Algorithmik betrieben, ohne je präzise definiert zu haben, was ein Algorithmus genau ist. Wir haben Beschreibungen und Umschreibungen angegeben und zahlreiche Beispiele untersucht, und wir haben die Algorithmen im Hinblick auf Aufwand und Beschleunigung analysiert. Aber wir haben nie eine Definition angegeben, die diesen Namen auch verdient, und dies aus einem einzigen Grund: Es war bisher nie notwendig. Man kann algorithmische Lösungen für Probleme suchen und finden, ohne je mit mathematischer Präzision niederzuschreiben, was ein Algorithmus ist und was nicht.

Im Laufe des 20. Jahrhunderts änderte sich alles; eine präzise Definition wurde auf einmal notwendig. Und wir werden in diesem Kapitel (Abschn. 4.1 und 4.2) einsehen, weshalb. In Abschn. 4.3 wird es dann darum gehen, den Menschen vorzustellen, auf den die wohl erfolgreichste Algorithmus-Definition zurückgeht, während Abschn. 4.4 diese Definition selber zum Inhalt hat. Die Abschn. 4.5 und 4.6 werden die Konsequenzen dieses neuen Konzeptes aufzeigen und deutlich werden lassen, dass die hier erläuterten Ideen grundlegend waren für die Entwicklung des modernen Computers. Wären die im vorliegenden Kapitel besprochenen Erfindungen nie gemacht worden, sähe unsere Welt heute mit Sicherheit anders aus.

4.1 Von Llulls Ars Magna bis zum Entscheidungsproblem

▷ Schon weit vor dem 20. Jahrhundert und auch außerhalb der Mathematik entstanden Ideen, die aus heutiger Sicht als Bemühen interpretiert werden können, Probleme algorithmisch zu lösen. Die Probleme waren allerdings gewaltig, unüberschaubar, und die Lösungsversuche waren an Kühnheit kaum zu übertreffen. In letzter Konsequenz führten sie aber zu der Überzeugung, dass man ohne eine präzise Definition von Algorithmus nicht mehr fortfahren könne.

A. P. Barth, *Algorithmik für Einsteiger*, DOI 10.1007/978-3-658-02282-2_4, © Springer Fachmedien Wiesbaden 2013

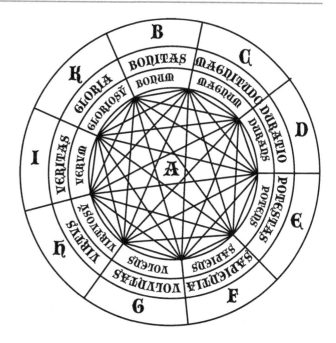

Abb. 4.1 Llulls „Rechen-scheibe"

Was für Probleme waren das? Und wie sahen die überaus gewagten Lösungsan-sätze aus? Das sind die Fragen, die wir in diesem Kapitel beantworten wollen.

Ramon Llull, ein mallorquinischer Philosoph, hatte sich eine Aufgabe gestellt, die selbst Helden überfordert. Als er 1232 zur Welt kam, standen große Teile Spaniens seit 500 Jahren unter muslimischer Herrschaft. Die Rückeroberung durch die Christen war zwar in vollem Gange, aber noch immer lebten Anhänger aller drei monotheistischen Religionen im glei-chen Land und begegneten einander oft verständnislos. Llull fasste den Plan, Antworten zu finden auf die Frage, wie die Verständigung zwischen Vertretern verschiedener Religionen verbessert werden konnte, ein Anliegen, das heute nicht weniger aktuell ist. Dazu erfand er eigens die *Ars magna* (große Kunst). Es handelte sich dabei um eine formale Sprache, in der die Grundbegriffe und -werte, die alle drei Religionen teilten, formalisiert werden und in der durch mechanisches Manipulieren dieser Terme neue, gemeinsam anerkannte Erkenntnisse und Antworten auf Streitfragen gewissermaßen „berechnet" werden sollten (Llullus 2001; Fidora 2012).

Llulls „Maschine" ähnelte Rechenscheiben (Abb. 4.1). Es kann vermutet werden, dass er inspiriert war durch ähnlich aussehende Instrumente arabischer Astronomen. Auf ge-geneinander drehbaren Scheiben waren Wörter notiert, und durch ein rein mechanisches Kombinieren dieser Wörter wollte er zu neuen Erkenntnissen gelangen, die dann gera-de darum unanfechtbar sein sollten, weil sie mechanisch zustande kamen. Die Idee war bestechend: Wenn man Wahrheit oder Falschheit von religiösen Aussagen rechnerisch ent-scheiden kann, dann kann es keinen Streit mehr geben. Llulls Plan, kühn und fantastisch und in der allerbesten Absicht gefasst, musste natürlich scheitern. Heute überrascht es uns nicht mehr, dass religiöse Streitfragen nicht algorithmisch entschieden werden können. Der Mathematikhistoriker Moritz Cantor sagte über Llulls Ars Magna, es sei

… ein Gemenge von Logik, kabbalistischer und eigener Tollheit, unter welches, man weiß nicht wie, einige Körner gesunder Menschenverstand geraten sind (Cantor 1899).

Im 17. Jahrhundert sollte Gottfried Wilhelm Leibniz (1646–1716) ein noch gewagteres Unternehmen starten. Dieser Philosoph stellt für sich allein eine ganze Akademie dar, wie Friedrich der Große einmal bemerkte. Es gab in seiner Zeit wohl keine Disziplin, in der er sich nicht den allerhöchsten Kenntnisstand aneignete. So erschuf er ganz nebenbei und unabhängig von Isaac Newton die Differentialrechnung und konstruierte eine Rechenmaschine und ein Unterseeboot. Er stand in Korrespondenz mit fast allen europäischen Gelehrten seiner Zeit, die so intensiv war, dass heute nicht weniger als 15.000 Briefe von ihm erhalten sind. Leibniz war von Geistigem so besessen, dass er sein Leben lang ehelos blieb. In den letzten Jahren seines Lebens erhob er sich, ins Nachdenken vertieft, oft tagelang nicht von seinem Stuhl oder seinem Bett, so dass sich an seinen Beinen offene Wunden bildeten. Der Philosoph soll sie, natürlich vergeblich, mit Löschpapier und hölzernen Schraubzwingen zu heilen versucht haben, doch sollen letztere seine Nerven verletzt haben, so dass Leibniz am Ende nicht mehr gehen konnte. Als er im Alter von 70 Jahren starb, bemühte sich niemand um ihn. Der Arzt, der für ihn ein Medikament holte, fand ihn schon tot. Noch Jahre nach seinem Tod war sein Grab kaum zu finden. Erst viel später kündigte eine Steinplatte in der Hofkirche von Hannover an, dass hier die *Ossa Leibnitii* ruhten.

Heinrich Scholz (1961) schrieb über ihn:

Leibniz ist der konservativste Revolutionär der abendländischen Geistesgeschichte gewesen. Aus jedem Kiesel Funken schlagend und auf eine ihm eigene Art mit diesen Funken überall Lichter entzündend, die noch keiner vor ihm entzündet hatte. Ein erleuchtender großer Positivist, wenn unter einem Positivisten ein Mensch verstanden wird, der überall das Positive sieht und zu Ehren bringt.

Welches kühne Unterfangen sollte Leibniz starten? Es fiel ihm auf, dass die Schlussfolgerungen in der Mathematik deshalb so sicher sind, weil sie aus Berechnungs- und Beweisschritten aufgebaut sind, und es schien ihm plausibel, dass auch Argumente in nichtmathematischen Disziplinen stringenter und unanfechtbarer gemacht werden können, wenn diese Disziplinen ebenfalls über die Möglichkeit zu rechnen und zu beweisen verfügen würden. Nun ist diese Möglichkeit natürlich nicht leicht zu realisieren, vor allem, wenn man an Disziplinen wie Politik, Theologie oder Philosophie denkt. Voraussetzung wäre eine künstliche Symbolsprache, in der sich die gedanklichen Prozesse der jeweiligen Disziplin so ausdrücken lassen, dass formale Umformschritte möglich werden, die auf rechnerische Weise zu neuen Inhalten führen. Den Objekten und Relationen der Disziplin müssten also Objekte und Relationen innerhalb der Kunstsprache und den mechanisch bildbaren

Aussagen der Kunstsprache müssten sinnvolle Aussagen der Disziplin entsprechen, und die mechanisch vollziehbaren Umformschritte der Aussagen in der Kunstsprache müssten wie bei mathematischen Beweisen zu neuen Aussagen führen, die, wenn sie als Aussagen der Disziplin interpretiert werden, neue Einsichten in innerdisziplinäre Zusammenhänge ermöglichen.

Leibniz schwebte also nicht Geringeres vor als eine Art Entscheidungsalgorithmus, der die gesamte Metaphysik endlich auf sicheren Grund stellen würde, so dass bei einer allfälligen Uneinigkeit in einer metaphysischen Frage bloß gerechnet werden muss, um die Frage eindeutig und definitiv zu entscheiden. Leibniz selber schrieb in Couturat (1903) nicht unbescheiden, dass die Herstellung eines solchen Algorithmus die letzte Anstrengung des menschlichen Geistes sein wird und dass, wenn es ihm geglückt sein wird, der Mensch ein absolut glückliches Leben führen wird, weil ihm ein Instrument zur Verfügung steht, welches das Nachdenken ebenso perfektioniert, wie ein Teleskop das Sehen perfektioniert.

Nun sind wir in der Lage, kurz und prägnant zu formulieren, was Leibniz für jede Disziplin zu erschaffen beabsichtigte:

1. eine *lingua characteristica*, also eine Kunstsprache, in der festgelegt ist, welche Symbole benutzt und wie aus den Symbolen Wörter und Aussagen gebildet werden sollen – und wie die Objekte der Kunstsprache inhaltlich zu interpretieren sind; und
2. einen *calculus ratiocinator*, also ein Verfahren (einen Algorithmus), durch dessen Ausübung das unsichere inhaltliche Schlussfolgern innerhalb der Disziplin ersetzt wird durch ein sicheres Rechnen mit Symbolen, Wörtern und Aussagen der Kunstsprache.

Beide Instrumente zusammen sollten eine *mathesis universalis* bilden, eine Erweiterung des Kompetenzbereichs des mathematischen Denkens auf alle nicht-mathematischen Disziplinen der Menschheit.

Es ist nicht verwunderlich, dass ein so kühnes Unterfangen ebenso wenig erfolgreich sein konnte wie der Plan von Ramon Llull. Es ist nicht einmal klar, ob ein Algorithmus, der jede Frage entscheidet und jedes Problem löst, der politische, wirtschaftliche, juristische und moralische Unsicherheiten ebenso beseitigt wie ethische, theologische und philosophische, wirklich wünschenswert wäre. Ob dann der Mensch nur noch glücklich sein würde? Leibniz jedenfalls scheiterte an diesem Unterfangen, und heute wissen wir, dass er scheitern musste.

Es ist klar, dass das Leibniz-Programm viel zu ambitiös und umfassend war, um auch nur annähernd befriedigend gelöst zu werden. Immerhin könnte man aber denken, dass es in einer so formalen Disziplin wie der Mathematik realisierbar sein müsste. Was würde das bedeuten? Nun, es müsste erstens eine künstliche Sprache geschaffen werden, die alle mathematischen Sachverhalte auszudrücken vermag. Dieses erste Ziel ist natürlich schon erreicht. Wir könnten (wenn auch mit enormem Aufwand) alle Symbole auflisten, die in der Mathematik benutzt werden, ferner Regeln, die eindeutig festlegen, wie man aus diesen Symbolen Wörter (Terme), Formeln und Aussagen bildet und hätten damit eine lingua characteristica für die gesamte Mathematik. Das, wie gesagt, ist machbar. Zweitens müsste dann aber ein calculus ratiocinator erschaffen werden, also ein Algorithmus, der von jeder beliebigen mathematischen Aussage rein mechanisch zu entscheiden vermag, ob sie gilt oder nicht. Schon die Tatsache, dass es bis zum heutigen Tag zahlreiche ungelöste mathematische Probleme gibt, lässt vermuten, dass die Umsetzung eines solchen Entscheidungsverfahrens wohl nicht einfach sein dürfte. Könnte es aber prinzipiell möglich sein? Waren wir bis anhin vielleicht einfach nicht clever genug, um den Algorithmus zu finden?

Die Forderung, das Leibniz-Programm für die Mathematik umzusetzen, wird *Entscheidungsproblem* genannt. Angeregt wurde es vom deutschen Mathematiker David Hilbert im Jahr 1900. Heinrich Behmann hat das Entscheidungsproblem als „das Hauptproblem der modernen Logik" bezeichnet und es im Jahr 1922 folgendermaßen formuliert:

Es soll eine ganz bestimmte allgemeine Vorschrift angegeben werden, die über die Richtigkeit oder Falschheit einer beliebig vorgelegten (…) Behauptung nach einer endlichen Zahl von Schritten zu entscheiden gestattet, oder zum mindesten dieses Ziel innerhalb derjenigen – genau festgelegten – Grenzen verwirklicht werden, innerhalb deren seine Verwirklichung tatsächlich möglich ist (Behmann 1922).

Der deutsche Mathematiker Wilhelm Ackermann beschrieb es 1954 so:

Es ist mit Hilfe von exakt festgelegten Verfahren, die gewisse Bedingungen erfüllen müssen, zu entscheiden, ob eine einschlägige Formel eines (logischen) Kalküls beweisbar oder widerlegbar ist (Ackermann 1968).

Zu Beginn des 20. Jahrhunderts hatte man gut verstanden, dass die Pläne von Llull oder Leibniz viel zu umfassend und viel zu ambitioniert waren. Man musste, wollte man Erfolg haben, sozusagen kleinere Brötchen backen. Daher erklangen nun Forderungen, wenigstens für die Mathematik einen Algorithmus zu schaffen, der bei offenen Fragen rein mechanisch entscheiden kann, ob eine Behauptung zutrifft oder nicht. Kann man also allein durch formales Manipulieren mit Zeichen nach festgelegten Regeln all das herleiten, was gilt? Kann man über die Gültigkeit einer Formel oder Aussage rein rechnerisch entscheiden? Sind also Berechenbarkeit und Wahrheit dasselbe? Und wenn das sich nicht für die ganze Mathematik machen lässt, kann man es dann wenigstens für Teildisziplinen realisieren? Leider hat die weitere Entwicklung der mathematischen Grundlagenforschung fast nur Antworten produziert, die Hilbert sehr ungern hörte oder gehört hätte. Das Entscheidungsproblem ist nämlich fast immer unrealisierbar. Es gibt also sehr viele schlechte Nachrichten, und einige davon werden wir in Kap. 5 detailliert thematisieren. Mathematikern wie Kurt Gödel, Alan Turing und anderen ist es zu verdanken, dass wir heute sehr viel mehr darüber wissen als noch vor hundert Jahren und dass wir sehr viel realistischer einschätzen können, was von dem uralten Traum von Llull oder Leibniz noch übrigbleibt.

Für uns ist an dieser Stelle besonders interessant, weshalb es in der Folge unumgänglich wurde, eine präzise Definition des Algorithmus aufzustellen.

4.2 MI, MU und die Notwendigkeit, den Algorithmus exakt zu definieren

▸   Es ist ganz klar, dass das Leibniz-Programm scheitern musste. Bei der engeren
       Frage des Entscheidungsproblems ist die Sachlage weniger klar. Da die Mathe-
       matik vollständig formalisiert ist und zahlreiche Beweise durch mechanisches
       Manipulieren mit Zeichen ablaufen, ist es nicht unvernünftig zu fragen, ob es
       wohl einen Entscheidungsalgorithmus für alle mathematischen Aussagen gibt.
       Oder wenigstens für alle Aussagen einer mathematischen Teildisziplin.
       Wir haben schon angedeutet, dass auch dieser Wunsch fast immer unerfüllt blei-
       ben muss; darauf werden wir in Kap. 5 viel genauer eingehen. Die Frage ist nun,
       wie und weshalb das Entscheidungsproblem dazu geführt hat, dass eine mathe-
       matisch präzise Definition des Algorithmus unumgänglich wurde. Dieser Frage
       gehen wir in diesem Kapitel nach.

Wir beginnen mit einem Spiel, das auf Douglas Hofstadter (Hofstadter 1986) zurückgeht. Wir stellen uns dabei vor, wir möchten das Entscheidungsproblem für einen winzig
kleinen Weltausschnitt realisieren. In diesem Weltausschnitt genügen drei Symbole, um
alles auszudrücken, was überhaupt ausgedrückt werden kann:

$$M , U , I .$$

Allein mit diesen Symbolen dürfen wir durch Konkatenation Wörter (endliche Zeichenketten) bilden, wie etwa

$$MMMM , MIMIU , UUIUUIUUII , I , MIUUMUUMMIIIMUIUM , \quad \text{und so weiter .}$$

Freilich brauchen nicht alle bildbaren Wörter sinnvolle oder gar zutreffende Sachverhalte auszudrücken; einige können aber als wahre Aussagen über unseren kleinen Weltausschnitt interpretiert werden. Tatsächlich gibt es zu Beginn des Spiels genau eine Aussage
über den Weltausschnitt, die absolut sicher ist, nämlich:

$$MI .$$

„MI" ist uns entweder axiomatisch oder durch Evidenz gegeben und drückt das einzige
aus, was sich über den Weltausschnitt zweifelsfrei aussagen lässt. Darum nennen wir es
auch *Axiom*. Mit den Symbolen und der Bildungsregel für Aussagen steht nun also die
lingua characteristica fest, und es bleibt uns noch, den calculus ratiocinator anzugeben,
also die Umformregeln, die aus der ersten sicheren Aussage „MI" weitere gültige Aussagen
über den Weltausschnitt erzeugen können. Es gibt vier solche Regeln:

- (R1) Ist der letzte Buchstabe eines Wortes ein „I", so darf hinten ein „U" angefügt werden.
- (R2) Beginnt ein Wort mit „M", so darf der Rest des Wortes verdoppelt werden.

- (R3) „III" darf immer durch „U" ersetzt werden.
- (R4) „UU" darf immer ersatzlos gestrichen werden.

Nun sind wir in der Lage, mehr über den Weltausschnitt zu erfahren, denn mit den Regeln (R1)–(R4) können wir aus dem Axiom „MI" weitere gültige Aussagen gewinnen. Zum Beispiel ist ja der letzte Buchstabe ein „I", so dass wir also, nach Regel 1, ein „U" anfügen dürfen:

$$MI \to MIU \; .$$

Da diese neue Erkenntnis mit einem „M" beginnt, dürfen wir, nach Regel 2, den Rest des Wortes verdoppeln:

$$MI \to MIU \to MIUIU \; .$$

Und so weiter. Nun kennen wir schon drei gültige Aussagen über unseren kleinen Weltausschnitt, nämlich MI, MIU und MIUIU. Das Entscheidungsproblem für dieses Spiel zu lösen, hieße nun folgendes: Wir müssten eine beliebige Aussage vorgeben können, und dann müsste ein Algorithmus mechanisch entscheiden können, ob – semantisch ausgedrückt – die Aussage wahr oder falsch ist über dem Weltausschnitt beziehungsweise – syntaktisch ausgedrückt – ob sie sich aus dem Axiom „MI" mit Hilfe der Regeln (R1)–(R4) herleiten lässt oder nicht.

Zum Nachdenken!

Jemand behauptet, MUIIU sei eine gültige Aussage. Können Sie diese Behauptung überprüfen? Wie gehen Sie dabei vor? Was also ist genau zu leisten?

Jemand anders behauptet, MU sei eine gültige Aussage. Können Sie diese Behauptung überprüfen? Wie gehen Sie dabei vor? Was also ist genau zu leisten?

Was genau müsste man erschaffen, wenn man das Entscheidungsproblem für unseren kleinen Weltausschnitt lösen will?

Betrachten wir ein weiteres Beispiel: Wir haben schon früher gelernt, ein Problem der Art

$$x^2 - a = 0$$

zu lösen. Wenn es sich bei a um eine positive Zahl handelt, kann die Gleichung algorithmisch (approximativ) gelöst werden. Der Heron-Algorithmus ist hierfür gut geeignet, denn es muss ja eine Quadratwurzel gezogen werden. Es ist nun naheliegend, mehr zu verlangen. Angestachelt durch diesen Erfolg könnten wir etwa verlangen, ein Problem der Art

$$x^n - a = 0$$

algorithmisch zu lösen. Auch das wird uns gelingen; man kann den Heron-Algorithmus so umarbeiten, dass er eine n-te Wurzel ziehen kann. Erfolgsverwöhnt könnten wir unsere Erwartungen nun immer höher schrauben. Wir könnten beispielsweise verlangen, einen

Algorithmus zu schreiben, der gleich jede beliebige Polynomgleichung löst, unabhängig vom Grad und der Anzahl Summanden und den Koeffizienten. Wäre das nicht überaus nützlich? Wenn wir das aber versuchen, werden wir verzweifeln; ein solcher Algorithmus lässt sich einfach nicht finden, und heute wissen wir, dass wir bei dieser Aufgabe scheitern müssen.

Das MU-Spiel gab uns ein gutes Gefühl dafür, was es bedeuten würde, das Entscheidungsproblem zu lösen, und es wird uns schwindlig, wenn wir uns vorstellen, wir müssten es für die gesamte Mathematik lösen. Und das zweite Beispiel machte uns deutlich, dass es mit zunehmender Schwierigkeit eines Problems alles andere als klar ist, dass sich ein Algorithmus finden lässt, der das Problem löst. Der zentrale Punkt ist nun der: Bis ungefähr 1930 gab es keine Notwendigkeit, präzise darüber nachzudenken, was ein Algorithmus genau sein soll; der Begriff trat immer nur im Zusammenhang mit *konkreten* Algorithmen auf, und da genügte es nachzuweisen, dass der Algorithmus genau das leistete, was von ihm erwartet wurde, dass also die Instruktionen, angewendet auf die Inputs, zwingend das gewünschte Resultat lieferten. Das Bedürfnis, eine präzise Definition zu haben, tauchte einfach nicht auf. Das änderte sich aber, als die Ansprüche stiegen. Mit dem wachsenden Wunsch der Mathematikerinnen und Mathematiker, immer stärkere Algorithmen für immer schwierigere Probleme zu finden, entstand immer öfter die Situation, dass Forscher lange Zeit vergeblich nach einem Algorithmus suchten. Im Jahr 1900 forderte Hilbert zum Beispiel, man möge einen Algorithmus finden, der jede *diophantische Gleichung* (eine Polynomgleichung mit ganzzahligen Koeffizienten, zu der ausschließlich ganzzahlige Lösungen gesucht sind) löst; in den 70 (!) darauf folgenden Jahren gelang es aber niemandem, einen solchen Algorithmus zu entwickeln, und 1970 bewies Yuri Matiyasevich, dass kein solcher Algorithmus existieren kann.

Wenn nun aber der Verdacht aufkeimt, dass für ein bestimmtes Problem, sei es das Entscheidungsproblem oder das Problem, Polynomgleichungen oder diophantische Gleichungen zu lösen, kein Algorithmus existiert, dann muss man eines unbedingt tun: Man muss streng *beweisen*, dass kein Algorithmus existieren kann. Um das aber zu können, muss man präzise wissen, was denn ein Algorithmus sein soll. Wenn wir nicht eine ganz genaue Vorstellung davon besitzen, was ein Algorithmus ist, können wir auch nicht beweisen, dass kein solcher existieren kann. Es muss eine präzise Definition von Algorithmus vorliegen, so dass man für ein bestimmtes Problem den Nachweis erbringen kann, dass die Forderungen der Definition gerade für dieses Problem eben nicht erfüllbar sind. Nur so hat ein Beweis der Nichtexistenz eines Algorithmus Chancen auf Erfolg. Das ist mit der Situation vergleichbar, als in der Mathematik der Verdacht aufkam, dass gewisse Konstruktionen mit Zirkel und Lineal nicht möglich sind: Erst nachdem man präzise definiert hatte, welche Schritte bei einer Konstruktion mit Zirkel und Lineal erlaubt sein sollen, konnte man für gewisse Probleme den strengen Nachweis erbringen, dass die Probleme mit solchen Schritten eben prinzipiell nicht gelöst werden können.

Der Wunsch, beweisen zu können, dass gewisse Probleme grundsätzlich nicht algorithmisch lösbar sind, wie clever man es auch anstellen mag, war also der Hauptgrund dafür, dass um 1930 das Bedürfnis entstand, eine präzise Definition von Algorithmus zu entwickeln. Nur so konnte Matiyasevich nachweisen, dass kein Algorithmus existieren kann, der jede diophantische Gleichung löst. Und nur so können wir in Kap. 5 beweisen, dass das Entscheidungsproblem prinzipiell nicht lösbar ist, nicht für die ganze Mathematik und auch nicht für alle relevanten Teilbereiche dieser Disziplin.

4.3 Alan Turing und der Turing-Test

▶   Alan Turing war einer der wichtigsten Begründer der Informatik und einer der Väter der künstlichen Intelligenz. Dank Turing können wir heute präzise definieren, was ein Algorithmus ist – und beweisen, dass gewisse Probleme algorithmisch unlösbar sind. Er hat die ACE (automatic computing engine) entworfen und das Programmierhandbuch für den nach Zuse Z4 zweiten kommerziell erhältlichen Universal-Computer (Ferranti Mark I) verfasst. Und er hat entscheidend mitgeholfen, den 2. Weltkrieg zu verkürzen.
In diesem Kapitel gehen wir der Frage nach, wer Alan Turing war und was es mit dem vielzitierten Turing-Test auf sich hat.

Alan M. Turing kam am 23. Juni 1912 in London (England) zur Welt. Seine herausragende mathematische Begabung zeigte sich schon in jungen Jahren; so lernte er mit 7 Jahren alle sechsstelligen Seriennummern der Straßenlaternen auswendig, las mit 16 Jahren die Relativitätstheorie von Einstein und lernte die deutsche Sprache, um den Vorträgen des deutschen Mathematikers David Hilbert folgen zu können. In der Schule galt er als menschenscheu und geradezu exzentrisch. Im Alter von 19 Jahren begann er sein Mathematikstudium in Cambridge und beendete fünf Jahre später seinen berühmt gewordenen Aufsatz „On computable numbers, with an application to the Entscheidungsproblem", der die Grundlagen für die moderne Informatik und die Algorithmik legen sollte.

Während des 2. Weltkrieges arbeitet er in *Bletchley Park*, einem viktorianischen Landhaus in der Kleinstadt Bletchley, wo sich eine geheime Abteilung des britischen Außenministeriums befand, deren Hauptaufgabe darin bestand, die verschlüsselten deutschen Funksprüche zu entschlüsseln. Zeitweise arbeiteten bis zu 12.000 Personen in Bletchley Park, Mathematiker, Kreuzwortspezialisten, Techniker und andere Dechiffrier-Spezialisten. Dort entwickelte er die „Bombe", eine rund eine Tonne schwere Dechiffriermaschine, die die Befehle Hitlers sowie Gefechtspläne und Lageberichte der Deutschen knackte. Dank den Dechiffrierkünsten von Turing und seinen Mitarbeitern gelangten so unzählige Geheimnisse entschlüsselt und in englischer Sprache in die Hände der alliierten Generäle und häufig auch auf den Schreibtisch Churchills, so dass, vor allem ab 1944, die Alliierten meist schon Minuten nach der Befehlsausgabe der Deutschen über deren Pläne informiert waren. Die enorme Bedeutung der Gruppe um Turing muss auch Winston Churchill klar gewesen sein, denn nachdem Turing und drei seiner Kollegen sich einmal in einem dringlichen Schreiben über den Mangel an Arbeitskräften beklagten, ordnete Churchill gegenüber seinem Stabschef, General Hastings Ismay, an:

ACTION THIS DAY. Make sure they have all they want on extreme priority and report to me that this had been done (Zitat nach Copeland 2004).

Nach Kriegsende bescheinigte der Oberbefehlshaber der alliierten Armee, General Eisenhower, der Bletchley-Park-Gruppe, sie habe einen entscheidenden Beitrag zur Kriegsanstrengung der Alliierten geleistet und Tausenden von britischen und amerikanischen Soldaten das Leben gerettet. Und der Historiker Francis Harry Hinsley von der Universität Cambridge meinte später, dass ohne Turing der 2. Weltkrieg wohl zwei Jahre länger gedauert hätte (Hinsley 1993). Heute ist Bletchley Park ein Museum.

Nach dem Krieg arbeitete Turing am National Physical Laboratory, wo er Rechenmaschinen und Programmierungen entwickelte. Seine Arbeit fand allerdings ein jähes Ende, als er 1952 wegen homosexueller Verfehlungen verurteilt und vor die Wahl zwischen einer Haftstrafe und einer Behandlung mit Östrogen gestellt wurde. Turing entschied sich für die Hormonbehandlung, litt in der Folge aber so sehr, dass er sich am 7. Juni 1954 das Leben nahm: Anscheinend aß er von einem vergifteten Apfel, den man halb aufgegessen neben dem Leichnam fand. Es wird erzählt, Turing habe sich sehr für das Märchen von Schneewittchen begeistert und immer wieder die Verse „Dip the apple in the brew/Let the sleeping death seep through" gesungen.

Der nach Alan Turing benannte Turing-Award wird seit 1966 jährlich von der ACM (Association for Computing Machinery) an Personen vergeben, die sich in besonderem Maß um die Entwicklung der Informatik verdient gemacht haben. Er gilt als höchste Auszeichnung in der Informatik, vergleichbar mit der Fields-Medaille in der Mathematik oder dem Nobelpreis. Einige Personen, deren Arbeiten in diesem Buch bisher Erwähnung fanden, haben den Preis schon gewonnen, Dijkstra im Jahr 1972, Knuth 1974, Wirth 1984, Rivest, Shamir und Adleman 2002, und so weiter.

1950 hat Turing ein Gedankenexperiment vorgestellt, das seither immer wieder herangezogen wird, wenn die Frage diskutiert wird, ob Computer im Allgemeinen oder ein besonderer Computer denken kann (Turing 1950). Eingangs schreibt Turing:

I propose to consider the question "Can machines think?" This should begin with definitions of the meaning of the terms "machine" and "think." (...) Instead of attempting such a definition I shall replace the question by another, which is closely related to it and is expressed in relatively unambiguous words.

Der Test, den Turing dann vorschlägt, läuft wie folgt ab (Abb. 4.2): Es gibt einen Mann A, eine Frau B und eine interviewende Person C (männlich oder weiblich). C sitzt in einem geschlossenen Raum, von wo aus A und B nicht sichtbar sind, kann aber mit beiden via eine Tastatur und einen Bildschirm schriftlich kommunizieren. C weiß nicht, bei welchem Kommunikationspartner es sich um den Mann, und bei welchem es sich um die Frau handelt; C kennt beide nur unter irgendwelchen Labels X und Y. Und es ist gerade das Ziel von C, durch die Kommunikation herauszufinden, welches die Frau und welches der Mann ist.

Bei der sich nun abspielenden Kommunikation versucht B immer, dem Interviewer zu helfen, etwa, indem B ehrliche Antworten schreibt, während aber A immer versucht, C in

Abb. 4.2 Der Turing-Test

die Irre und zu einer falschen Entscheidung bezüglich der Geschlechter zu verführen. Die entscheidende Frage für Turing ist nun: Was geschieht, wenn wir A durch eine Maschine ersetzen? Wird der Interviewer dann gleich oft falsch entscheiden oder öfter? Mit anderen Worten: Kann die Maschine so clever kommunizieren, dass bezüglich der Erfolgsrate von C kein Unterschied feststellbar ist? Falls ja, wäre Turing bereit, der Maschine Denkvermögen zu attestieren.

Turing umgeht also die wohl ohnehin unmögliche Definition des Begriffs „Denken" und schlägt stattdessen vor, dass Maschinen den eben beschriebenen *Turing-Test* ablegen. Computer waren lange Zeit gänzlich chancenlos in diesem Test. Aber am 3. September 2011 ereignete sich etwas Erstaunliches: Die Web-Applikation *Cleverbot*, die durch Kommunikation mit Menschen lernt, menschliche Unterhaltungen zu führen, nahm zusammen mit 1334 Menschen an einem Turing-Test-Festival im indischen Guwahati teil. Cleverbot wurde von fast 60 % der Fragesteller für menschlich erklärt, während menschliche Konkurrenten 63 % erzielten. Offenbar lernt Cleverbot menschliche Kommunikationsmuster wirklich sehr gut und erfolgreich. Ob man das allerdings mit Denkvermögen erklären soll oder nicht viel eher mit überaus raffinierten (menschlichen) Algorithmen, ist eine andere Frage. Vielleicht werden verblüffende Leistungen wie diejenigen von Cleverbot auch dazu führen, den Turing-Test kritisch zu überdenken.

4.4   Die Turing-Maschine

▸   Jürg Kohlas, emeritierter Professor für Informatik der Universität Freiburg, fordert immer wieder zu Recht, dass Informatik ein obligatorisches Schulfach werden sollte und betont, dass mittlerweile ein stabiles Grundgerüst von Inhalten existiert, das zur Allgemeinbildung zählen sollte. Auf die Frage einer Journalistin, ob er Beispiele nennen könne, antwortete er wie folgt:

Es gibt verschiedene Prinzipien, etwa das von Alan Turing, der das Wesen der maschinellen Informationsverarbeitung wissenschaftlich erfasst hat. Die Erkenntnis, dass es einfach formulierbare Probleme gibt, die man nicht mit dem Computer lösen kann. Oder dass es Probleme gibt, für deren exakte Lösung wir eine Rechenzeit bräuchten, die länger ist als das Alter des Universums. Das und mehr sollten wir kennen (Kohlas 2013).

Tatsächlich ist das von Turing aufgestellte Prinzip zur maschinellen Informationsverarbeitung so grundlegend und fruchtbar, dass es in diesem Buch breiten Raum einnehmen soll. In diesem Kapitel widmen wir uns ausgiebig der Frage, was genau die Turing-Maschine ist, wie sie funktioniert und weshalb sie so grundlegend für die moderne Informatik war und ist – und wie man dank der Turing-Maschine eine mathematisch präzise Definition von Algorithmus herstellen kann.

Zunächst muss betont werden, dass die Turing-Maschine kein physisches Gerät ist. Es ist vielmehr ein Gedankenmodell, das den modernen Computer überhaupt ermöglicht hat. Heutige Computer sind viel raffinierter als Turing-Maschinen und laufen unvergleichlich viel schneller als diese; aber – und das ist der entscheidende Punkt – sie sind im Prinzip gleich aufgebaut wie eine Turing-Maschine. Kein Computer kann etwas, was eine Turing-Maschine nicht auch könnte, eine Feststellung, die wir in Abschn. 4.5 noch detaillierter erläutern werden und die überaus wichtig ist. Turing-Maschinen sind sehr einfach und bescheiden ausgestattet, aber gerade darum kann man an ihnen vortrefflich die Möglichkeiten und Grenzen von Computern studieren. Wir behandeln nun die Definition dieser Maschine und untersuchen dann ihre Funktionsweise.

▷ **Eine *Turing-Maschine* (TM) besteht aus**

- einem endlichen Alphabet A von Symbolen, die zur Ein- und Ausgabe von Daten dienen,
- einem endlichen Alphabet $\overline{A} \supset A$ von Symbolen, die zur Berechnung der Zwischenschritte dienen,
- einem Leerzeichen (Blank) $B \in \overline{A}$,
- einem eindimensionalen (theoretisch unbegrenzten) Band mit Feldern, von denen jedes genau ein Symbol aus $\overline{A}$ enthalten kann,
- einem beweglichen Lese/Schreibkopf, der ein Feld aufs Mal lesen oder beschreiben kann und danach eine von drei Bewegungen (ein Feld nach links rücken, ein Feld nach rechts rücken oder stehenbleiben) ausführen kann,
- einer endlichen Menge Q von *Zuständen* (deren Bedeutung bald geklärt wird),
- zwei speziellen Zuständen q_0 und q_e (beide aus Q), die *Anfangszustand* und *Endzustand* heißen – und
- einer (partiellen) Funktion δ, die auch *Programm* heißt und die einigen Paaren (Zustand, Symbol) ein Tripel aus einem (neuen) Zustand, einem (neuen) Symbol und einem der Zeichen L (für links), R (für rechts), S (für Stop) zuordnet. Bei dem Programm handelt es sich also um eine partielle Funktion $\delta : Q \times \overline{A} \to Q \times \overline{A} \times \{L, R, S\}$.

Abb. 4.3 Die Turing-Maschine

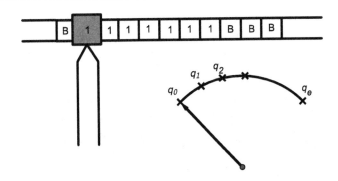

Das muss gleich erläutert werden: Das Band können wir uns als primitiven Bildschirm vorstellen, auf dem wir mit Hilfe der Symbole aus dem Alphabet den Input oder die Inputs des Algorithmus notieren und auf dem wir nach Terminierung des Algorithmus die Outputs ablesen können; zudem nahm die Idee dieses Bandes im Jahr 1936, als Turing es erfunden hat, natürlich den Lochstreifen und das Magnetband vorweg, die später vielen Computern als Inputmedium dienen sollten. Wir wählen meist $\overline{A} = A = \{0, 1, B\}$, weil dieses Set an Symbolen fast immer ausreicht. Der Lese/Schreibkopf erfasst immer ein Feld aufs Mal, das *aktive* Feld, liest dort das eingetragene Symbol und lässt es unverändert oder überschreibt es mit einem neuen Symbol. Dadurch verändert sich der Eintrag auf dem Band ständig; es findet eine Berechnung statt. Um sinnvolle Berechnungen ausführen zu können, benötigt die Maschine Zustände: Sie verleihen ihr eine Art Gedächtnis. Sie ermöglichen unterschiedliche Reaktionen in identischen Situationen, wie wir gleich in Beispielen sehen werden. Zu Beginn befindet sich die Maschine immer im Startzustand q_0, im Laufe ihrer Arbeit ändert sich der Zustand aber laufend (Abb. 4.3). Das wichtigste Element der TM ist ihr Programm. Es besteht aus einer endlichen Menge von Anweisungen der Art

$$(\text{Zustand, Symbol}) \mapsto (\text{Zustand, Symbol, Bewegung}) \ .$$

Das ist so zu verstehen: Wenn die Maschine sich in einem bestimmten Zustand befindet und ein bestimmtes Symbol liest, so soll sie in einen bestimmten neuen Zustand übergehen (oder den alten behalten), ein bestimmtes neues Symbol in das aktive Feld schreiben (oder das alte dort belassen) und danach eine bestimmte Bewegung (ein Feld nach links oder nach rechts rücken oder stehenbleiben) ausführen.

Ein erstes, sehr einfaches Beispiel soll das alles und vor allem die Bedeutung der Zustände erläutern: Angenommen, das Band enthält außer unendlich vielen Blanks das Wort 1111111, wie in obiger Abbildung, und der Lese/Schreibkopf steht unter der ersten Eins des Inputs; ferner befindet sich die Maschine im Startzustand. Unser Ziel ist es, am rechten Ende des Wortes zwei weitere Einsen anzufügen. Aus welchen Befehlen muss dann das Programm bestehen?

Nun, zunächst müssen wir dafür sorgen, dass der Lese/Schreibkopf Feld für Feld nach rechts rückt, ohne aber die Einsen des Inputs zu verändern:

$$(q_0, 1) \mapsto (q_0, 1, R) \ .$$

Immer wenn die Maschine im Zustand q_0 eine 1 liest, überschreibt sie diese mit einer 1 (und verändert somit nichts) und rückt ein Feld nach rechts und bleibt im Startzustand. Nach siebenmaliger Ausführung dieses Befehls „sieht" die Maschine aber ein Blank. Ein weiterer Befehl muss nun also dafür sorgen, dass sie, wenn sie im Zustand q_0 ein Blank liest, dieses durch eine 1 überschreibt:

$$(q_0, B) \mapsto (?, 1, ?) \ .$$

Welche Bewegung soll sie ausführen? Und welches soll ihr neuer Zustand sein? Als Bewegung ist nur ein Nachrechtsrücken sinnvoll, denn wir wollen ja erreichen, dass ein weiteres Blank durch eine 1 überschrieben wird. Und der Zustand? Nun, wenn wir ihn jetzt nicht ändern würden, würde Folgendes geschehen: Die Maschine träfe nach Überschreiben des ersten Blanks auf ein neues Blank und befände sich noch immer im Startzustand. Derselbe Befehl käme also erneut zur Anwendung, sie würde auch dieses zweite Blank durch eine 1 überschreiben, was erwünscht ist, aber sie würde danach nie mehr damit aufhören, Blanks durch Einsen zu überschreiben, was nicht erwünscht ist. Wir müssen also dafür sorgen, dass sich die Maschine „erinnert", bereits ein Blank überschrieben zu haben, damit sie nun das zweite Blank als eine neue Situation einstufen kann. Darum lautet der zweite Befehl des Programms so:

$$(q_0, B) \mapsto (q_1, 1, R) \ .$$

Dieser Befehl sorgt dafür, dass das erste Blank durch eine 1 überschrieben wird. Die Maschine geht in den neuen Zustand q_1 über und rückt ein Feld nach rechts. Dort trifft sie ein Blank an, welches auch durch eine 1 überschrieben werden soll:

$$(q_1, B) \mapsto (?, 1, ?) \ .$$

Da die Arbeit nun getan ist, müssen wir nur noch dafür sorgen, dass die Maschine terminiert. Wir müssen also Stop befehlen, und dabei ist es eigentlich einerlei, in welchem Zustand die Maschine anhält. Üblicherweise lassen wir sie aber in den Endzustand übergehen:

$$(q_1, B) \mapsto (q_e, 1, S) \ .$$

Zusammengefasst: Die Aufgabe, dem aus einigen Einsen bestehenden Input am rechten Ende genau zwei Einsen anzufügen, kann also mit folgendem Programm realisiert werden:

$$\left. \begin{aligned} (q_0, 1) &\mapsto (q_0, 1, R) \\ (q_0, B) &\mapsto (q_1, 1, R) \\ (q_1, B) &\mapsto (q_e, 1, S) \end{aligned} \right\} \delta \ .$$

Abb. 4.4 Eine Turing-
Maschine soll eine Addition
ausführen

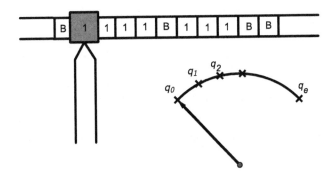

Wichtig ist auch noch festzuhalten, dass das nun nicht bedeutet, dass genau drei Befehle zur Ausführung gelangen und zwar in genau dieser Reihenfolge. Die Maschine wählt
vielmehr immer denjenigen Befehl, der gerade passt. Sie kennt den Zustand, in dem sie
sich befindet, und sie kennt das Symbol im aktiven Feld; und sie befolgt dann einfach immer denjenigen Befehl aus dem Programm, welcher über genau diesen Zustand und genau
dieses Symbol etwas aussagt. Anders gesagt: Wenn wir einen typischen TM-Befehl in *Prämisse* (Teil links vom Pfeil) und *Konklusion* (Teil rechts vom Pfeil) unterteilen, dann sucht
sich die Maschine innerhalb des Programms immer denjenigen Befehl, dessen Prämisse
ihre aktuelle Situation beschreibt. Natürlich darf es nie verschiedene Befehle mit gleicher
Prämisse geben.

Betrachten wir ein weiteres Beispiel. Diesmal soll die Turing-Maschine zwei natürliche
Zahlen addieren. Wir vereinbaren, dass die natürliche Zahl n als Kette von $n + 1$ Einsen
dargestellt wird; das hat den Vorteil, dass wir auch die Zahl 0 darstellen können, nämlich
durch eine 1. Zu Beginn stehen auf dem Band also zwei durch ein Blank-Zeichen getrennte
Inputzahlen, zum Beispiel die Zahlen 3 und 2 (dargestellt durch vier respektive drei Einsen), der Lese/Schreibkopf „sieht" die erste 1 der ersten Zahl, und die Maschine befindet
sich im Startzustand (Abb. 4.4).

Wie könnten wir die Addition realisieren? Am Ende sollte eine einzige Kette von Einsen
auf dem Band stehen, deren Länge gerade um 1 grösser ist als die Summe der beiden Inputzahlen. Eine elegante Möglichkeit besteht sicher darin, das Blank-Zeichen, welches die
beiden Inputzahlen trennt, durch eine 1 zu ersetzen und dafür dann die beiden äußersten
Einsen ganz rechts (oder ganz links) zu löschen. Da die beiden Inputzahlen je mindestens
den Wert 0 haben, stehen zu Beginn mindestens zwei Einsen auf dem Band. Nach Überschreiben des trennenden Blanks durch eine 1 hat die Kette mindestens Länge 3. Und wenn
wir dann die beiden Einsen am rechten Ende löschen, bleibt mindestens eine 1 stehen, nämlich das Resultat der Summe von zwei Nullen. Unser Plan ist also folgender: Zuerst rückt
der Lese/Schreibkopf, ohne etwas zu verändern, so lange nach rechts, bis er unter dem
trennenden Blank-Symbol steht. Dieses wird durch 1 überschrieben. Dann fährt der Le-
se/Schreibkopf der zweiten Inputzahl entlang, ohne etwas zu verändern, und wenn er das
erste Blank am rechten Ende sieht, kehrt er um und löscht von hinten genau zwei Einsen.

Diesen Plan setzen wir sogleich in die Tat um:

$$(q_0, 1) \mapsto (q_0, 1, R) \ .$$

Der Zustand braucht ja nicht gewechselt zu werden, solange der Lese/Schreibkopf der ersten Inputzahl entlang fährt. Dieser Befehl kommt so oft zur Anwendung, wie die erste Zahl Einsen hat, mindestens also einmal. Nach der letzten Anwendung „sieht" die Maschine, noch immer im Startzustand, das trennende Blank-Symbol. Dann:

$$(q_0, B) \mapsto (q_1, 1, R) \ .$$

Würden wir an dieser Stelle den Zustand nicht wechseln, so käme nachher wieder der erste Befehl zur Anwendung; die Maschine würde dann also der zweiten Inputzahl entlang fahren und danach Blank-Symbole durch Einsen überschreiben, ohne jemals anzuhalten. Nun „sieht" die Maschine also im Zustand q_1 die erste Eins der zweiten Inputzahl:

$$(q_1, 1) \mapsto (q_1, 1, R) \ .$$

Der Lese/Schreibkopf fährt auch der zweiten Inputzahl entlang, ohne eine Veränderung vorzunehmen. Dann aber liest er plötzlich ein Blank-Symbol:

$$(q_1, B) \mapsto (q_2, B, L) \ .$$

Die Maschine muss umkehren (L) und unbedingt den Zustand wechseln, denn sonst käme der zweitletzte Befehl wieder zum Einsatz und die Maschine würde in eine Endlosschleife geraten. Nun muss sie nur noch zwei Einsen am rechten Ende löschen:

$$(q_2, 1) \mapsto (q_3, B, L) \ ,$$
$$(q_3, 1) \mapsto (q_e, B, S) \ .$$

Damit ist die Addition vollbracht.

Die hier beschrieben Turing-Maschine ist durchaus nicht die einzige gebräuchliche Version. So gibt es auch Turing-Maschinen mit mehr als einem Band oder einem Band aus mehreren Spuren oder einem mehrdimensionalen Band, solche, deren Band auf der einen Seite begrenzt und nur auf der anderen Seite unbegrenzt ist, und so weiter. Man kann aber zeigen, dass alle nur erdenklichen Versionen von solchen Maschinen äquivalent sind, so dass wir nichts verlieren, wenn wir auch künftig immer nur die Ein-Band-Maschine verwenden. Turing-Maschinen lösen mindestens zwei Arten von Problemen: Einerseits dienen sie dazu, *zahlentheoretische Funktionen* $f : \mathbb{N}^k \to \mathbb{N}$ zu berechnen. Das heißt, man schreibt einen Input $\underline{n} = (n_1, n_2, ..., n_k) \in \mathbb{N}^k$ aufs Band, und die Maschine berechnet dann $f(\underline{n})$ und terminiert mit einer Kette von $f(\underline{n}) + 1$ Einsen auf dem Band. Wir haben das ja soeben getan für die Funktion $f(n_1, n_2) = n_1 + n_2$. Einfach gesagt: Eine Turing-Maschine kann dazu benutzt werden, Funktionswerte zu berechnen.

Andererseits kann sie aber auch herangezogen werden, um Entscheidungsprobleme zu lösen. Angenommen, wir schreiben ein TM-Programm, welches für eine Inputzahl testet, ob sie gerade ist oder nicht. Dann wird ja kein Funktionswert berechnet, sondern die Maschine entscheidet, auf eine Inputzahl angesetzt, ob diese Zahl die zur Diskussion stehende Eigenschaft besitzt oder nicht. In diesem Fall benutzen wir gerne die folgenden Schreib- und Sprechweisen:

▸ **Definition** Mit A^* bezeichnen wir die Menge aller Wörter, die sich mit Symbolen aus dem Alphabet A bilden lassen: Ein *Wort* ist einfach eine endliche Kette von Zeichen aus dem Alphabet. Unter einer *Sprache* verstehen wir eine Teilmenge $L \subset A^*$.

Das Problem ist dann zu entscheiden, ob irgendein Wort $w \in A^*$ zu der gegebenen Sprache L gehört oder nicht. Eine Turing-Maschine, die dieses Problem löst, muss zusätzlich mit einem sogenannten akzeptierenden Zustand q_a ausgerüstet werden, in den sie übergeht, wenn sie w als zur Sprache L gehörig erkannt hat.

Falls es eine Turing-Maschine gibt, die bei jedem Input nach endlich vielen Schritten anhält und nur genau bei den Elementen aus L in den akzeptierenden Zustand übergeht, so nennt man die Sprache *entscheidbar*. Und wir sagen auch: Die Turing-Maschine *akzeptiert die Sprache L*.

Auf den Test, ob eine Inputzahl gerade ist oder nicht, angewendet, heißt das: Wir benützen ein Wort aus dem Alphabet $\{1\}$, um eine natürliche Zahl auf das sonst mit Blanks gefüllte Band zu schreiben, etwa die Zahl $w = 1111$ (3) oder die Zahl $w = 1111111111$ (10), und so weiter. Die Sprache L besteht hier genau aus den geraden Zahlen, und die TM geht genau dann in den akzeptierenden Zustand über, wenn die Inputzahl zur Sprache gehört. Man kann leicht eine TM herstellen, die zu einer beliebigen Zahl entscheiden kann, ob diese gerade ist oder nicht. Die Sprache der geraden Zahlen ist also entscheidbar.

Zum Nachdenken!

Was denken Sie, ist die Sprache der Primzahlen auch entscheidbar? Was müsste existieren, damit wir diese Frage bejahen können? Und wie steht es um die Goldbach-Vermutung?

Es ist schon erstaunlich: Turing ging es darum, eine Art maschinelle Interpretation des Vorgangs zu finden, der sich beobachten lässt, wenn ein Mensch mit einem Schreibstift auf einem Bogen Papier eine Berechnung ausführt. Das theoretische Maschinenmodell, das sich daraus ergab und das unter dem Namen Turing-Maschine in die Geschichte eingehen sollte, sollte die wichtigste Grundlage für die heute so omnipräsenten vielseitigen Computer werden; etwa zehn Jahre nach Turings Originalaufsatz aus dem Jahr 1936 wurden in Deutschland, England und den USA die ersten Digitalrechner gebaut. Schon allein deswegen lohnt es sich sicher, wenn wir einen Auszug aus dem Originaltext lesen:

We may compare a man in the process of computing a real number to a machine which is only capable of a finite number of conditions q_1, q_2, ...,q_R which will be called "*m*-configurations".

The machine is supplied with a "tape" (the analogue of paper) running through it, and divided into sections (called "squares") each capable of bearing a "symbol". At any moment there is just one square, say the r-th, bearing the symbol $\sigma(r)$ which is "in the machine". We may call this square the "scanned square". The symbol on the scanned square may be called the "scanned symbol". The scanned symbol is the only one of which the machine is, so to speak, "directly aware". However, by altering its m-configuration the machine can effectively remember some of the symbols which it has "seen" (scanned) previously. The possible behavior of the machine at any moment is determined by the m-configuration q_n and the scanned symbol $\sigma(r)$. This pair will be called the "configuration": Thus the configuration determines the possible behavior of the machine. In some of the configurations in which the scanned square is blank (i. e. bears no symbol) the machine writes down a new symbol on the scanned square: in other configurations it erases the scanned symbol. The machine may also change the square which is being scanned, but only by shifting it one place to right or left. In addition to any of these operations the m-configuration may be changed. Some of the symbols written down will form the sequence of figures which is the decimal of the real number which is being computed. The others are just rough notes to "assist the memory". It will only be these rough notes which will be liable to erasure.

It is my contention that these operations include all those which are used in the computation of a number (aus Turing 1936).

Weitere Darstellungen der Turing-Maschine findet man etwa in Arbib (1987), in Hopcroft (1984) oder in Trakhtenbrot (1960). Heute sind online auch diverse Turing-Maschinen-Simulatoren erhältlich. Ein herrliches Video einer LEGO-Turing-Maschine im Einsatz findet man unter http://www.youtube.com/watch?v=cYw2ewoO6c4.

Wir hatten versprochen, das Konzept der Turing-Maschine zu benutzen, um daraus endlich eine mathematisch präzise Definition von Algorithmus zu formen. Dieses Versprechen werden wir am Ende dieses Kapitels einlösen können. Zuvor empfiehlt es sich aber, einige weitere Beispiele von Turing-Maschinen zu untersuchen. Wir sollten ja ein sicheres Gefühl dafür bekommen, wozu solche Maschinen in der Lage sind, um auch die Bedeutung der weiter oben gemachten Behauptung, kein Computer sei zu einer Leistung imstande, zu der eine Turing-Maschine nicht auch imstande sei, besser einschätzen zu können.

Darum behandeln wir nun drei etwas anspruchsvollere Beispiele:

Im ersten Beispiel wollen wir eine Turing-Maschine so programmieren, dass sie eine durch lauter Einsen dargestellte Zahl in die dezimale Notation umwandelt, genauer: dass sie eine Folge von n Einsen in die Dezimalzahl n umwandelt (Abb. 4.5). Als kleine Vereinfachung gönnen wir uns immerhin, dass wir die Inputzahl nicht durch Einsen, sondern durch „Striche" (/) darstellen, damit keine Verwechslung mit der für die dezimale Notation reservierten Ziffer 1 erfolgt. Ferner nehmen wir an, dass die Maschine im Anfangszustand den Strich ganz rechts „sieht" und dass links von der Inputstrichfolge, von dieser durch ein Blank getrennt, eine 0 steht, deren Bedeutung bald klar sein wird. (Selbstverständlich könnten wir im ersten Programmteil diese Null auch zuerst erzeugen.) Im Übrigen benützen wir das Alphabet $\overline{A} = A = \{/, 0, 1, 2, 3, ..., 9, B\}$.

Die Idee zur Programmierung ist die folgende: Wir löschen den Strich im aktiven Feld, verschieben den Lese/Schreibkopf nach links, bis er die 0 „sieht", und erhöhen diese Zahl um 1. Danach befehlen wir den Lese/Schreibkopf wieder ans rechte Ende der Strichfolge,

Abb. 4.5 Startkonfiguration
für Umwandlung in dezimale
Notation

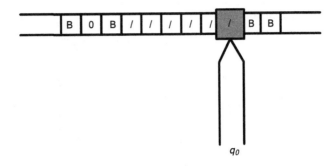

löschen den letzten Strich, verschieben den Lese/Schreibkopf nach links, bis er die Dezimalzahl (diesmal die 1) sieht, und erhöhen diese um 1. So fahren wir fort: Wir löschen
immer den hintersten Strich und erhöhen dann die Dezimalzahl um 1, so lange, bis kein
Strich mehr vorhanden ist; dann entspricht die Dezimalzahl der Anzahl Striche, und die
Aufgabe ist gelöst. Das folgende TM-Programm setzt diese Idee um:

$$(q_0, /) \mapsto (q_1, B, L) \ ,$$
$$(q_1, /) \mapsto (q_1, /, L) \ ,$$
$$(q_1, B) \mapsto (q_2, B, L) \ .$$

Damit ist der hinterste Strich gelöscht und der Lese/Schreibkopf im Zustand q_2 bei der
Dezimalzahl (anfangs 0) angekommen.

$$(q_2, 0) \mapsto (q_3, 1, R) \ ,$$
$$(q_2, 1) \mapsto (q_3, 2, R) \ ,$$
$$(q_2, 2) \mapsto (q_3, 3, R) \ ,$$
$$\dots$$
$$(q_2, 8) \mapsto (q_3, 9, R) \ ,$$
$$(q_2, 9) \mapsto (q_2, 0, L) \ ,$$
$$(q_2, B) \mapsto (q_3, 1, R) \ .$$

Dieser Programmteil erhöht die Dezimalzahl um 1. Nach dieser Erhöhung befindet sich
die Maschine im Zustand q_3 und „sieht" irgendeine Ziffer der Dezimalzahl oder das Leerzeichen rechts davon.

$$(q_3, 0) \mapsto (q_3, 0, R) \ ,$$
$$(q_3, 1) \mapsto (q_3, 1, R) \ ,$$
$$(q_3, 2) \mapsto (q_3, 2, R) \ ,$$
$$\dots$$
$$(q_3, 9) \mapsto (q_3, 9, R) \ ,$$
$$(q_3, B) \mapsto (q_4, B, R) \ .$$

Abb. 4.6 Startkonfiguration
des Kopierprogramms

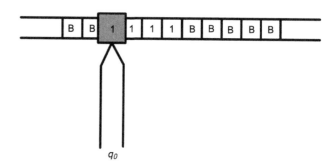

Dieser Programmteil schiebt den Lese/Schreibkopf nach rechts. Zuletzt verlässt er das
Leerzeichen zwischen Dezimalzahl und Strichfolge im Zustand q_4 und rückt nach rechts,
wo er nun wieder auf die Strichfolge trifft oder auf ein weiteres Blank, falls kein Strich mehr
da ist.

$$(q_4, B) \mapsto (q_e, B, S) \ ,$$
$$(q_4, /) \mapsto (q_5, /, R) \ ,$$
$$(q_5, /) \mapsto (q_5, /, R) \ ,$$
$$(q_5, B) \mapsto (q_0, B, L) \ .$$

Der letzte Befehl sorgt dafür, dass, sobald die Maschine den hintersten Strich „sieht",
erneut der Anfangszustand angenommen wird. Damit findet eine Schleife statt. Wenn alle
Striche aufgebraucht sind, kommt der viertletzte Befehl zum Einsatz, die Maschine terminiert, und die Aufgabe ist erfolgreich gelöst.

Im zweiten Beispiel widmen wir uns einem Kopierprogramm. Genauer: Steht nichts
anderes als eine zusammenhängende Folge von Einsen auf dem Band oder wenigstens auf
einem bestimmten Bandabschnitt, so soll eine identische Kopie dieser Folge hergestellt
und, durch ein Blank getrennt, rechts neben der ursprünglichen Inputzahl notiert werden. Wir benutzen dazu das minimale Alphabet $\overline{A} = A = \{1, B\}$ und denken uns, dass der
Lese/Schreibkopf im Startzustand das linke Ende der Inputzahl „sieht" (Abb. 4.6).

Wir gehen bei der Programmierung so vor, dass wir eine 1 nach der anderen kopieren,
genauer: Wir löschen die erste 1, wandern nach rechts bis zum zweiten Blank nach dem
Input, überschreiben dieses durch 1, wandern wieder nach links, stellen die gelöschte 1
wieder her und nehmen uns dann die nächste 1 des Inputs vor, und so weiter. Hier ist das
kommentierte Programm:

$$(q_0, 1) \mapsto (q_1, B, R) \ ,$$
$$(q_1, 1) \mapsto (q_1, 1, R) \ ,$$
$$(q_1, B) \mapsto (q_2, B, R) \ ,$$
$$(q_2, B) \mapsto (q_3, 1, L) \ .$$

Damit haben wir nun die erste 1 gelöscht, den Rest des Inputs sowie das erste Blank rechts vom Input übersprungen und eine Kopie der vorübergehend gelöschten 1 notiert.

$$(q_3, B) \mapsto (q_4, B, L) ,$$
$$(q_4, 1) \mapsto (q_5, 1, L) ,$$
$$(q_5, 1) \mapsto (q_5, 1, L) ,$$
$$(q_5, B) \mapsto (q_6, 1, R) .$$

Damit haben wir den Lese/Schreibkopf ganz nach links verschoben und die gelöschte 1 wiederhergestellt.

$$(q_6, 1) \mapsto (q_1, B, R) .$$

Dieser Befehl löscht die nächste 1 und setzt die Maschine in den Zustand q_1 zurück; die Prozedur beginnt gewissermaßen von vorne. Allerdings müssen wir jetzt noch an gewisse Befehle denken, die bisher nicht aufgeführt werden mussten: Wenn schon ein Teil der Kopie hergestellt ist, müssen wir dafür sorgen, dass der Lese/Schreibkopf auf dem Hin- und auf dem Rückweg durch diese Kopie hindurch gelangt:

$$(q_2, 1) \mapsto (q_2, 1, R) ,$$
$$(q_3, 1) \mapsto (q_3, 1, L) .$$

Zum Schluss dürfen wir nicht vergessen, dass nach Kopieren der letzten 1 der Lese/Schreibkopf auf dem Rückweg zwei Blanks nacheinander antrifft und das links davon wieder in eine 1 zurückverwandeln muss:

$$(q_4, B) \mapsto (q_e, 1, S) .$$

Damit ist das Kopieren geglückt.

Zum Nachdenken!

Fragen Sie sich einmal, warum es sinnvoll ist, jede 1 des Inputs erst zu löschen und danach wiederherzustellen. Warum wäre das Programm schwieriger zu realisieren, wenn man auf dieses vorübergehende Löschen verzichten würde?

Und viel anspruchsvoller: Können Sie das Kopierprogramm benutzen, um ein TM-Programm zu schreiben, das zwei natürliche Zahlen miteinander multipliziert? Stellen Sie sich dazu vor, die beiden Inputzahlen a und b stehen, durch ein Blank getrennt, als Folgen von Einsen nebeneinander auf dem Band und die Maschine „sieht" im Startzustand die erste 1 des ersten Faktors. Wie kann das Kopierprogramm als Subroutine eingesetzt werden, um das Produkt $a \cdot b$ zu berechnen?

Unser drittes und wohl anspruchsvollstes Beispiel ist das des Euklidischen Algorithmus. Wie könnte man diesen mit Hilfe einer Turing-Maschine programmieren? Eine relativ einfache Möglichkeit ergibt sich aus der Tatsache, dass, wie man sich leicht überlegen kann,

Abb. 4.7 Startkonfiguration
für den Euklidischen Algorithmus mit den Zahlen 6 und 4

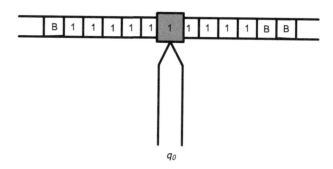

für natürliche Zahlen $x > y$ Folgendes gilt:

$$\mathrm{ggT}\,(x, y) = \mathrm{ggT}\,(x - y, y)\ .$$

Wir könnten die Maschine also so programmieren, dass sie in einer Schleife immer die kleinere von der größeren Zahl subtrahiert, bis beide Zahlen identisch sind. Subtrahiert man dann noch die eine von der anderen, bleibt gerade der ggT stehen. Wir denken uns dazu die beiden Ausgangszahlen unmittelbar hintereinander auf das Band geschrieben. Das erscheint vielleicht unsinnig, könnte man doch denken, die Ausgangszahlen gehen dadurch verloren. Und in der Tat wird es gerade unsere größte Herausforderung sein, die Trennung zwischen den beiden Zahlen nicht zu verlieren. Wir werden das durch die Position des Lese/Schreibkopfes erreichen, indem wir verabreden, ihn zu Beginn unter der letzten Eins der ersten Zahl zu platzieren. Ziel des Programmes ist es nun, nach einigen Schritten in die Situation zu gelangen, dass nicht mehr die Ausgangszahlen $a_0 > a_1$ auf dem Band stehen (mit dem Lese/Schreibkopf unter der letzten Eins von a_0), sondern die Zahlen $a_0 - a_1$ und a_1 (mit dem Lese/Schreibkopf unter der letzten Eins der linken Zahl). Dann lässt sich dieser Programmteil rekursiv anwenden, bis nur noch der ggT auf dem Band stehen bleibt. Die Abbildung. 4.7 zeigt folglich die Startkonfiguration für die Inputzahlen 6 und 4.

Wir ersetzen nun immer abwechselnd eine 1 der ersten Inputzahl durch das Sonderzeichen α und eine 1 der zweiten Inputzahl durch das Sonderzeichen β, bis eine der beiden Zahlen erschöpft ist. (Im ersten Durchgang wird das natürlich die zweite sein.) Die Anzahl der übriggebliebenen Einsen der größeren Zahl ist dann gerade die Differenz der beiden Ausgangszahlen, die uns ja interessiert. Dies ist der Programmcode:

$$(q_0, 1) \mapsto (q_1, \alpha, R)\ ,$$
$$(q_0, \alpha) \mapsto (q_0, \alpha, L)\ ,$$
$$(q_0, \beta) \mapsto (q_0, \beta, L)\ ,$$
$$(q_1, 1) \mapsto (q_0, \beta, L)\ ,$$
$$(q_1, \alpha) \mapsto (q_1, \alpha, R)\ ,$$
$$(q_1, \beta) \mapsto (q_1, \beta, R)\ .$$

Hiermit werden so lange die Einsen der ersten Zahl durch α und die Einsen der zweiten Zahl durch β überschrieben, bis eine Zahl aufgebraucht ist. Falls nun, wie im ersten Durchgang, die zweite Zahl zuerst aufgebraucht ist, sieht die Maschine am rechten Ende plötzlich ein Blank. Sie muss nun alle Symbole β durch Blanks und alle Symbole α durch Einsen ersetzen und unterhalb der letzten Eins der ersten Zahl, also der Differenz der beiden Inputzahlen, in den Anfangszustand zurückversetzt werden:

$$(q_1, B) \mapsto (q_2, B, L) \;,$$
$$(q_2, \beta) \mapsto (q_2, B, L) \;,$$
$$(q_2, \alpha) \mapsto (q_2, 1, L) \;,$$
$$(q_2, 1) \mapsto (q_0, 1, R) \;.$$

Falls aber, was ja auch oft geschieht, die erste Zahl zuerst aufgebraucht ist, dann wird die Maschine am linken Ende auf ein Blank stoßen und so reagieren müssen:

$$(q_0, B) \mapsto (q_3, B, R) \;,$$
$$(q_3, \alpha) \mapsto (q_3, B, R) \;,$$
$$(q_3, \beta) \mapsto (q_3, 1, R) \;,$$
$$(q_3, 1) \mapsto (q_0, 1, L) \;.$$

Welcher Fall auch immer eintritt, jetzt ist die Maschine bereit für die nächste Subtraktion. Und es fehlen bloß noch die Befehle, die für den Abschluss des Programms sorgen:

$$(q_3, B) \mapsto (q_e, B, S) \;,$$
$$(q_2, B) \mapsto (q_e, B, S) \;.$$

Damit hat die Maschine den ggT der beiden Inputzahlen erfolgreich berechnet.

Nun haben wir schon einige Übung im Schreiben von TM-Programmen erreicht. Solche Programme sind sehr aufwändig zu programmieren und sie laufen förmlich in Zeitlupe ab, aber wir haben ja auch schon deutlich hervorgehoben, dass sie keine Konkurrenz zu modernen Computern sein können und sein wollen; sie nehmen diese vielmehr vorweg, stehen an deren Anfang, sie erlauben einen unverstellten Blick auf die prinzipielle Funktionsweise von Computerprogrammen. Erinnern wir uns an die Zielsetzung dieses Kapitels: Es ging vor allem darum, eine exakte Definition von Algorithmus zu finden, einerseits, um das bisher erst intuitiv verstandene Konzept der automatischen Berechenbarkeit besser zu verstehen, und andererseits, um gewappnet zu sein, wenn es um Beweise von Sätzen gehen wird, die für gewisse Probleme die Nicht-Existenz eines Algorithmus behaupten. Damit wird ein ziemlich großer Anspruch gestellt: Unsere Definition muss mit mathematischer Präzision und Eindeutigkeit genau das einbegreifen, was wir uns bisher unter einem Algorithmus vorgestellt haben. Das Konzept muss so mächtig sein, dass es alles und genau das umfasst, was wir uns vorstellen, wenn wir an automatische Berechenbarkeit denken. Diesem Anspruch können wir nun genügen und zwar auf erstaunlich elegante Weise:

▸ **Definition** Ein *Algorithmus* ist eine anhaltende Turing-Maschine.

Das mag erstaunen. Wer nur ganz wenige TM-Programme geschrieben hat, mag denken, solche Maschinen seien viel zu umständlich und ihre Mittel viel zu bescheiden, um wirklich all das realisieren zu können, was man sich intuitiv unter einem Algorithmus vorstellt. Wir haben zwar die Addition und Multiplikation von natürlichen Zahlen und auch den Euklidischen Algorithmus programmieren können, aber wie soll man mit einer Turing-Maschine einen Primtest durchführen oder eine Verschlüsselung oder ein Zero-Knowledge-Protokoll? Genau diese Frage führt uns zur *These von Church* und damit zu Abschn. 4.5.

4.5   Die These von Church und die Funktion von Ackermann

▸   Um streng beweisen zu können, dass eine bestimmte Aufgabe algorithmisch und damit auch mit einem Computer nicht gelöst werden kann, muss man ganz genau definieren, was ein Algorithmus ist. Das haben wir getan, indem wir den eher vagen Algorithmus-Begriff durch den präzisen Begriff der anhaltenden Turing-Maschine ersetzt haben. Die Frage bleibt aber: Haben wir damit wirklich genau das eingefangen, was wir uns intuitiv unter einem Algorithmus, unter einer automatischen Berechnung, vorstellen? Wie können wir diesbezüglich sicher sein?

Wenn ein Sinn darin liegt, möglichst viele TM-Programme zu schreiben, so der, dass wir damit ein Gefühl dafür entwickeln können, wozu solche Maschinen in der Lage sind. Wenn man sich nur die Mühe nimmt, immer anspruchsvollere Probleme mit Turing-Maschinen zu lösen, so wird man schließlich überzeugt sein, dass man mit Turing-Maschinen *im Prinzip* alles lösen kann, von dem man denkt, dass es algorithmisch lösbar ist. Alan Turing und sein Kollege, der US-amerikanische Mathematiker Alonzo Church, waren 1936 fest davon überzeugt und formulierten die berühmt gewordene und nach ihnen benannte These:

▸   **These von Church-Turing** Alles, was im intuitiven Sinne algorithmisch berechenbar ist, kann von einer Turing-Maschine berechnet werden.

Zum Nachdenken!

Woran liegt es genau, dass dies „nur" eine These ist und nicht etwa ein beweisbarer Satz? Was müsste denn getan werden, wenn man diese Aussage streng beweisen wollte?

Mit „intuitiv berechenbar" meinen wir, dass wir von der automatischen, also Mensch-unabhängigen, Berechenbarkeit eines Problems überzeugt sind, teils, weil wir schon Algorithmen oder Programme dafür entwickelt haben, teils, weil wir fest daran glauben, dass ein Algorithmus machbar ist. In diesem Sinne sind die folgenden Probleme sicherlich intuitiv berechenbar: alle Grundoperationen, Lösungen von quadratischen Gleichungen, Nullstellen von Funktionen (approximativ), beliebig viele Nachkommastellen von Pi und e und allen Wurzeln, Lösungen linearer Gleichungssysteme, ggT und kgV, Matrixmultiplikation und -invertierung, Berechnung von Determinanten, Differentiation und Integration, Sortierung, Primtest und Faktorisierung, und unglaublich viel mehr. Indem wir nun mit Church und Turing behaupten, dass all diese Probleme und alle weiteren, an deren mechanische Berechenbarkeit wir glauben, von einer Turing-Maschine gelöst werden können, geben wir der Hoffnung Ausdruck, dass mit dem Konzept der Turing-Maschine alles, wirklich alles eingefangen wird, was wir uns bisher unter dem Begriff Algorithmus vorgestellt haben – und dass die Definition, ein Algorithmus sei eine anhaltende Turing-Maschine, somit sinnvoll ist. Modern ausgedrückt, besagt die These, dass alle Computer einander gleich sind. Nicht im Sinne von gleich schnell natürlich, aber sie sind einander alle gleich, weil sie grundsätzlich dieselben Probleme lösen oder eben nicht lösen können. Unterschiede ergeben sich nur in der Laufzeit und in der Speicherverwaltung und in der Bedienerfreundlichkeit, und so weiter, aber es trifft nicht zu, dass der eine Computer ein Problem lösen kann, welches alle anderen grundsätzlich nicht lösen können. Darum ist diese These auch heute und in der Zukunft noch überaus wichtig. Sie präzisiert und grenzt ab, was wir je von einer Mensch-unabhängigen algorithmischen Lösung erwarten dürfen.

Natürlich muss es sich hierbei wirklich um eine *These* handeln und nicht etwa um einen beweisbaren Satz. Anzunehmen, die These ließe sich irgendwie beweisen, würde ja heißen, dass man erst den vagen Ausdruck „intuitiv berechenbar" ersetzen müsste durch einen präzise definierten, aber da böte sich einzig „von einer Turing-Maschine berechenbar" an, und damit verkäme die These zu einer banalen und unergiebigen Tautologie. Obwohl die These von Church also nicht beweisbar ist, wohnt ihr doch eine sehr starke Plausibilität inne. Und dafür gibt es mindestens drei Gründe:

Zum einen haben zahlreiche Forscherinnen und Forscher schon sehr genau darüber nachgedacht, welche kleinstmögliche Menge an Operationen notwendig ist, um alles berechnen zu können, was man für berechenbar hält. Und es hat sich immer gezeigt, dass diese Operationen von einer Turing-Maschine geleistet werden können. Zum anderen hat man bisher keinen Algorithmus, kein intuitiv berechenbares Problem gefunden, zu dem nicht ein Turing-Maschinen-Programm entwickelt werden konnte. Allein diese erdrückende Menge positiver Befunde macht die Wahrscheinlichkeit, dass in der Zukunft ein Algorithmus entdeckt wird, zu dem bewiesenermaßen kein TM-Programm geschrieben werden kann, überaus klein. Und zu guter Letzt haben andere Mathematiker andere Definitionen von Algorithmus vorgeschlagen, so etwa Alonzo Church den *Lambda-Kalkül* (der später in der Programmiersprache LISP Verwendung finden sollte) oder Kurt Gödel und Stephen Kleene die *(partiell) rekursive Funktion*. Aber von allen vorgeschlagenen Definitionen konnte bewiesen werden, dass sie untereinander äquivalent sind. Church und Turing waren die ersten, die solche Äquivalenzbeweise leisten konnten. Das ist ein wirklich starkes Argument. Wenn mehrere glänzende Forscher unabhängig voneinander Wege suchen, den Algorithmus durch ein exaktes mathematisches Konzept zu erfassen, und wenn es sich herausstellt, dass all diese Konzepte genau dieselbe Klasse von Problemen lösen, dann bedeutet das, dass ein weitgehender Konsens darüber besteht, was man unter „intuitiver Berechenbarkeit" verstehen soll und dass dieses Konzept gut und tief verstanden wird. (Ein strenger Äquivalenzbeweis der TM-Berechenbarkeit und der rekursiven Funktion kann zum Beispiel in Hermes 1969 nachgelesen werden.)

Aufgrund dieser Argumente erscheint die These von Church mehr als plausibel. Wir werden sie in Kap. 5 mehrfach einsetzen: Wann immer wir zeigen möchten, dass ein bestimmtes Problem nicht algorithmisch lösbar ist, werden wir zeigen, dass keine Turing-Maschine existieren kann, die dieses Problem löst. Dank der These von Church werden wir dann sicher nicht glauben wollen, dass das Problem trotzdem noch „irgendwie automatisch berechenbar" ist.

Die von Gödel und Kleene vorgeschlagene (partiell) rekursive Funktion ist ein deutlich weniger leicht zugängliches Konstrukt als die Turing-Maschine. Es wurde zuerst definiert, was eine *primitiv rekursive Funktion* ist in der Hoffnung, damit bereits alle Funktionen einzufangen, die im intuitiven Sinne algorithmisch berechenbar sind. (Die primitiv rekursiven Funktionen beinhalten die nullstellige Funktion mit Wert 0, die Nachfolgerfunktion, die Projektionsfunktionen sowie die Abschlüsse unter Komposition und Rekursion.) Das hätte nämlich den großen Vorteil gehabt, dass sich jede automatisch, als heute von einem Computer, berechenbare Funktion aus einigen wenigen, einfachen Bildungsregeln zusammenbauen lässt, was in der Praxis auch tatsächlich fast immer der Fall ist. Später wurden die primitiv rekursiven Funktionen dann noch ergänzt um den sogenannten μ-*Operator*, um schließlich die Klasse der (partiell) rekursiven Funktionen zu bilden. 1926, also noch vor der These von Church, stellte David Hilbert die Frage, ob die (kleinere) Klasse der primitiv rekursiven Funktionen nicht allenfalls schon der Klasse der intuitiv berechenbaren Funktionen entspricht, was ja wünschenswert gewesen wäre. Darauf gab Wilhelm Ackermann 1928 eine klare Antwort: Nein! (Siehe Ackermann 1928).

Ackermann konstruierte nämlich eine Funktion, die nicht primitiv rekursiv, aber dennoch im intuitiven Sinne berechenbar ist, also durchaus von einem Computer in endlicher Zeit ausgewertet werden kann. Damit wurde klar, dass die primitiv rekursiven Funktionen allein noch nicht ausreichen, um den Algorithmus-Begriff umfassend präzisieren zu können. Diese Funktion wird heute Wilhelm Ackermann zu Ehren als *Ackermann-Funktion* bezeichnet.

Ackermanns Idee war, eine Funktion zu konstruieren, die stärker wächst als jede primitiv rekursive Funktion und dennoch berechenbar bleibt. Die Funktion, die er schließlich angab, war folgende:

▸ **Definition** Die *Ackermann-Funktion* ist eine Funktion $A : \mathbb{N} \times \mathbb{N} \to \mathbb{N}$ mit folgenden Eigenschaften:

1. $A(0,y) = y + 1$,
2. $A(x+1,0) = A(x,1)$ und
3. $A(x+1,y+1) = A(x,A(x+1,y))$

Wir zeigen an einigen Beispielen, wie sie sich auswerten lässt:

Es ist immer einfach, wenn der erste Input 0 ist. Zum Beispiel ist $A(0,7) = 7 + 1 = 8$. Ist der erste Input ungleich Null, so wendet man die Formeln rekursiv an. Zum Beispiel ist

$$A(1,3) = A(0, A(1,2)) = A(0, A(0, A(1,1))) = A(0, A(0, A(0, A(1,0))))$$
$$= A(0, A(0, A(0, A(0,1)))) = A(0, A(0, A(0, A(0,2)))) = A(0, A(0, A(0,3)))$$
$$= A(0,4) = 5.$$

Es lässt sich mit einigem Aufwand beweisen, dass diese Funktion nicht primitiv rekursiv ist (Hermes 1969), dass sie aber trotzdem im intuitiven Sinne berechenbar und somit nach der These von Church auch TM-berechenbar ist. Wir zeigen hier nur das zweite:

Beweis Wir beweisen das durch vollständige Induktion nach x. Sei zunächst $x = 0$: Dann ist $A(0,y) = y + 1$, und die Addition von 1 ist sicherlich TM-berechenbar, so dass die Verankerung also geglückt ist. Wir nehmen nun an, dass die Funktion $A(x,y)$ TM-berechenbar ist für alle y, und wir haben zu zeigen, dass dann auch $A(x+1,y)$ TM-berechenbar ist für alle y. Dies beweisen wir mit vollständiger Induktion nach y:

Zunächst ist $A(x+1,0) = A(x,1)$, und diese Funktion ist ja nach Induktionsvoraussetzung über x TM-berechenbar. Also ist auch die Verankerung für die Induktion nach y geglückt. Wir nehmen nun an, dass $A(x+1,y)$ TM-berechenbar ist, und wir haben zu zeigen, dass dann auch $A(x+1,y+1)$ TM-berechenbar ist. Nun, da $A(x+1,y+1) = A(x, A(x+1,y))$ ist und da nach Induktionsvoraussetzung über x die Funktion $A(x,...)$ TM-berechenbar ist, folgt, dass auch $A(x+1,y+1)$ TM-berechenbar ist. Damit endet die Induktion nach y und folglich auch die Induktion nach x

$\square$

4.6   Gödelnummern und die universelle Turing-Maschine

▶   Die Turing-Maschine hat dazu geführt, dass in den Köpfen vieler Forscherinnen und Forscher allmählich Ideen heranreiften, die die Entwicklung des modernen Computers ermöglichten. Es besteht aber zwischen einem Computer und einer Turing-Maschine, wie wir sie bisher kennengelernt haben, nebst zahlreichen äußerlichen, technischen Unterschieden auch ein prinzipieller Unterschied: Ein und demselben Computer können unterschiedliche Programme eingegeben werden, die er allesamt zu bearbeiten vermag, während einer Turing-Maschine (noch) kein Programm als Input eingegeben werden kann; sie ist auf den einzigen Zweck beschränkt, für den ihr Programm geschrieben wurde. Eine Turing-Maschine, die den ggT zweier Inputzahlen berechnet, wird immer nur diese eine Aufgabe bewältigen, niemals eine andere.

Die Frage ist also, wie sich die Turing-Maschine so verändern lässt, dass sie universell einsetzbar wird, dass man ihr nicht nur Zahlen, sondern sogar ganze Programme eingeben kann. Dazu ist eine raffinierte Codierung notwendig und eine

luxuriösere Ausstattung der Turing-Maschine, die ebenfalls auf Alan Turing zurückgeht. Und das ist ein weiterer Grund, weshalb Turing einer der bedeutendsten Computerpioniere war, wenn nicht der bedeutendste.

Die Tatsache, dass ein moderner Computer auch ein Programm als Input akzeptiert,
macht ihn gegenüber der Turing-Maschine ungleich stärker, denn es reicht *ein* Computer zur Erledigung zahlreiche Aufgaben aus. Irgendwann nach 1936 muss also die Idee
entstanden sein, die Turing-Maschine „universell" zu machen, und diese Idee war zwar
revolutionär, aber durchaus naheliegend. Wenn man nämlich über den prinzipiellen Unterschied zwischen einem Computer und einer Turing-Maschine nachdenkt, beginnt er
sich plötzlich aufzulösen. Was ist es denn, was wir einem Computer eingeben, wenn wir
ihm ein Programm eingeben? Klar, wir tippen Befehle auf unserer Tastatur, und die Befehle
bestehen aus Buchstaben, Zahlen und Satzzeichen. Aber es sind nicht diese Symbole, die
der Computer „versteht"; sie ermöglichen nur eine bequeme Eingabe. Auf dem Weg von
der Tatstatur zur Zentraleinheit des Rechners werden alle eingetippten Zeichen in eine lange Kette aus Einsen und Nullen umgewandelt, so dass unser Programm schließlich diese
Gestalt aufweist:

100111001100100101001101001010100001111010100011110101000100100101000010000011...

Aber dies ist lediglich eine Zahl! Wenn wir also einem Computer Programme eingeben,
so geben wir ihm Zahlen ein, die in der Zentraleinheit des Rechners dechiffriert und wieder
in die einzelnen Befehle zerlegt werden. Damit ist die Idee gar nicht mehr so abwegig,
einer Turing-Maschine ein Programm als Input einzugeben, selbstredend in Form einer
Zahl. Das hätte den Vorteil, dass wir ein und dieselbe Maschine für die unterschiedlichsten
Zwecke einsetzen könnten. Durch Eingabe eines Programms in Form einer Zahl und eines
weiteren Inputs, ebenfalls in Form einer Zahl, könnten wir erreichen, dass die Maschine
das eingegebene Programm auf den ebenfalls eingegebenen zweiten Input anwendet und
damit sozusagen *universell* wird.

Es ist eine bewundernswerte Leistung Turings, dass er vor der Konstruktion des ersten
Computers auf die Idee kam, Programme wie Zahlen zu behandeln, dass er eine Turing-
Maschine entwarf, die Programme als Inputs akzeptiert und damit universell in dem Sinne
wird, dass sie jede Aufgabe zu bewältigen vermag, zu der ein Algorithmus existiert. Die
Gleichsetzung von Daten und Programmen, wie sie Turing für seine Maschinen umgesetzt
hat, war eine Sternstunde in der Entwicklung der modernen Computer.

Allerdings dämpft eine knifflige Frage unsere Euphorie: Wie kann man ein ganzes Programm in einer einzigen Zahl codieren? Und wie kann die Maschine das Programm hinter
dieser Zahl wiedererkennen und ausführen? Diesen Fragen müssen wir uns nun annehmen:

Wenn wir nun ein ganzes TM-Programm durch eine einzige Zahl codieren, so muss die
Forderung stets im Vordergrund stehen, dass aus dem Code das Programm eindeutig re-

konstruierbar sein muss. Zunächst fällt auf, dass ein TM-Programm eine endliche Abfolge von Befehlen ist, die keine klare Reihenfolge haben. Eine im Hinblick auf die Codierung wesentliche Vereinfachung lässt sich erreichen, wenn man die Befehle eines TM-Programms in eine standardisierte Reihenfolge zwingt, was natürlich keine Einschränkung bedeutet. Hat eine Turing-Maschine k Zustände und m Zeichen, so legen wir fest, dass erst alle Befehle mit Zustand q_0, dann alle Befehle mit Zustand q_1, dann alle Befehle mit Zustand q_2, und so weiter und zum Schluss alle Befehle mit Zustand $q_e = q_{k-1}$ notiert werden und dass innerhalb jeder Gruppe die Befehle nach der Nummer der Zeichen sortiert sein sollen. Ein TM-Programm hat dann also stets die folgende Struktur:

$$(q_0, Z_1) \mapsto \dots ,$$
$$(q_0, Z_2) \mapsto \dots ,$$
$$\dots$$
$$(q_0, Z_m) \mapsto \dots ,$$
$$(q_1, Z_1) \mapsto \dots ,$$
$$(q_1, Z_2) \mapsto \dots ,$$
$$\dots$$
$$(q_1, Z_m) \mapsto \dots ,$$
$$(q_{k-1}, Z_1) \mapsto \dots ,$$
$$(q_{k-1}, Z_2) \mapsto \dots ,$$
$$\dots$$
$$(q_{k-1}, Z_m) \mapsto \dots$$

Der Vorteil dieser Standardisierung besteht darin, dass wir uns bei der Codierung nun bloß noch um die rechten Seiten der Befehle, die *Konklusionen*, zu kümmern brauchen, während die linken Seite, die *Prämissen*, ohnehin bekannt und immer gleich sind. Dass gewisse Kombinationen aus einem Zustand und einem Zeichen im Programm vielleicht gar nicht vorkommen, braucht uns nicht zu beunruhigen; in der standardisierten Form sind diese Kombinationen zwar enthalten, aber da sie im Laufe des Programms gar nie zur Ausführung gelangen, ist es uns gleichgültig, wie wir die Konklusionen ausstatten. Eine typische Konklusion sieht so aus:

$$(\text{neuer Zustand}, \quad \text{neues Zeichen}, \quad \text{Bewegung}) .$$

Wie soll ein solches Tupel codiert werden? Nun, wir könnten einfach jedem Zustand dessen Nummer, jedem Zeichen dessen Nummer und den drei möglichen Bewegungen L, R und S der Reihe nach die Zahlen 1, 2 und 3 zuordnen. Allerdings dürfen die drei Zahlen nicht einfach hintereinander geschrieben werden, da zum Beispiel bei 1123 nicht klar ist, ob wir den elften Zustand und das zweite Zeichen oder den ersten Zustand und das zwölfte Zeichen meinen. Eine eindeutige, umkehrbare Codierung entsteht zum Beispiel dann, wenn wir alle drei Zahlen als Exponenten von Primzahlen wählen:

$$2^{\text{Nummer des Zustandes}} \cdot 3^{\text{Nummer des Zeichens}} \cdot 5^{\text{Nummer der Bewegung}} \; .$$

Handelt es sich zum Beispiel um den fünften Zustand, das dritte Zeichen und die Bewegung L, so lautet der Code dieser Konklusion:

$$\text{Code}\,(q_5, Z_3, L) = 2^5 \cdot 3^3 \cdot 5^1 = 4320\,,$$

und aus dieser Zahl kann mittels der Primfaktorzerlegung der Befehl eindeutig rekonstruiert werden. Damit ist es nun möglich, jeder Konklusion des standardisierten Programms eine natürliche Zahl zuzuordnen, aus der Zustand, Zeichen und Bewegung eindeutig rekonstruiert werden kann:

▸   **Merke**
$$\text{Code}\,(q_u, Z_v, \text{Bew.}) = 2^u \cdot 3^v \cdot 5^{\text{Code der Bewegung}}$$

Damit ist natürlich erst ein Teilsieg errungen. Besteht das standardisierte Programm aus s Befehlen, so sind wir nun in der Lage, s natürliche Zahlen C_1, C_2, ..., C_s anzugeben, die Codes der einzelnen Konklusionen. Wie aber fassen wir diese einzelnen Codes zu einem einzigen Code für das ganze Programm zusammen, aus dem die einzelnen Konklusionen ebenfalls eindeutig rekonstruierbar sind? Nichts leichter als das: Wir wählen nun einfach die Codes der Konklusionen als Exponenten von Primzahlen, benutzen also erneut dieselbe Idee wie gerade eben:

▸   **Merke** Sind C_1, C_2, ...,C_s die Codes der einzelnen Konklusionen in der standardisierten Reihenfolge des TM-Programms, so wählen wir als Code des ganzen Programms die Zahl
$$p_1{}^{C_1} \cdot p_2{}^{C_2} \cdot ... \cdot p_s{}^{C_s},$$
wobei p_i die aufeinanderfolgenden Primzahlen 2, 3, 5, 7, 11, ... sind. Wir nennen diesen Code auch *Gödelnummer* (GN) der Turing-Maschine, in Anlehnung an den großen österreichischen Mathematiker Kurt Gödel, der in den 30er-Jahren des 20. Jahrhunderts bahnbrechende Resultate bewiesen hat.

Es ist klar, dass Gödelnummern von Turing-Maschinen in der Regel riesige Zahlen sind. Aber das braucht uns gar nicht zu kümmern, denn es geht uns hier ja nur um die *prinzipielle* Möglichkeit, ein Programm durch eine Zahl zu codieren, nicht um eine technisch leicht umsetzbare.

Abb. 4.8 Die universelle
Turing-Maschine

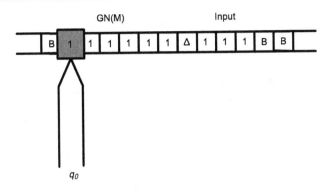

Es gibt freilich auch andere Möglichkeiten, ein Tripel von Zahlen durch eine einzige Zahl zu codieren. Betrachten Sie etwa die folgenden Funktionen:

$$\sigma_2\,(a,b) := 2^a \cdot (b+1) - 1\,,$$
$$\sigma_3\,(a,b,c) := \sigma_2\,(\sigma_2\,(a,b)\,,c)\,.$$

Dabei sind a, b, c natürliche Zahlen. Die Funktion σ_2 codiert ein Paar und die Funktion σ_3 codiert ein Tripel zu einer einzigen Zahl. Codieren Sie probehalber einige Paare und Tripel, um die Wirkung dieser Funktionen zu untersuchen. Sehr wichtig ist auch, dass aus dem Code das Paar beziehungsweise das Tripel eindeutig rekonstruiert werden kann. Welcher Algorithmus leistet hier diese Rekonstruktion? Und ist alles eindeutig, wie gewünscht?

Wie könnte man das Bildungsgesetz dieser Funktionen erweitern, um Funktionen zu erhalten, die ein Quadrupel oder gar beliebig große Tupel codieren?

Nun, da wir eine Möglichkeit entwickelt haben, ein ganzes Programm durch eine einzige natürliche Zahl zu codieren, rückt das Gedankenmodell der *universellen Turing-Maschine* in greifbare Nähe. Wir brauchen uns nur vorzustellen, dass wir der universellen Turing-Maschine die GN eines Programms M eingeben sowie einen zweiten Input, und dass wir ihr Programm so ausgestalten, dass sie zuerst diesen Code dechiffriert und die dechiffrierten Befehle dann auf den zweiten Input anwendet. Damit vermag die universelle Turing-Maschine jede spezifische Turing-Maschine zu simulieren, und genau das ist ja die Grundidee der modernen Computer (Abb. 4.8).

In der Abbildung haben wir ein spezielles Symbol benutzt, welches nur dazu da ist, die GN des eingegebenen Programms zu trennen von dem Input, auf den dieses Programm dann angewendet werden soll. B. Jack Copeland schreibt in Copeland (2006) über die universelle Turing-Maschine:

The universal Turing machine consists of a limitless memory, in which both data and instructions are stored, in symbolically encoded form, and a scanner that moves back and forth through the memory, symbol by symbol, reading what it finds and writing further symbols. By inserting different programs into the memory, the machine can be made to carry out any calculations that can be done by a human computer.

Wir können hier nur grob andeuten, wie das geht. Ein pedantischer Beweis wäre eine ungeheure Fleißarbeit. Die universelle Turing-Maschine muss in die Lage versetzt werden, den Exponenten jeder Primzahl in der Primfaktorzerlegung der GN zu bestimmen. Sie muss also die Funktion $ex(i, n)$ auswerten können, die den Exponenten der i-ten Primzahl in der Primfaktorzerlegung der natürlichen Zahl n liefert. Man kann in der Tat streng beweisen, dass dies möglich ist. Dazu wird nachgewiesen, dass diese Funktion zu der Klasse der primitiv rekursiven Funktionen gehört. Aufgrund der in Abschn. 4.5 erläuterten beweisbaren Äquivalenz der Algorithmus-Definition mit Turing-Maschinen und der Algorithmus-Definition mit (partiell) rekursiven Funktionen (welche ja eine Obermenge der primitiv rekursiven Funktionen bilden), ist dann klar, dass die Funktion TM-berechenbar ist.

Durch mehrfache Anwendung der Funktion $ex(i, n)$ kann die universelle Turing-Maschine die Gödelnummer $GN(M)$ irgendeiner Turing-Maschine M dechiffrieren, bis die Befehle der zu simulierenden Maschine links vom Trennsymbol im Klartext vorliegen. Danach können die Befehle auf die rechts vom Trennsymbol notierte Zahl angewendet werden. Unmittelbar nach Turings theoretischer Arbeit haben Alan Turing und John von Neumann die ersten mit Lochkarten arbeitenden Vorläufer des heutigen Computers gebaut …

4.7 Aufgaben zu diesem Kapitel

1. In einem bestimmten kleinen Weltausschnitt genügen die fünf Zeichen A, B, C, D, E, um alles auszudrücken, was überhaupt ausgedrückt werden kann. Allein mit diesen Symbolen dürfen durch Konkatenation Wörter (endliche Zeichenketten) gebildet werden. Freilich brauchen nicht alle bildbaren Wörter sinnvolle oder gar zutreffende Sachverhalte auszudrücken; einige können aber als wahre Aussagen über unseren kleinen Weltausschnitt interpretiert werden. Ist ein Wort als zutreffend erkannt, so darf man es gemäß folgender Regel umformen: Stehen X und Y für zwei beliebige Buchstaben aus der Menge {A, B, C, D, E}, so darf man jederzeit XY in YX umwandeln. Zwei unmittelbar hintereinander stehende Buchstaben dürfen also jederzeit vertauscht werden. Zwei Wörter sollen *äquivalent* heißen, wenn das eine aus dem anderen durch Anwendungen dieser Regel hergeleitet werden kann.
   a) Sind die Wörter CADEB und ABCDE äquivalent?
   b) Können Sie einen möglichst einfachen Algorithmus angeben, mit dem man entscheiden kann, ob zwei gegebene Wörter äquivalent sind oder nicht?
2. In einem anderen kleinen Weltausschnitt genügen die drei Symbole *p*, *g*, –, um alles auszudrücken, was überhaupt ausgedrückt werden kann. Es ist bekannt, dass alle

Aussagen der Art $xp-gx-$ wahr über diesem Weltausschnitt, also Axiome, sind, wenn x irgendeine beliebig lange Kette von Bindestrichen ist; sie muss aber mindestens einen Bindestrich enthalten. Nach der folgenden Regel kann man aus einer als gültig erkannten Aussage eine weitere gültige Aussage herleiten: Stehen x, y und z für einzelne Ketten, die nur Bindestriche enthalten, und wurde $xpygz$ als gültig erkannt, so ist mit Sicherheit auch $xpy-gz-$ eine gültige Aussage.

a) Schreiben Sie ein paar gültige Aussagen hin, und wenden Sie jeweils die Regel zur automatischen Erzeugung neuer gültiger Aussagen an. Insbesondere: Wie lautet das kürzest mögliche Axiom?

b) Das Entscheidungsproblem für diesen Weltausschnitt lautet so: Wird ein beliebiges bildbares Wort angegeben, kann man dann automatisch entscheiden, ob es sich dabei um eine gültige Aussage handelt oder nicht? Ist dieser Weltausschnitt entscheidbar? Gibt es also einen Algorithmus, der das Entscheidungsproblem löst?

3. Erweitern Sie das in Abschn. 4.4 erläuterte TM-Programm zur Addition zweier Zahlen so, dass der Lese/Schreibkopf am Ende unter der ersten Eins der Summe stehenbleibt.

4. Schreiben Sie ein TM-Programm, welches zu einer natürlichen Inputzahl entscheidet, ob diese Zahl gerade ist oder nicht. Überlegen Sie sich insbesondere, wie die Startkonfiguration aussehen soll und wie die Maschine ihren Befund anzeigen soll.

5. Schreiben Sie ein TM-Programm, welches eine auf dem Band notierte Dezimalzahl um 1 erhöht und dann anhält. Überlegen Sie sich insbesondere, wie die Startkonfiguration aussehen soll.

6. Gehen Sie davon aus, dass $\overline{A} = A = \{0, 1, B\}$ und dass die Turing-Maschine im Anfangszustand irgendwo auf dem Band eines dieser Symbole „sieht". Schreiben Sie Programme zu allen folgenden Turing-Maschinen:

a) „Right-End-Machine": Die Maschine soll nach rechts hin das erste mit einem Leerzeichen versehene Feld aufsuchen und darunter stehen bleiben.

b) „Right-Search-Machine": Die Maschine soll nach rechts hin das erste nicht mit einem Leerzeichen versehene Feld aufsuchen und darunter stehen bleiben.

c) „Right-Double-Gap-Machine": Die Maschine soll nach rechts hin den ersten „double-gap" (zwei aufeinanderfolgende Felder, die beide das Leerzeichen tragen) aufspüren und unter dem linken dieser beiden Felder stehen bleiben.

d) „Search-Machine": Wir denken uns, dass das Band mindestens ein nicht-leeres Feld (also ein mit 0 oder 1 versehenes Feld) enthält. Die Maschine soll nun suchen, bis sie ein solches Feld findet. Das Problem dabei ist, dass Sie nicht wissen, ob die Maschine nach rechts hin oder nach links hin suchen soll. Wie kann man dennoch erreichen, dass die Maschine das Feld in endlich vielen Schritten findet?

7. Wie kann das in Abschn. 4.4 behandelte Kopierprogramm benutzt werden, um ein TM-Programm zu entwerfen, welches zwei Inputzahlen miteinander multipliziert?

8. Ein interessantes, herausforderndes Spiel mit überraschendem Ausgang ist das Spiel „busy beaver" (fleißiger Biber), das im Jahr 1962 von Tibor Rado von der Ohio State University vorgeschlagen wurde. Dabei geht es um die Frage, wie viele zusammenhängende Einsen eine Turing-Maschine mit Alphabet $A \supseteq \{1, B\}$ maximal auf ein leeres

Band schreiben kann, wenn sie n Zustände besitzt und nach endlich vielen Schritten anhalten soll.

a) Bestimmen Sie bb(1), und geben Sie das zugehörige TM-Programm an.
b) Wie groß wäre bb(1), wenn man die Bedingung fallenließe, dass die Maschine anhalten soll?
c) Bestimmen Sie bb(2), und untermauern Sie Ihren Wert durch ein konkretes TM-Programm.
d) Man kann beweisen, dass bb(3) = 6. Können Sie ein terminierendes TM-Programm mit zwei Zuständen schreiben, welches sechs zusammenhängende Einsen aufs leere Band schreibt?

▸ **Definition** Die Funktion *busy beaver* bb : $\mathbb{N} \to \mathbb{N}$ ist so definiert:
bb(n) bezeichnet die maximale Anzahl zusammenhängender Einsen, die eine terminierende Turing-Maschine mit genau n Zuständen und zwei Zeichen auf ein leeres Band schreiben kann.

9. Versuchen Sie, eine Beschreibung einer Turing-Maschine mit mehreren Bändern anzugeben. Insbesondere: Wie sähe ein typischer Programmbefehl aus? Liefern Sie dann ein anschauliches Argument dafür, dass auch eine Mehr-Band-Maschine nicht mehr kann als eine gewöhnliche Turing-Maschine, dass also jeder Algorithmus, der auf einer Mehr-Band-Maschine läuft, auch auf einer gewöhnlichen Turing-Maschine programmiert werden kann.
10. Bestimmen Sie die folgenden Werte der Ackermann-Funktion: $A(2,5)$ und $A(3,3)$.
11. Würde man die 26 Buchstaben unseres Alphabets der Reihe nach durch die Zahlen 1, 2, 3, …, 26 codieren, so könnte ein mit Hilfe dieser Buchstaben geschriebenes Programm durch eine Zahl ersetzt werden. Decodieren Sie das „Wort" 26235945212097, und beurteilen Sie die Tauglichkeit dieser Art der Codierung.
12. Eine Turing-Maschine mit den zwei Zuständen q_0 und $q_1 = q_e$ und den zwei Zeichen $Z_1 = 1$ und $Z_2 = B$ habe das folgende Programm:

$$(q_0, B) \mapsto (q_1, B, R) \;,$$
$$(q_1, 1) \mapsto (q_1, 1, R) \;,$$
$$(q_1, B) \mapsto (q_1, 1, S) \;.$$

a) Vervollständigen Sie das Programm zu einem standardisierten Programm.
b) Berechnen Sie die Codes der vier Konklusionen gemäß dem im Abschn. 4.6 behandelten Code.
c) Geben Sie die Gödelnummer dieser Turing-Maschine an.
13. Sei M eine Turing-Maschine mit denselben Zuständen und Zeichen wie in der vorangehenden Aufgabe. Welche Wirkung hat die Maschine auf ein vollständig mit Leerzeichen versehenes Band, wenn sie die Gödelnummer $2^{375} \cdot 3^{150} \cdot 5^{750} \cdot 7^{225}$ hat?

14. Schreiben Sie ein TM-Programm für das folgende Problem: Zu Beginn befinden sich auf dem Band n Striche, alle direkt hintereinander. Der Lese/Schreibkopf sieht den äußersten rechten Strich. Nun soll die Maschine für jeden Strich die Kombination 01 (aneinandergehängt) irgendwo auf das Band schreiben und den Strich löschen. Am Ende, wenn alle Striche gelöscht sind, soll also eine Kette der Art 0101…01 mit n Nullen und ebenso vielen Einsen auf dem Band stehen.

Literatur

Ackermann, W.: Zum Hilbertschen Aufbau der reellen Zahlen. Math. Ann. **99**, 118–133 (1928)

Ackermann, W.: Solvable Cases oft the Decision Problem, 3. Aufl. Amsterdam (1968)

Arbib, M.A.: Brains, Machines and Mathematics. Springer, New York (1987)

Behmann, H.: Beiträge zur Algebra der Logik, insbesondere zum Entscheidungsproblem. In: Mathematische Annalen **86**(3–4), 163–229 (1922)

Cantor, M.: Vorlesungen zur Geschichte der Mathematik, 4 Bände. Teubner, Leipzig (1899)

Copeland, B.J.: The essential Turing. Clarendon Press, Oxford (2004)

Copeland, B.J.: Colossus. The secrets of Bletchley Park's codebreaking computers. Oxford University Press, Oxford (2006)

Couturat, L.: Opuscules et fragments inédits de Leibniz. F. Alcan, Paris (1903)

Fidora, A.: Sprecht miteinander! In: Die Zeit. Geschichte. Der Islam in Europa **2**, 26–27 (2012)

Hermes, H.: Enumerability, Decidability, Computability. Springer, Berlin (1969)

Hinsley, F.H.: Codebreakers: The inside story of Bletchley Park. Oxford University Press (1993)

Hofstadter, D.R.: Gödel, Escher, Bach. S. 596. Klett-Cotta, Stuttgart (1986)

Hopcroft, J.E.: Turingmaschinen. In: Spektrum der Wissenschaft, Juli 1984, S. 100 ff

Kohlas, J.: Wir könnten viel Geld sparen. Interview. SonntagsZeitung, 10. März 2013, S. 68

Llullus, R.: Ars brevis. Lateinisch – Deutsch. Übers. und hrsg. von Alexander Fidora, Meiner, Hamburg (2001)

Scholz, H.: Mathesis universalis – Abhandlung zur Philosophie als strenger Wissenschaft. Benno Schwabe, Stuttgart (1961)

Trakhtenbrot, B.A.: Algorithms and automatic computing machines. D.C. Heath, Boston (1960)

Turing, A.M.: On computable numbers, with an application to the Entscheidungsproblem. Proc. London Math. Soc. 2(42), 230–265 (1936)

Turing, A.M.: Computing machinery and intelligence. Mind **59**(236), 433–460 (1950)

Grenzen des Formalisierens

5

Bei praktischer algorithmischer Arbeit kümmert man sich meist nicht darum, ob eine präzise mathematische Definition von Algorithmus vorliegt oder nicht. Die Frage stellt sich nicht, und man erkennt einen Algorithmus, wenn man einen sieht. Und in den meisten Fällen weiß man auch, welche Aufgabe er bewältigt, wie schnell er das tut und bei welchen Inputs Vorsicht geboten ist. Heikler ist die Angelegenheit dann, wenn man sich um die Grenzen der Algorithmik bemüht, wenn man einsehen will, dass eine bestimmte Aufgabe grundsätzlich nicht algorithmisch lösbar ist oder höchstens mit einem nicht vertretbaren Aufwand. In einem solchen Fall ist eine präzise Algorithmus-Definition unerlässlich, und unter anderem dafür haben wir ja auch das Konzept der Turing-Maschine eingeführt. Um zu zeigen, dass ein bestimmtes Problem prinzipiell nicht algorithmisch gelöst werden kann, zeigen wir stattdessen, dass kein TM-Programm existieren kann, welches dieses Problem löst. Dank der These von Church ist dann klar, dass die Aufgabe im intuitiven Sinne des Wortes *nicht berechenbar* ist und dass die Suche nach einem mechanischen Verfahren ganz und gar hoffnungslos ist.

In diesem Kapitel werden wir Probleme ins Zentrum rücken, die bewiesenermaßen algorithmisch unlösbar sind. Dabei gibt es viele schlechte Nachrichten. Vor ihnen die Augen zu verschließen, wäre nicht sinnvoll, denn es sind keine exotischen Randerscheinungen; sie betreffen vielmehr ganz wichtige und oft sogar alltagspraktische Bereiche. Die Tatsache, dass Turing-Maschinen so überaus einfach sind, wird diese schlechten Nachrichten noch beeindruckender aussehen lassen. Denn wenn wir nachwiesen würden, dass irgendein komplexes und mit zahlreichen Extras ausgestattetes Maschinenmodell nicht in der Lage ist, eine bestimmte Aufgabe zu lösen, wäre das nicht besonders beeindruckend; man könnte sich ja dann immer denken, dass ein anderes Maschinenmodell durchaus dazu in der Lage wäre. Wenn aber ein so elementares Modell wie die Turing-Maschine die Aufgabe nicht lösen kann, dann ist das viel beeindruckender, denn es betrifft alle nur denkbaren Computer, unabhängig von Architektur, Laufzeit, Speicherplatz, Prozessorgeschwindig-

A. P. Barth, *Algorithmik für Einsteiger*, DOI 10.1007/978-3-658-02282-2_5, © Springer Fachmedien Wiesbaden 2013

keit, und so weiter. Zu zeigen, dass eine bestimmte Aufgabe von einer Turing-Maschine nicht gelöst werden kann, bedeutet, dass sie grundsätzlich nicht algorithmisch lösbar ist, jetzt nicht und in Zukunft nicht, von keinem Computer dieser Welt und mit keiner denkbaren Programmiersprache. Die menschliche Kreativität, die bei einer solchen Aufgabe einzig noch helfen kann, scheint bis heute nicht vollständig mechanisierbar zu sein. Und das ist überaus tröstlich und faszinierend.

5.1 Nicht-berechenbare Funktionen

▶   Wenn ein Mathematiker, eine Naturwissenschaftlerin, ein Techniker eine mathematische Funktion hinschreibt, erwartet er oder sie ganz automatisch, dass sie auch berechenbar ist, dass ein Taschenrechner oder ein geeignetes Computerprogramm in der Lage ist, die Funktionswerte auf algorithmischem Weg zu erzeugen. Interessanterweise ist das aber alles andere als klar. Es gibt nämlich Funktionen, die grundsätzlich nicht berechenbar sind, und es gibt sogar unendlich viele solche.
In diesem Kapitel fragen wir uns, wie man das einsehen kann und auch, ob man eine solche sogar konkret angeben kann. Dabei wird uns eine glänzende Idee des Mathematikers Georg Cantor wertvolle Dienste leisten.

Zunächst wollen wir uns hier immer auf *totale* (also auf allen Elementen der Definitionsmenge erklärte) Funktionen beschränken, die sowohl als Definitions-, als auch als Zielmenge die Menge der natürlichen Zahlen haben. Das könnte man als unnötige Einschränkung empfinden; wenn wir aber nachweisen können, dass es schon unter diesen Funktionen nicht-berechenbare geben muss, dann gibt es natürlich auch nicht-berechenbare Funktionen insgesamt. Funktionen dieser Art sind zum Beispiel:

$$f_1 : n \mapsto n^2 \,,$$
$$f_2 : n \mapsto 7n - 3 \,,$$
$$f_3 : n \mapsto 1 \,,$$
$$f_4 : n \mapsto n \,,$$
$$\ldots$$

Wir stellen eine solche Funktion hier, obwohl es unüblich ist, als (unendliche) Folge ihrer Funktionswerte dar:

$$f : f(1), f(2), f(3), \ldots, f(n), \ldots$$

Die oben notierten Funktionen nehmen dann also folgende Gestalt an:

$$f_1 : 1, 4, 9, 16, 25, 36, 49, \ldots,$$

$$f_2 : 4, 11, 18, 25, 32, 39, 46, \ldots,$$

$$f_3 : 1, 1, 1, 1, 1, 1, 1, 1, 1, 1, 1, \ldots,$$

$$f_4 : 1, 2, 3, 4, 5, 6, 7, 8, 9, 10, \ldots,$$

$$\ldots$$

Viele dieser Funktionen sind sicherlich TM-berechenbar, was ja einfach bedeutet, dass sich eine Turing-Maschine konstruieren lässt, die, wenn sie eine natürliche Zahl n auf dem Band „sieht", den Input in endlich vielen Schritten in den Output $f(n)$ umarbeitet und dann anhält. Beispielsweise könnten wir leicht eine Turing-Maschine so programmieren, dass sie jeden Input einfach löscht und durch eine einzelne 1 ersetzt; damit wäre dann die Funktion f_3 berechnet. Oder wir könnten leicht eine Turing-Maschine so programmieren, die den Input unverändert lässt und sofort anhält; und damit wäre dann die Funktion f_4 berechnet.

Zum Nachdenken!

Denken Sie doch einmal darüber nach, wie man eine Turing-Maschine programmieren müsste, damit sie die Funktion f_2 berechnet. Gelingt Ihnen das? Diese Funktion ist natürlich im intuitiven Sinne berechenbar; nach der These von Church muss also auch ein entsprechendes TM-Programm existieren. Aber eben: Welches?

Die Erkenntnis, dass es Funktionen geben muss, die nicht TM-berechenbar sind, stellt sich nun leicht ein, wenn wir uns fragen, wie viele Turing-Maschinen es insgesamt gibt und wie viele Funktionen es insgesamt gibt. Zu sagen, es gibt von beiden unendlich viele, ist nur eine erste, sehr oberflächliche Antwort, die uns nicht weiterhilft. Wir sollten genauer sein. Wir haben gesehen, dass man jede Turing-Maschine durch ihre Gödelnummer codieren kann. Gödelnummern sind aber natürliche Zahlen. Folglich kann jeder Turing-Maschine in eindeutiger Weise eine natürliche Zahl zugeordnet werden. Die Liste

$$1, 2, 3, 4, 5, 6, 7, 8, 9, 10, 11, 12, 13, 14, 15, 16, 17, 18, 19, 20, 21, 22, 23, 24, 25, 26, 27, 28, 29, 30,$$
$$31, 32, 33, 34, 35, \ldots$$

enthält also mit Sicherheit alle Codes aller nur möglichen Turing-Maschinen; freilich enthält sie auch viele Zahlen, die nicht Code einer Turing-Maschine sind, aber das braucht uns nicht weiter zu kümmern. Tatsache ist, dass die Menge aller Turing-Maschinen *abzählbar* ist. Wir können die Maschinen gemäß ihren Gödelnummern sortieren und sicher sein, dass dabei keine vergessen geht. Wie aber steht es um die Menge der Funktionen? Ist sie auch abzählbar? Kann eine Gesetzmäßigkeit gefunden werden, nach der alle, wirklich alle

Funktionen sortiert aufgezählt werden können, ohne dass eine vergessen geht? Ein überaus elegantes Argument von Georg Cantor (1845–1918), das *Diagonalargument*, zeigt, dass die Menge der Funktionen eben nicht abzählbar ist (siehe etwa Eves 1981). Die Konsequenz wird natürlich sein, dass es nicht-berechenbare Funktionen geben muss.

Angenommen, eine sortiere Liste aller totalen Funktionen von $\mathbb{N}$ nach $\mathbb{N}$ wäre tatsächlich möglich und sie würde so beginnen:

$$
\begin{array}{llllllllll}
f_1: & \boxed{1} & 4 & 9 & 16 & 25 & 36 & 49 & 64 & \ldots \\
f_2: & 4 & \boxed{11} & 18 & 25 & 32 & 39 & 46 & 53 & \ldots \\
f_3: & 1 & 1 & \boxed{1} & 1 & 1 & 1 & 1 & 1 & \ldots \\
f_4: & 1 & 2 & 3 & \boxed{4} & 5 & 6 & 7 & 8 & \ldots \\
f_5: & 9 & 8 & 0 & 0 & \boxed{13} & 17 & 4 & 1 & \ldots \\
f_6: & 5 & 6 & 4 & 7 & 3 & \boxed{8} & 2 & 9 & \ldots \\
f_7: & 19 & 20 & 21 & 22 & 23 & 24 & \boxed{25} & 26 & \ldots \\
f_8: & 7 & 7 & 2 & 10 & 0 & 3 & 5 & \boxed{7} & \ldots \\
& \ldots & \ldots & \ldots & \ldots & \ldots & \ldots & \ldots & \ldots & \ldots \; \boxed{\;} \\
\end{array}
$$

Wir nehmen also an, es wäre eine Gesetzmäßigkeit entdeckt worden, die wir hier allerdings nicht erklären (können), die *alle* Funktionen in eine eindeutige Reihenfolge bringt und die zu jeder beliebigen vorgelegten Funktion entscheiden kann, an welcher Stelle dieser Liste sie stehen muss. Genau so etwas ist für die Menge aller Turing-Maschinen ja möglich. Mit Cantor können wir nun aber zeigen, dass es mindestens eine Funktion geben muss, die in dieser Liste fehlt, nämlich die *Diagonalfunktion*:

$$d : n \mapsto f_n(n) + 1$$

Um $d(n)$ zu bestimmen, müssen wir die n-te Funktion aufsuchen, diese auf den Input n, also auf ihre eigene Nummer, anwenden und dann zum erhaltenen Wert 1 addieren. Die Funktionswerte der Diagonalfunktion sind also die um 1 vergrößerten Werte der eingerahmten Diagonalelemente in obiger Darstellung:

$$d : 2, 12, 2, 5, 14, 9, 26, 8, \ldots$$

Der entscheidende Punkt ist, dass auch die Diagonalfunktion eine totale Funktion von $\mathbb{N}$ nach $\mathbb{N}$ ist; sie müsste in unserer Liste also irgendwo vorkommen. Aber: Die Diagonalfunktion unterscheidet sich von jeder Funktion der Liste an mindestens einer Stelle, nämlich von der ersten Funktion an der ersten Stelle, von der zweiten Funktion an der zweiten Stelle und so weiter. Damit kann die Diagonalfunktion in obiger Liste, von der wir ja annahmen, sie enthalte *alle* totalen Funktionen von $\mathbb{N}$ nach $\mathbb{N}$, ganz sicher nicht enthalten sein. Und der Defekt lässt sich auch nicht beheben, indem man etwa alle Funktionen der Liste um eine Stelle nach unten rückt und die Diagonalfunktion an der frei gewordenen ersten Stelle einfügt, denn dann könnte man nach demselben Verfahren einfach wieder eine neue Diagonalfunktion herstellen.

Zum Nachdenken!

Wie kann man mit diesem Argument beweisen, dass die Menge der reellen Zahlen zwischen 0 und 1 nicht abzählbar ist?

Und weshalb kann man mit diesem Argument *nicht* beweisen, dass die Menge der rationalen Zahlen zwischen 0 und 1 nicht abzählbar ist? (Sie ist ja abzählbar; interessant ist aber, darüber nachzudenken, wieso das Cantorsche Argument in diesem Fall versagen muss.)

Es muss also Funktionen geben, die nicht TM-berechenbar sind, deren Funktionswert niemals von einem wie auch immer gearteten Algorithmus bestimmt werden können. Ist das erstaunlich? Genau genommen nicht. Eine Maschine kann ja eine Funktion nicht einfach dadurch berechnen, dass sie sämtliche Funktionswerte abspeichert. Es muss vielmehr, soll eine Funktion berechnet werden, eine Gesetzmäßigkeit bekannt sein, mit der in endlicher Zeit und auf endlichem Speicherplatz jeder mögliche Funktionswert bestimmt werden kann. Es scheint klar, dass wir die Menge aller Listen natürlicher Zahlen, also die Menge aller Funktionen, einschränken, wenn wir außerdem noch verlangen, dass jede Liste nach einer endlich formulierbaren Gesetzmäßigkeit zustande kommen muss.

Nun könnte man denken, dass die Existenz nicht-berechenbarer Funktionen nur von theoretischem Interesse ist und dass man solchen Funktionen in der Praxis nie begegnet, weil man sie gar nicht formulieren kann. Diese Vorstellung wäre verfehlt. Im Jahre 1962, drei Jahre vor seinem Tod, hat der ungarische Mathematiker Tibor Rado mit der *busy-beaver-Funktion* eine Funktion angeben können, die nicht TM-berechenbar ist (Rado 1962).

▸ **Definition** Die Funktion *busy beaver* $bb : \mathbb{N} \to \mathbb{N}$ ist so definiert:

$bb(n)$ bezeichnet die maximale Anzahl zusammenhängender Einsen, die eine terminierende Turing-Maschine mit genau n Zuständen und zwei Zeichen auf ein leeres Band schreiben kann.

Gleich einem fleißigen Biber, der für seinen Damm möglichst viele Äste aneinanderreiht, soll die Turing-Maschine also möglichst viele Einsen aneinanderreihen und am Ende aber anhalten. Über diese Funktion weiß man noch sehr wenig. Einfach nachzuweisen sind nur die folgenden Werte:

$$bb(1) = 1,$$
$$bb(2) = 4,$$
$$bb(3) = 6,$$
$$bb(4) = 13.$$

Danach sind die Funktionswerte nicht genau bekannt. 1989 haben Jürgen Buntrock und Heiner Marxen eine Turing-Maschine mit fünf Zuständen (und zwei Zeichen) entwickelt, die 4098 Einsen schrieb (Buntrock und Marxen 1990); daher weiß man, dass $bb(5) \geq 4098$ ist. Im Jahr 2010 hat Pavel Kropitz eine Turing-Maschine mit sechs Zuständen (und zwei Zeichen) entwickelt, mit der sich nachweisen lässt, dass bb(6) > $3514 \cdot 10^{18.267}$ ist. Der Verlauf der Funktion ist wahrlich schwindelerregend. Zum Beispiel weiß man, dass

$$\text{bb}(12) \geq 6 \cdot 4096^{\left(4096^{4096^{\cdots\cdots\left(4096^4\right)}}\right)}$$

ist, wobei die Zahl 4096 insgesamt 166mal erscheint (Dewdney 1984). Das alles macht plausibel, dass kein Algorithmus gefunden werden kann, der die Werte dieser Funktion berechnen könnte.

Und tatsächlich: Es gilt der folgende Satz:

▸   **Satz (Rado 1962)**   Die Funktion bb ist nicht TM-berechenbar.

Der Beweis ist etwas trickreich und kann etwa in Barth (2003) nachgelesen werden. Wir geben hier einen sehr viel einfacheren Beweis an, der auf Charles B. Dunham zurückgeht (Dunham 1965). Dunham beweist aber eine Variante des obigen Satzes. Er benutzt statt der busy-beaver-Funktion die Funktion $D(n)$, die jeder natürlichen Zahl n die maximale Anzahl zusammenhängender Einsen zuordnet, die eine Turing-Maschine mit n Zuständen (und zwei Zeichen) schreiben kann, wenn sie auf ein Band mit einem Block von n Einsen angesetzt wird und anhalten soll. Im Unterschied zu bb trifft bei dieser Variante die Maschine also nicht ein leeres Band an, sondern eines mit einer Kette von Einsen, die gerade so viele Einsen enthält, wie die Maschine Zustände besitzt. Dann zeigt Dunham wie folgt, dass die Funktion D nicht TM-berechenbar sein kann. Als Folge kann dann natürlich auch bb nicht TM-berechenbar sein.

Beweis Angenommen, die Funktion D wäre TM-berechenbar. Dann müsste also eine Turing-Maschine mit zwei Zeichen, sagen wir die Maschine M, existieren, die jeden Input n in endlich vielen Schritten in den Output $D(n)$ umwandelt und dann anhält. Wenn das so wäre, dann ließe sich sicher auch eine andere Maschine M^*, ebenfalls mit zwei Zeichen, konstruieren, die jeden Input n in endlich vielen Schritten in den Output $D(n) + 1$ umwandelt und dann anhält.

Angenommen, die Maschine M^* habe m^* Zustände. Dann wäre nach Definition dieser Maschine $M^*(m^*) = D(m^*) + 1$. Andererseits wäre M^* eine anhaltende Turing-Maschine mit m^* Zuständen und zwei Zeichen, die auf eine Kette von m^* Einsen angesetzt wird. Sie spielt also in der Liga aller Maschinen dieses Typs mit und wird folglich höchstens so viele Einsen produzieren können wie die beste Maschine in dieser Liga. Daher ist auch $M^*(m^*) \leq D(m^*)$.

Zusammengesetzt erhalten wir $D(m^*) + 1 \leq D(m^*)$, also einen Widerspruch. Daher kann die Funktion D nicht TM-berechenbar sein.

□

5.2 Das Halteproblem und die Methode der Reduktion

▶ Die Grenzen der Algorithmik sind dann von Relevanz, wenn Probleme gefunden werden, zu denen man eine algorithmische Lösung eigentlich erwartet oder wenigstens erhofft. Ein solches Problem ist das auf Alan Turing zurückgehende *Halteproblem*. Angenommen, jemand händigt uns ohne weitere Kommentare ein Computerprogramm (einen Algorithmus, eine Turing-Maschine) aus. Sind wir dann nicht daran interessiert zu erfahren, auf was für Inputs dieses Programm anwendbar ist und ob es immer ein Ergebnis liefern wird oder ob es heikle Inputs gibt, bei denen das Programm nicht anhalten wird, weil es sich zum Beispiel in einer Unendlichschleife verfängt? Es ist ein verständlicher Wunsch: Es müsste doch möglich sein, ein Programm im Voraus, also ohne dass wir es starten und abwarten, was passiert, auf allfällige Unendlichschleifen hin testen zu können. Es müsste doch möglich sein, das Betriebssystem eines Computers mit einer Art „Halt-Test-Software" auszustatten, die immer dann, wenn wir ein beliebiges Programm mit einem beliebigen Input in Gang setzen wollen, dieses Programm testet und uns alarmiert, falls es mit dem genannten Input nie anhalten würde. Dieser Wunsch muss für immer unerfüllt bleiben. In diesem Kapitel versuchen wir einzusehen, weshalb das so ist. Und wir lernen gleichzeitig das wohl wichtigste unentscheidbare Problem kennen, das später als „Steighilfe" dienen sollte, über die man die Unentscheidbarkeit vieler anderer Probleme einsehen konnte.

Wir beginnen damit, das Halteproblem zu präzisieren: Wir wollen einsehen, dass prinzipiell kein Algorithmus existieren kann, der das Problem löst; folglich müssen wir nachweisen, dass keine Turing-Maschine existieren kann, die das Problem löst. Was sollte diese Turing-Maschine denn können? Nun, man muss ihr ein TM-Programm und einen Input präsentieren können, und dann soll sie entscheiden, ob das Programm jemals anhalten wird, wenn man es auf den Input anwendet. Wir haben gelernt, dass man einer Turing-Maschine ein Programm einer (anderen) Maschine präsentieren kann, indem man ihr die Gödelnummer dieses Programms eingibt. Folglich lautet der (unerfüllbare) Wunsch so: Wir möchten eine Turing-Maschine konstruieren, die bei Eingabe einer Gödelnummer eines Programms und eines zweiten Inputs automatisch entscheidet, ob das Programm mit dem Input jemals anhalten wird oder nicht. Noch genauer:

▶ **Definition** Es bezeichne n die Gödelnummer einer Turing-Maschine M und x einen beliebigen (im Alphabet dieser Maschine geschriebenen) Input. Unter dem *Halteproblem* (HP) versteht man folgendes Problem: Kann man eine Turing-Maschine angeben, die für jedes Paar (n, x) entscheidet, ob M mit Input x nach endlich vielen Schritten zu einer Stop-Anweisung gelangt oder nicht? In anderen Worten: Ist die Sprache

$$L := \{(n, x) \ / \ \text{TM mit GN } n \text{ und Input } x \text{ hält an}\}$$

TM-entscheidbar? Ein Paar (n, x) heißt auch eine *Instanz* des Problems.

1936 konnte Turing nachweisen, dass dieses Problem unlösbar, die Sprache also unentscheidbar ist. Das Halteproblem ist die „Mutter aller unentscheidbaren Probleme", eine Steighilfe, über die, wie wir bald sehen werden, man die Unentscheidbarkeit vieler anderer Probleme einsehen kann. Und die Unentscheidbarkeit des Halteproblems hat eine tiefliegende Konsequenz: Offenbar kann eine Turing-Maschine eine andere *simulieren* – Das haben wir im Zusammenhang mit der Universalmaschine erkannt – aber sie kann kein „Verständnis" von ihr ausbilden. Zur Entscheidung, ob die andere Maschine hält oder nicht, müsste sie ja deren Programm verstehen, und eben das ist für Computer, ohne das Programm zu starten, scheinbar nicht möglich. Merken wir uns also:

▶   **Satz (Turing 1936)**   Das Halteproblem ist algorithmisch unentscheidbar.

Um den Satz einfacher beweisen zu können, führen wir noch das *diagonale Halteproblem* ein. Es entsteht aus der Überlegung, dass eine Turing-Maschine mit Gödelnummer n, die zusammen mit jedem beliebigen Input x untersucht wird, natürlich auch zusammen mit dem speziellen Input n untersucht werden kann. Wir „füttern" der Maschine also ihre eigene Gödelnummer und fragen wiederum, ob sie terminieren wird oder nicht.

▶   **Definition**   Das folgende Problem heißt *diagonales Halteproblem*: Kann man eine Turing-Maschine angeben, die für jede Zahl n, welche Gödelnummer einer Turing-Maschine M ist, entscheidet, ob M mit Input n nach endlich vielen Schritten zu einer Stop-Anweisung gelangt oder nicht? In anderen Worten: Ist die Sprache

$$L := \{ n \text{ / TM mit GN } n \text{ und Input } n \text{ hält an} \}$$

TM-entscheidbar?

Wir werden gleich beweisen, dass das diagonale Halteproblem unlösbar ist. Daraus folgt natürlich, dass auch das (allgemeine) Halteproblem unlösbar ist, denn wenn ein Algorithmus für das Halteproblem gefunden werden könnte, so würde derselbe Algorithmus natürlich insbesondere das diagonale Halteproblem lösen. Aus Kompatibilitätsgründen vereinbaren wir noch, dass die natürliche Zahl n als Kette von n Einsen dargestellt wird und das Alphabet jeder Turing-Maschine mindestens das Symbol 1 enthält. Ferner müssen wir festhalten, wie die im Halteproblem geforderte Maschine ihren Befund anzeigt, nämlich zum Beispiel durch eines der Symbole σ (hält an) und τ (hält nie an), die folglich auch zum Alphabet gehören müssen. Damit sind wir nun genügend vorbereitet, um den Beweis für die Unlösbarkeit des diagonalen Halteproblems zu erbringen:

Beweis   Angenommen, es gäbe eine Turing-Maschine H, die das diagonale Halteproblem löst. Sie müsste also bei einem beliebigen Input n, welcher Gödelnummer einer Turing-Maschine ist, nach endlich vielen Schritten zu einer Stop-Anweisung gelangen mit Output σ, falls die Turing-Maschine mit Gödelnummer n und Input n jemals anhält, oder mit Output τ, falls die Turing-Maschine mit Gödelnummer n und Input n niemals anhält:

$$n = GN\,(M) \quad \mapsto \quad \boxed{\text{TM } H} \mapsto \quad \begin{cases} \sigma, \text{ falls } M \text{ mit Input } n \text{ hält} \\[6pt] \tau, \text{ sonst} \end{cases}$$

Nun, falls diese Maschine tatsächlich existieren würde, dann wäre es ein Leichtes, sie ein wenig umzuprogrammieren. Genauer: Dann könnten wir eine „teuflische" Maschine H^{T} (H Teufel) bauen, die in einem gewissen Sinne im Widerspruch zu der von ihr getesteten Maschine steht. Noch genauer: Dann müsste auch die Turing-Maschine H^{T} existieren, die in eine Unendlichschleife übergeht, wenn M mit Input n anhält, und anhalten, wenn M mit Input n nie anhält. Die Unendlichschleife können wir so realisieren, dass, sobald die Analyse zeigen würde, dass M mit Input n anhält, H^{T} einfach bis in alle Ewigkeit das Symbol σ aufs Band schreibt:

$$n = GN\,(M) \quad \mapsto \quad \boxed{\text{TM } H^{\text{T}}} \mapsto \quad \begin{cases} \sigma\sigma\sigma\sigma\sigma\sigma\ldots, \text{ falls } M \text{ mit Input } n \text{ hält} \\[6pt] \tau, \text{ sonst} \end{cases}$$

Diese Maschine hat nun wahrlich teuflische Eigenschaften. Wenn man ihr ihre eigene Gödelnummer als Input füttert, zeigt sie ihre ganze Diabolik: Angenommen, die Gödelnummer von H^{T} sei n^{T}. Auf die Zahl n^{T} angesetzt, wird H^{T} genau dann in eine Unendlichschleife übergehen, falls die Turing-Maschine mit Gödelnummer n^{T}, also H^{T} selber, anhält. (Und sie wird genau dann anhalten, falls die Turing-Maschine mit Gödelnummer n^{T}, also H^{T} selber, nicht anhält.)

Offenbar führt die Annahme, H würde existieren, zwingend zu der Existenz einer Turing-Maschine mit widersprüchlichen und damit unerfüllbaren Eigenschaften. Das lässt einzig den Schluss zu, dass H nicht existieren kann; das diagonale Halteproblem und damit auch das Halteproblem ist also in der Tat algorithmisch unlösbar. $\qquad\qquad\square$

Zum Nachdenken!

Jemand schlägt vor, das Halteproblem folgendermaßen algorithmisch zu lösen: Zuerst werden die Zahlen n (Gödelnummer eines Programms) und x (Input für dieses Programm) eingelesen. Dann wird n dechiffriert, bis alle Befehle des Programms vorliegen. Dann simuliert der Algorithmus das Programm mit dem Input x, und falls das Programm anhält, gibt der Algorithmus σ aus, sonst τ.

Können Sie argumentieren, weshalb das eben keine algorithmische Lösung des Halteproblems ist? Woran liegt das genau?

Und: Wiederholen Sie die zentrale Beweisidee anhand der folgenden Variante: Wiederum bezeichne n die Gödelnummer einer Turing-Maschine M. Können Sie beweisen, dass kein Algorithmus existieren kann, der bei Input n Output 1 liefert, falls M bei Input n 0 liefert, und der bei Input n Output 0 liefert, falls M bei Input n 1 liefert? Was würde passieren, wenn man dieser Maschine ihre eigene Gödelnummer eingeben würde?

Wir haben eingangs gesagt, dass das Halteproblem als Steighilfe benutzt werden kann, um die algorithmische Unlösbarkeit weiterer Probleme einzusehen. Wir kennen jetzt *ein* unentscheidbares Problem, haben damit gewissermaßen eine feste Basis, und wir können andere Probleme auf diesen einen Prototypen *reduzieren*. Die überaus elegante und kraftvolle Methode, die dies leistet, haben wir in Abschn. 3.5 schon kurz gestreift; jetzt geben wir ihr den Raum, den sie verdient: die *Methode der Reduktion*.

Wagen wir zuerst folgendes Gedankenspiel: Angenommen, wir wissen mit Sicherheit, dass das „Kugelproblem" unentscheidbar ist. Beim Kugelproblem liegt eine unendliche Menge von Kugeln vor, die alle von außen ununterscheidbar sind. Es gibt allerdings einige Kugeln mit einer ganz besonderen Eigenschaft. (Vielleicht sind sie sehr viel älter als alle anderen oder es wurde ein winziger Teil ihres Materials durch eine andere Substanz ersetzt, und so weiter.) Wir wissen aber, dass das Problem unentscheidbar ist, das heißt, es wird nie eine Maschine existieren können, die von jeder möglichen Kugel in endlicher Zeit und fehlerfrei entscheidet, ob diese Kugel die besondere Eigenschaft besitzt oder nicht. Nun widmet sich jemand dem „Würfelproblem". Hier liegt eine unendliche Menge von Würfeln vor, die von außen alle ununterscheidbar sind. Aber einige Würfel besitzen eine ganz besondere Würfel-Eigenschaft. Es geht die Vermutung um, dass auch das Würfelproblem unentscheidbar ist, aber ganz sicher sind wir hier nicht.

Nun kommt ein gewiefter Wissenschaftler mit Namen Alan daher und behauptet, er habe eine Maschine R konstruiert, die Folgendes kann: Man kann ihr eine Kugel des Kugelproblems als Input eingeben, und sie baut diese Kugel in endlicher Zeit in einen Würfel des Würfelproblems um. Aber nicht genug damit: Die Maschine R funktioniere überdies so raffiniert, dass der Output-Würfel genau dann die besondere Würfel-Eigenschaft besitze, wenn die Input-Kugel die besondere Kugel-Eigenschaft besessen habe. Und, unnötig zu ergänzen, der Output-Würfel habe die besondere Würfel-Eigenschaft *nicht*, genau dann, wenn die Input-Kugel die besondere Kugel-Eigenschaft *nicht* besessen habe.

Angenommen, Alan hat recht und wir können uns davon überzeugen, dass er Recht hat. Was bedeutet das dann? Nun, dann muss natürlich auch das Würfelproblem unentscheidbar sein. Denn nehmen wir für einen Augenblick an, es wäre entscheidbar, es gäbe also eine Maschine W, die von jedem Würfel zweifelsfrei und in endlicher Zeit entscheiden kann, ob der Würfel die besondere Würfel-Eigenschaft besitzt oder nicht. Dann wäre sofort auch das Kugelproblem entscheidbar: Wir könnten die Kugel ja zuerst in Alans Maschine R einführen, die sie in endlicher Zeit in einen Würfel des Würfel-Problems umbaut. Diesen Würfel könnten wir dann in die Maschine W eingeben, welche zweifelsfrei und in endlicher Zeit entscheidet, ob er die besondere Würfel-Eigenschaft besitzt oder nicht. Falls er sie besitzt, können wir dank der raffinierten Funktionsweise von R schließen, dass auch die Kugel die besondere Kugel-Eigenschaft besessen hat, und falls er sie nicht besitzt, können wir schließen, dass auch die Kugel die besondere Kugeleigenschaft nicht besessen hat. Kurz und bündig: Wäre das Würfelproblem entscheidbar, so wäre sofort auch das Kugelproblem entscheidbar. Da wir dessen Unentscheidbarkeit aber verlässlich wissen, muss folglich auch das Würfelproblem unentscheidbar sein.

Diese schöne Idee führte schließlich zur Methode der Reduktion. Wir wissen die Unentscheidbarkeit eines ersten Problems, des Halteproblems, verlässlich. Folglich können wir auch die Unentscheidbarkeit eines zweiten Problems dadurch nachweisen, dass wir das eine Problem auf das andere *reduzieren*. Dazu müssen wir „nur" eine Maschine konstruieren, die eine Instanz des ersten Problems in eine Instanz des zweiten Problems umarbeitet mit der zusätzlichen raffinierten Funktionsweise, dass die Instanz des zweiten Problems genau dann die besondere Problem-Eigenschaft besitzt, wenn auch die Instanz des ersten Problems die besondere Problem-Eigenschaft besitzt. Versuchen wir nun, das etwas präziser auszudrücken:

Das Halteproblem ist die Sprache

$$HP := \{(n, x) \in \mathbb{N} \times \mathbb{N} \,/\, \text{TM mit GN } n \text{ und Input } x \text{ hält an}\} \; .$$

Eine typische Instanz dieses Problems, ein Paar (n, x) von natürlichen Zahlen, besitzt die besondere Problem-Eigenschaft, falls die Turing-Maschine mit Gödelnummer n und Input x nach endlich vielen Schritten zu einer Stop-Anweisung gelangt, falls also $(n, x) \in$ HP ist. Angenommen, es liegt nun ein zweites Problem als Sprache B vor. Eine typische Instanz dieses Problems, y, besitzt die besondere Problem-Eigenschaft, falls $y \in B$ ist. Falls es uns nun gelingt, eine „Reduktionsfunktion" r herzustellen, die TM-berechenbar ist, die jedem Paar (n, x) genau eine Zahl y zuordnet und die überdies die Eigenschaft $(n, x) \in$ HP $\Leftrightarrow y = r(n, x) \in B$ hat, dann können wir sicher sein, dass auch B unentscheidbar ist. Wäre nämlich B doch entscheidbar, so könnte man ein Paar (n, x) zuerst via r in einen typischen Input $y = r(n, x)$ des zweiten Problems abbilden, dort den Entscheid herbeiführen, ob $y \in B$ oder $y \notin B$ ist, und dann rückschließen, dass $(n, x) \in$ HP beziehungsweise $(n, x) \notin$ HP ist. Das Halteproblem wäre dann also doch entscheidbar im Widerspruch zum Satz von Turing.

Hier sind die wesentlichen Definitionen:

▸ **Definition** Eine *Reduktionsfunktion, die eine Sprache B auf das Halteproblem reduziert*, ist eine Funktion r, die

1. TM-berechenbar ist,
2. jeder Instanz (n, x) des Halteproblems genau eine Instanz y des Problems B zuordnet und
3. die Eigenschaft $(n, x) \in$ HP $\Leftrightarrow y = r(n, x) \in B$ hat.

Freilich gibt es auch Reduktionsfunktionen für andere Probleme; diese werden analog definiert.

Und:

▸ **Definition** Ein Problem B heißt *auf das Halteproblem reduzierbar*, in Zeichen HP $\leq B$, wenn eine Reduktionsfunktion r existiert, die B auf HP reduziert.

Diese Methode ist überaus kraftvoll. Hat man einmal die algorithmische Unlösbarkeit eines Problems nachgewiesen (wie eben die des Halteproblems), dann kann man dieses

Abb. 5.1 Das Halteproblem
als sichere Basis für Reduktion

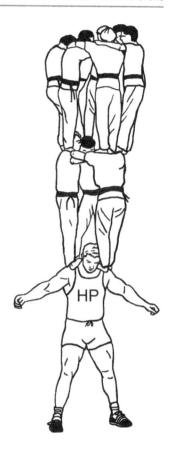

eine Problem als Steighilfe für unter Umständen viele weitere Probleme benützen. Das Halteproblem ist wie ein Athlet auf sicherem Grund, der nie mehr einknickt. Die Athleten, die direkt auf seinen Schultern stehen, sind durch Reduktion ebenfalls als unentscheidbar nachgewiesen worden, und die Athleten, die auf deren Schultern stehen, sind durch Reduktion auf die „tiefere Etage" als unentscheidbar nachgewiesen worden, und so weiter. So ruht die Unentscheidbarkeit zahlreicher Probleme mittels Reduktion letztlich auf dem einen felsenhaften Athleten ganz unten (Abb. 5.1).

Es ist höchste Zeit, die Methode ein erstes Mal anzuwenden. Dazu weisen wir nach, dass das sogenannte *Translationsproblem* unentscheidbar ist, indem wir es auf das Halteproblem reduzieren. Unter dem Translationsproblem versteht man folgendes Problem: Gegeben sei eine Turing-Maschine durch ihre Gödelnummer m und überdies die initiale Bandinschrift, nämlich ein bestimmtes in den Symbolen des Alphabets geschriebenes Wort a, dessen erstes Symbol der Lese/Schreibkopf sieht. Mit jedem Schritt, den die Turing-Maschine ausführt, verändert sich die Bandinschrift in der Regel, und wir bezeichnen mit $K_1, K_2, K_3, \ldots$ die Bandinschriften, die nach dem ersten, zweiten, dritten und so weiter Schritt auf dem Band stehen. Wir können nun die Frage stellen, ob diese Maschine während ihrer Arbeit jemals eine bestimmte vorgegebene Bandinschrift K erreichen wird oder nicht. Kann das im Voraus, gewissermaßen durch Introspektion, entschieden werden, ohne dass man die Maschine einfach laufen lässt und wartet, ob diese Inschrift jemals erscheint oder nicht? Können wir diesen Entscheid algorithmisch herbeiführen? Das ist das Translationsproblem.

▸ **Definition** Es bezeichne m die Gödelnummer einer beliebigen Turing-Maschine, a ein beliebiges (im Alphabet der Maschine geschriebenes) Wort als initiale Bandinschrift und K eine beliebige Bandinschrift.

Das Problem, ob für jedes Tripel (m, a, K) algorithmisch (also mit einer Turing-Maschine) entschieden werden kann, ob die Turing-Maschine mit Gödelnummer m und initialer Bandinschrift a jemals die Bandinschrift K erreichen wird oder nicht, heißt *Translationsproblem*. Und wir führen noch die Sprache TP ein als

$$\text{TP} := \{(m, a, K) \,/\, \text{TM mit GN } m \text{ und initialer Bandinschrift } a \text{ erreicht Bandinschrift } K\} \ .$$

Es gilt der Satz:

▸   TP ist algorithmisch unentscheidbar.

Zum Beweis dieses Satzes können wir nun die Reduktionsmethode heranziehen und nachweisen, dass $\text{HP} \leq \text{TP}$ ist. Dazu müssen wir eine Reduktionsfunktion r herstellen, die TM-berechenbar ist, jedes beliebige Paar (n, x) in ein Tripel $(m, a, K) = r(n, x)$ umwandelt und überdies die Eigenschaft hat, dass $(n, x) \in \text{HP} \Leftrightarrow (m, a, K) = r(n, x) \in \text{TP}$. Die Konstruktion einer geeigneten Reduktionsfunktion ist der eigentlich kreative Teil eines solchen Beweises und in der Regel alles andere als einfach. Wir schlagen hier folgende Konstruktion für r vor:

Sei also ein beliebiges Paar (n, x) von natürlichen Zahlen vorgegeben, n sei Gödelnummer der Turing-Maschine M, x sei die initiale Bandinschrift. Wir führen mit τ ein neues Symbol ein, das *nicht* zum Alphabet von M gehört und variieren M nun zu einer neuen Turing-Maschine M_τ, die sich fast gleich verhält wie M, die M lange imitiert, am Ende aber anders arbeitet: Genau dann nämlich, wenn M zu einer Stop-Anweisung gelangt (was aber nicht garantiert ist), soll M_τ den gesamten bisher beschriebenen Bandinhalt löschen und durch das Wort $\tau\tau\tau\ldots\tau$ überschreiben. (Durch Einführung zweier Sonderzeichen für linke und rechte Endmarke, die während der Berechnung laufend hinausgeschoben werden, kann erreicht werden, dass der gesamte benutzte Teil des Bandes bekannt und durch diese Endmarken begrenzt ist.) Nun setzen wir:

$$r(n, x) := (m, a, K)$$
wobei $m := \text{GN}(M_\tau)$, $a := x$ und $K := \tau\tau\tau\ldots\tau$.

Mit dieser Reduktionsfunktion ist TP auf HP reduzierbar. Wie kann man das einsehen? Nun, genau dann, wenn $(n, x) \in$ HP ist, erreicht die Turing-Maschine mit Gödelnummer m die Bandinschrift $\tau\tau\tau\dots\tau$. Also gilt in der Tat $(n, x) \in$ HP $\Leftrightarrow (m, a, K) = r(n, x) \in$ TP. Wir müssen nur noch darüber nachdenken, ob die Funktion r TM-berechenbar ist, wie verlangt. Die Berechnung von a aus x ist trivial. Ebenso ist die Herstellung der Bandinschrift $\tau\tau\tau\dots\tau$ mit wenigen Befehlen leicht zu machen. Bedeutend aufwändiger ist die maschinelle Herstellung von m aus n. Bedenken wir aber, dass m aus n hervorgeht durch eine Division (Die Stop-Anweisung soll nicht ausgeführt werden) und einige Multiplikationen (mit den Primzahlpotenzen der neuen Befehle). Beides sind Operationen, die von einer Turing-Maschine ausgeführt werden können.

Somit besitzt die Reduktionsfunktion alle erforderlichen Eigenschaften, und wir haben in der Tat das Translationsproblem reduziert auf das Halteproblem. Damit kennen wir schon zwei algorithmisch unentscheidbare Probleme. Und das wird erst der Anfang sein ...

5.3   Können wir ein unendlich großes Badezimmer fliesen?

▶   Man könnte einwenden, dass die Unentscheidbarkeit des Translationsproblems wenig überraschend ist, wenn man die Unentscheidbarkeit des Halteproblems eingesehen hat. In beiden Fällen geht es darum, dass das Programm einer Maschine von einer Maschine „verstanden" werden muss, ohne dass das Programm in Aktion tritt. Wenn die Test-Maschine das Programm einfach laufen lassen würde, könnte sie ja, falls das Programm lange nicht anhält oder lange nicht in die gewünschte Konfiguration übergeht, nicht sicher sein, ob das bald geschehen wird oder eben niemals. Daher muss sie eine Analyse des fremden Programms vornehmen und kann dieses nicht einfach nur beim Laufen beobachten. Aber genau das ist prinzipiell unmöglich. Maschinen können in diesem Sinne kein Verständnis von Programmen aufbauen.
Überraschender ist aber die Tatsache, dass man auch Probleme auf das Halteproblem reduzieren kann, die scheinbar gar nichts mit Turing-Maschinen zu tun haben. Ein besonders reizvolles Problem dieser Art soll hier behandelt werden. Es ist ein wahres Feuerwerk an glänzenden Ideen.

Angenommen, wir möchten eine Badezimmerwand fliesen. Wir suchen zu diesem Zweck einen Baumarkt auf und finden dort diverse Serien von Fliesen. Alle Fliesen sind quadratisch und gleich groß, die Quadrate sind wie in der Abb. 5.2 in vier Sektoren eingeteilt, und jedem Sektor ist eine Farbe zugeordnet. Dabei gibt es natürlich auch Fliesen, bei denen mehrere Sektoren dieselbe Farbe haben. Beim Fliesen muss man darauf achten, dass überall, wo zwei Fliesen zusammenstoßen, die Farben übereinstimmen. Als weitere Spezialität lesen wir, dass man die Fliesen nur in der ausgestellten Richtung an die Wand kleben kann; man darf sie also nicht drehen. An den Seiten sind nämlich winzige Ein- und

Abb. 5.2 Eine typische (nicht-
drehbare) Fliese

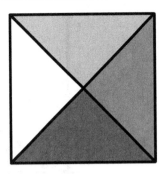

Ausbuchtungen angebracht, die verhindern, dass man die Fliesen verdreht aneinanderfü-
gen kann.

Eine weitere Herausforderung besteht darin, dass die Wand in unserem Badezimmer
unendlich groß ist. Das mag etwas unrealistisch erscheinen. In Wirklichkeit geht es uns
einfach darum, dass die zu fliesende Fläche *beliebig groß* sein kann. Anders gesagt: Es muss
möglich sein, mit der Fliesenserie, die wir kaufen werden, eine beliebig breite und beliebig hohe Wand zu bedecken. Das wäre banalerweise möglich, wenn die Serie nur aus einer
einzigen Sorte Fliesen besteht, die in allen vier Sektoren dieselbe Farbe haben. So langwei-
lige Fliesen werden aber gar nicht angeboten, so dass die Aufgabe durchaus knifflig wird.
Wir denken bei der Wand mit Vorteil an den ersten Quadranten des zweidimensionalen
Koordinatensystems: Jede Fliese ist ein Quadrat mit Seitenlänge 1, und wir fliesen den Quadranten so, dass in jedem Gitterpunkt der Mittelpunkt einer Fliese zu liegen kommt. Unten
links befindet sich also die „Eck-Fliese" mit Mittelpunkt (0,0), und rechts davon werden
Fliesen mit den Mittelpunkten (1,0), (2,0), (3,0), und so weiter angefügt. Oberhalb folgt
dann die zweite Reihe mit den Mittelpunkten (0,1), (1,1), (2,1), und so weiter (Abb. 5.3).

Unser Problem lautet also so: Im Baumarkt sehen wir Serien von quadratischen Fliesen,
die Seitenlänge 1 haben und in vier kolorierte Sektoren unterteilt sind. Jede Serie besteht
aus einer endlichen Anzahl von Fliesen verschiedenen Typs, also verschiedener Kolorierung. Von jedem Typ ist der Vorrat an Fliesen aber unbeschränkt. Jede Fliese darf man
immer nur in der ausgestellten Art, niemals verdreht, an die Wand kleben. Und benach-
barte Fliesen müssen immer in derselben Farbe aneinanderstoßen. Wenn man sich an all
diese Bedingungen hält, kann man dann mit der Serie den ganzen ersten Quadranten des
Koordinatensystems fliesen?

Zum Nachdenken!

Die Abb. 5.4 zeigt vier Serien von Fliesen, (i), (ii), (iii) und (iv). Zur Vereinfachung
wurden hier die Farben durch Zahlen ersetzt. Von jedem abgebildeten Fliesentyp sind
unbegrenzt viele vorrätig. Ist das Fliesenproblem lösbar mit Serie (i), die aus nur einem
einzigen Fliesentyp besteht? Ist es lösbar mit Serie (ii), die aus zwei Fliesentypen besteht?

Bei den Serien (iii) und (iv) gilt die zusätzliche Bedingung, dass die Fliese ganz rechts
außen die Eck-Fliese sein muss. Ist das Fliesenproblem mit einer dieser Serien lösbar?

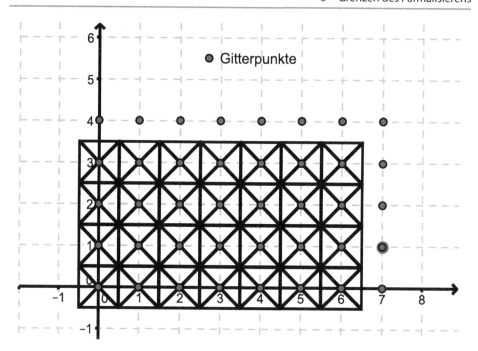

Abb. 5.3 Anordnung der Fliesen

Abb. 5.4 Vier Serien von
Fliesen

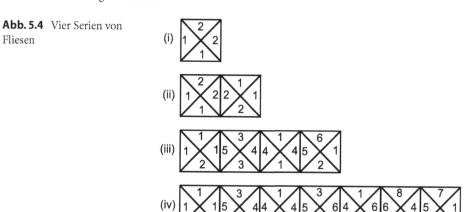

Sehen oder ahnen Sie schon einen tiefliegenden Zusammenhang zwischen dem Flie-senproblem und dem Halteproblem? Was könnten die Fliesenreihen mit einer Turing-Maschine zu tun haben?

Wir formulieren das Problem noch etwas präziser: Gegeben ist jeweils eine endliche Menge F von Fliesen der oben beschriebenen Art und zudem die Eck-Fliese c (corner). Jede Fliese ist ein Quadrupel (o, r, u, l) aus vier Symbolen, die die Farben im oberen (o), rechten (r), unteren (u) und linken (l) Sektor codieren. Das Problem ist gelöst, wenn wir eine Funktion $f : \mathbb{N} \times \mathbb{N} \to F$ angeben können, die jedem Gitterpunkt des unbegrenzten ersten Quadranten einen Fliesentyp zuordnet, und wenn diese Funktion zudem die Farb-Bedingung erfüllt: Für alle $i, j \geq 0$ muss

$$f(i,j)_2 = f(i+1,j)_4 \text{ und } f(i,j)_1 = f(i,j+1)_3$$

gelten. Dass c die Eck-Fliese sein muss, notieren wir einfach in der Form $f(0,0) = c$.

▸ **Definition** Die Sprache FP $:= \big\{ (F,c) \, / \, \exists f : \mathbb{N} \times \mathbb{N} \to F \text{ mit } f(0,0) = c \text{ und erfüllter } $
Farb-Bedingung$\big\}$ nennen wir *Fliesenproblem*.

Und es gilt der Satz:

▸   **Satz** FP ist algorithmisch unentscheidbar.

Dieses Problem wurde in den 60er-Jahren des letzten Jahrhunderts vom chinesischen Mathematiker Hao Wang vorgestellt (siehe etwa Wang 1961, 1965). Dass das Problem algorithmisch unentscheidbar ist, bedeutet, dass kein wie auch immer geartete Computer existieren kann, welcher zu jeder beliebigen Serie von Fliesen automatisch entscheiden kann, ob sich mit ihr der Quadrant unter Respektierung der genannten Bedingungen restlos bedecken lässt. 1998 konnten Erik Winfree und andere nachweisen, dass dieses Resultat auch Konsequenzen hat in Bezug auf die Konstruktion von „molekularen Fliesen" aus DNS (Winfree 1998).

Es ist faszinierend, dass dieses Problem auf das Halteproblem reduziert werden kann, und mindestens auf den ersten Blick scheint es alles andere als klar, wie man das machen soll. Robert Berger gelang es 1966, einen ebenso raffinierten wie reizvollen Reduktionsbeweis anzugeben (Berger 1966). Fragen wir uns, bevor wir in den Beweis eintauchen, was dazu genau geleistet werden muss:

Zunächst einmal variieren wir das Halteproblem ein wenig. Bisher bestand es ja aus der Angabe einer Turing-Maschine (in Form der Gödelnummer) und eines Inputs und fragte danach, ob diese Maschine, angewendet auf den Input, jemals zu einer Stop-Anweisung gelangen wird oder nicht. Wir haben bewiesen, dass dieses Problem algorithmisch unentscheidbar ist. Nun ist ein dazu eng verwandtes Problem auch unentscheidbar, das Problem nämlich, ob irgendeine Turing-Maschine nie zu einer Stop-Anweisung gelangt, wenn sie mit einem leeren Band startet. Wir bezeichnen diese Variante mit $\mathrm{HP_{var}}$.

Zum Nachdenken!

Können Sie präzise begründen, weshalb auch $\mathrm{HP_{var}}$ algorithmisch unentscheidbar sein muss? Am besten nehmen Sie dazu an, $\mathrm{HP_{var}}$ wäre algorithmisch entscheidbar. Dann gäbe es also eine Turing-Maschine M, die von jeder Maschine entscheiden kann, ob diese niemals anhält, wenn sie mit einem leeren Band startet. Wie könnte man aus dieser Annahme einen Widerspruch zu der Tatsache ableiten, dass HP unentscheidbar ist?

Wir benutzen im Folgenden diese Variante des Halteproblems und stellen uns somit vor, dass eine beliebige Turing-Maschine mit leerem (also mit Blanks gefülltem) Band vorliegt, eine Instanz von HP_{var}. Wir haben genaue Kenntnis von den endlich vielen Zustände der Maschine und den endlich vielen Symbolen des Alphabetes. Wir müssen nun einen Algorithmus angeben, welcher dieser Instanz eine Serie von Fliesen zuordnet und zwar so, dass die Fliesenserie zur Sprache FP gehört, genau dann, wenn die Turing-Maschine zur Sprache HP_{var} gehört. In anderen Worten: Die Fliesenserie, die wir der Turing-Maschine algorithmisch zuordnen, muss genau dann dazu in der Lage sein, den ganzen Quadranten restlos auszufüllen, wenn die Turing-Maschine, gestartet mit leerem Band, niemals zu einer Stop-Anweisung gelangt. Wie sollen bloß die Farben entstehen? Was haben wir denn zur Verfügung, um Farben herzustellen? Nun, wir haben nur die Zustände und die Symbole der Turing-Maschine; aus diesen müssen wir Farben generieren. Eigentlich ist das gar kein Problem, denn wenn wir Farben durch Zahlen, also durch Zeichen, ersetzen können, dann können wir auch Zustände und Bandsymbole und Tupel aus solchen als „Farben" interpretieren. Wichtig ist ja nur, dass wir die Farben unterscheiden können, und das können wir auch, wenn sie sehr merkwürdig codiert werden.

Dann lassen wir uns noch von folgender Idee leiten: Wenn die Turing-Maschine, gestartet mit leerem Band, niemals anhält, dann heißt das ja, dass es unendlich viele aufeinanderfolgende (aber nicht zwingend verschiedene) Konfigurationen geben wird. Unter der *Konfiguration* verstehen wir die Angabe der gesamten Bandinschrift, des aktuellen Zustandes und des aktuell vom Lese/Schreibkopf „gesehenen" Zeichens. Das Band der Maschine sieht ja schon ein wenig aus wie eine Fliesenreihe; daher ist die Idee recht naheliegend, in der untersten Fliesenreihe sozusagen die gesamte Information der Startkonfiguration, in der zweiten die gesamte Information der ersten Folgekonfiguration, in der dritten die gesamte Information der zweiten Folgekonfiguration und so weiter, zu verpacken. Die große Kunst dabei besteht darin, die Farbgebung der einzelnen Fliesentypen so zu wählen, dass genau das möglich wird. Damit sind wir nun genügend vorbereitet, um den Beweis genießen zu können:

Beweis Sei M eine beliebige Turing-Maschine, die im Startzustand q_0 das Blank ganz links sieht. (Wir denken uns das Band also links begrenzt.) Ferner gibt es eine endliche Menge Q von Zuständen und ein endliches Alphabet A von Zeichen. Wir ordnen dieser Maschine die folgende Fliesenserie zu (vgl. Abb. 5.5).

- Es soll eine unbegrenzte Anzahl Fliesen vom Typ I geben. Dazu sind offenbar die „Farben" B und $+$ nötig.
- Zu jedem Zeichen $a \in A$ soll es eine unbegrenzte Anzahl Fliesen vom Typ IIa und IIb geben. Dazu benötigen wir als weitere Farben *, **, a und $(a,0)$. Die Fliesen vom Typ IIa werden dann den linken Rand des Quadranten bilden.
- Zu jedem Befehl der Art $(p, a) \mapsto (q, b, R)$ und jedem Zeichen $c \in A$ soll es eine unbegrenzte Anzahl Fliesen von den Typen IIIa, IIIb und IIIc geben, wozu wiederum weitere Farben eingeführt werden müssen.

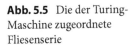

Abb. 5.5 Die der Turing-Maschine zugeordnete Fliesenserie

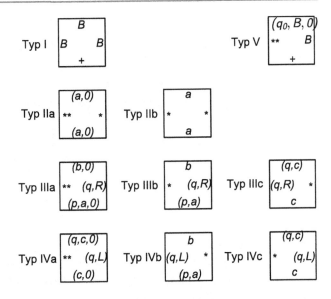

- Zu jedem Befehl der Art $(p, a) \mapsto (q, b, L)$ und jedem Zeichen $c \in A$ soll es eine unbegrenzte Anzahl Fliesen von den Typen IVa, IVb und IVc geben, wozu wiederum weitere Farben eingeführt werden müssen.
- Schließlich soll es noch eine Fliese vom Typ V geben, die Eck-Fliese.

Eine Fliese vom Typ IIIa kann zum Beispiel wie folgt interpretiert werden: Falls im Zustand p das Zeichen a gelesen wird, dann geht die Maschine in den neuen Zustand q über, schreibt das neue Zeichen b und rückt ein Feld nach rechts; die Nullen kann man dabei ignorieren. Auf diese Weise tragen die Fliesen gerade die gesamte Information der Maschinen-Konfigurationen als Farben auf sich. Und es scheint klar: Wenn man diese Kolorierung richtig und geschickt umsetzt, dann wird man mit der Fliesenserie genau dann den ganzen unendlichen Quadranten fliesen können, wenn die zugrunde liegende Turing-Maschine nie anhält. Und wenn sie einmal anhält, sagen wir nach k Konfigurationen, dann wird das Fliesen nach der k-ten Reihe ein Ende haben müssen.

Es ist wichtig festzuhalten, dass damit ein Algorithmus beschrieben ist, welcher einer Instanz des variierten Halteproblems eine Instanz des Fliesenproblems zuordnet; die Reduktionsfunktion ist also TM-berechenbar, wie verlangt. Nun versuchen wir noch einzusehen, dass sich der Quadrant mit dieser Fliesenserie genau dann vollständig fliesen lässt, wenn die zugrunde liegende Turing-Maschine nie anhält. Beginnen wir dazu in der untersten Reihe: Die Eck-Fliese ist vorgegeben (Typ V). Rechts davon kann nur eine Fliese gelegt werden, deren linker Sektor die Farbe B trägt. Und da es nur einen solchen Fliesentyp gibt (Typ I), ist die zweite Fliese der ersten Reihe erzwungen. Damit ist aber auch der ganze Rest der ersten Reihe erzwungen (Typ I). Und tatsächlich: Die erste Fliesenreihe kann gerade als Startkonfiguration der Turing-Maschine interpretiert werden: Im Zustand q_0 sieht die Maschine das erste Blank, und der ganze Rest des Bandes ist mit Blanks angefüllt (Abb. 5.6).

Abb. 5.6 Die ersten paar Fliesenreihen

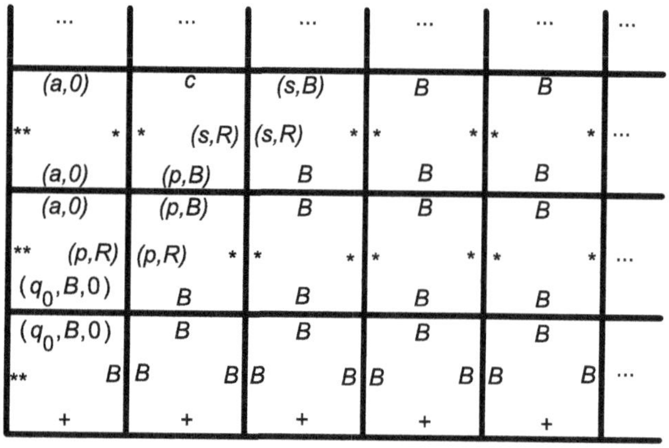

	...		...		...		...		...		...
(a,0)		c		(s,B)		B		B			
** *	*	(s,R)	(s,R)	*	*	*	*	*		...	
(a,0)		(p,B)		B		B		B			
(a,0)		(p,B)		B		B		B			
** (p,R)	(p,R)	*	*	*	*	*	*	*		...	
$(q_0,B,0)$		B		B		B		B			
$(q_0,B,0)$		B		B		B		B			
** B	B	B	B	B	B	B	B	B	B		...
+		+		+		+		+			

Nun können wir die zweite Fliesenreihe nur genau dann starten, wenn die Turing-Maschine einen Befehl der Art $(q_0, B) \mapsto (p, a, R)$ hat; denn genau dann existiert auch eine Fliese vom Typ IIIa, und damit beginnen wir die zweite Reihe. Der Rest der zweiten Reihe ist festgelegt (Typen IIIc und IIb). Am Ende kann die zweite Fliesenreihe gerade als erste Folgekonfiguration der Turing-Maschine interpretiert werden: Nach Ausführung des Befehls $(q_0, B) \mapsto (p, a, R)$ steht nämlich im Feld ganz links das Symbol a – die Null kann ignoriert werden –, der Lese/Schreibkopf sieht im Zustand p das Blank des zweiten Feldes, und der Rest des Bandes ist mit Blanks angefüllt.

Die dritte Reihe können wir nur bilden, wenn ein Befehl der Art $(p, B) \mapsto (s, c, L/R)$ existiert. Soll der Lese/Schreibkopf nach rechts rücken, so beginnen wir die dritte Reihe mit einer Fliese vom Typ IIa, gefolgt von einer Fliese vom Typ IIIb, wie in der Abbildung. Soll aber der Lese/Schreibkopf nach links rücken, so beginnen wir die dritte Reihe mit einer Fliese vom Typ IVa, gefolgt von einer Fliese vom Typ IVb. In jedem Fall hängt die Möglichkeit, die dritte Reihe zu fliesen, davon ab, ob ein solcher Befehl existiert. Und am Ende kann die dritte Reihe gerade als Maschinen-Konfiguration nach diesem Befehl interpretiert werden.

Und so weiter. Wir können den Quadranten also genau dann vollständig fliesen, wenn die zugrunde liegende Turing-Maschine nie zu einer Stop-Anweisung gelangt. Es ist also $\mathrm{HP}_{var} \leq \mathrm{FP}$. Und genau das sollte ja bewiesen werden.

□

5.4 Domino, Viren, Taschenrechner, Diophant, Wortprobleme: Weitere algorithmisch unlösbare Probleme

▶ Allmählich gewöhnen wir uns daran, dass es Probleme gibt, die grundsätzlich nicht algorithmisch gelöst werden können, heute nicht und in Zukunft nicht. Sätze über algorithmische Unlösbarkeit oder Unentscheidbarkeit rücken unsere Erwartungen an Computer ins richtige Licht. Wir müssen uns von der Idee verabschieden, dass sich alle Probleme durch mechanisches Manipulieren von

Symbolen lösen lassen. In der Tat lässt sich fast kein größeres Problem so lösen; den Möglichkeiten von Computern oder formalisierten Kalkülen sind viel engere Grenzen gesetzt, als man das vielleicht erwarten würde. Für den Prozess des Problemlösens reicht die bloße Konstruktion von Algorithmen nicht aus; vielmehr werden wir immer auf menschliche Intuition und menschlichen Erfindungsreichtum angewiesen sein.

Sätze über algorithmische Unlösbarkeit oder Unentscheidbarkeit sind aber kein Grund zur Verzweiflung. Solche Sätze zeigen ja nur, dass es keinen Algorithmus geben kann, der die *ganze* Problemklasse löst; die Problemklasse ist also einfach zu umfangreich. Es kann aber trotzdem gute Algorithmen für Teilbereiche der Problemklasse geben.

So gesehen werden die weiteren unentscheidbaren Probleme, denen wir in diesem Kapitel begegnen, eher unsere Ehrfurcht vor der menschlichen Denkleistung heben, auch wenn sie zum Teil sehr empfindliche Bereiche betreffen.

Das erste Beispiel dieses Kapitels heißt *Postsches Korrespondenzproblem* (PKP). Es ist eigentlich eine Art Puzzle mit Dominosteinen, von dem man eher nicht erwarten würde, dass es so schwierig ist. Die Dominosteine, die wir hier betrachten, tragen an jedem der beiden Enden eine Zeichenkette, wie etwa in diesem Beispiel:

$$\left\{ \frac{2}{31}, \frac{1}{12}, \frac{31}{1}, \frac{123}{3} \right\}$$

Es liegen also vier Typen von Dominosteinen vor, und wie bei den Fliesen nehmen wir auch hier an, dass von jedem Steintyp eine unbegrenzte Anzahl vorrätig ist. Die Frage ist nun, ob wir solche Dominosteine so aneinanderreihen können, dass wir an den oberen Enden und an den unteren Enden dasselbe „Wort" lesen können. Würde man sie so aneinanderreihen, wie sie in obiger Menge abgebildet sind, so könnte man oben das Wort 2131123 lesen und unten das Wort 311213, also leider nicht dasselbe Wort. Wenn aber von jedem Typ beliebig viele Steine vorrätig sind, können wir dann eine Reihenfolge solcher Steine finden, die oben und unten zur selben Symbolkette führt?

Ja, in der Tat, eine solche Abfolge von Steinen lässt sich finden. Wir beginnen dazu mit einem Stein vom zweiten Typ und fügen dann einen Stein vom ersten Typ, dann einen Stein vom dritten Typ, dann wieder einen Stein vom zweiten Typ und zum Schluss einen Stein vom vierten Typ an:

$$\frac{1}{12} \; \frac{2}{31} \; \frac{31}{1} \; \frac{1}{12} \; \frac{123}{3}$$

Nun lesen wir oben und unten je das Wort 12311123. Allgemein lässt sich das Problem wie folgt definieren, wobei wir einen Dominostein einfach als Zahlenpaar interpretieren.

▶ **Definition** Gegeben sei eine endliche Menge von „Dominosteinen" (x_1, y_1), (x_2, y_2), $\ldots, (x_k, y_k)$, wobei alle x_i, y_i Wörter über dem Alphabet A sind. Das Problem, zu entscheiden, ob eine Folge $i_1, i_2, \ldots, i_s$ von Zahlen aus $\{1, 2, \ldots, k\}$ existiert, so dass die beiden

Wörter $x_{i_1} x_{i_2} \ldots x_{i_s}$ und $y_{i_1} y_{i_2} \ldots y_{i_s}$ identisch sind, heißt *Postsches Korrespondenzproblem* (PKP).

Zum Nachdenken!

In der Folge sehen Sie ein paar Instanzen des PKP. Versuchen Sie jeweils, eine Lösung zu finden oder aber zu begründen, weshalb keine Lösung existieren kann. Die Beschäftigung mit diesen Instanzen gibt Ihnen ein Gefühl dafür, wie schwierig das PKP in Wirklichkeit ist.

$$(i) \quad \boxed{\frac{2}{212}}, \boxed{\frac{21}{11}}, \boxed{\frac{122}{22}}$$

$$(ii) \quad \boxed{\frac{123}{12}}, \boxed{\frac{31}{1}}, \boxed{\frac{133}{21}}$$

$$(iii) \quad \boxed{\frac{21}{1}}, \boxed{\frac{1}{112}}, \boxed{\frac{211}{2}}$$

Tatsächlich ist auch dieses Problem unentscheidbar. Manchmal liest man zwar, es sei *semi-entscheidbar*, mit der Begründung, man könne ja algorithmisch immer längere Folgen von Dominosteinen testen, erst alle möglichen Folgen der Länge 1, dann alle möglichen Folgen der Länge 2, dann alle möglichen Folgen der Länge 3 und so weiter, bis allenfalls eine verlangte Übereinstimmung der Wörter auftaucht. Aber natürlich ist ein solcher Algorithmus fast immer wertlos, denn wenn er schon seit Stunden arbeitet, ohne eine Wort-Übereinstimmung entdeckt zu haben, dann können wir nicht wissen, ob er bald anhalten und einen Erfolg vermelden oder eben niemals anhalten wird. Bei den Instanzen (ii) und (iii) der obigen Frage wird ein solcher Algorithmus nie anhalten, weil beide Instanzen unlösbar sind. (Bei (ii) sieht man das leicht dadurch, dass man feststellt, dass bei allen Steintypen das Wort am oberen Ende länger ist als das Wort am unteren Ende.) Tatsache ist:

▶   **Satz** Das Postsche Korrespondenzproblem ist algorithmisch unentscheidbar.

Auch das kann durch Reduktion auf das Halteproblem bewiesen werden. Wir verzichten hier aber auf den Beweis.

Im zweiten Beispiel untersuchen wir einen überraschenden Satz über Computerviren von W. F. Dowling aus dem Jahr 1989 (Dowling 1989). Computerviren sind aus der heutigen Computerwelt leider nicht mehr wegzudenken; einige dieser elektronischen Mikroben haben es zu trauriger Berühmtheit gebracht. Wir wissen alle, dass die heutigen Virenschutzprogramme gut, aber leider nicht absolut sicher sind. Es wäre wirklich wünschenswert, dass dereinst ein Programm auf den Markt kommt, welches verlässlich jeden schädlichen Eindringling erkennt, isoliert und unschädlich macht. Leider ist dieser Wunsch grundsätzlich unerfüllbar; Dowling bewies nämlich mit einer Methode, die der von Turing benutzten

Methode beim Halteproblem sehr ähnlich ist, dass kein absolut sicherer Virenschutz existieren kann. Wie hat er das gemacht?

Nun, zuerst stellt er fest, dass ein beliebiges Programm P, mit dem wir einen Computer „füttern", immer in einer bestimmten Umgebung läuft, in der Umgebung des Betriebssystems nämlich. Dieses wickelt alle computerinternen Abläufe ab, verwaltet die Dateien, steuert die Prozesse, ist Manager aller Speicher, und so weiter. Mit Dowling definieren wir hier ein *Virus* als ein Programm, das, wenn es gestartet wird, das Betriebssystem (BS) verändert, eine Wirkung, die in der Regel nicht erwünscht ist. Genauer:

▸ **Definition** Ein Programm P, gestartet mit Input x in der Umgebung des BS, *verbreitet ein Virus*, genau dann, wenn P mit Input x das BS verändert. Ändert P mit Input x das Betriebssystem nicht, so heißt P *sicher mit x*. Ist P sicher mit allen möglichen Inputs, so heißt P einfach *sicher*.

Zudem fordern wir, dass mindestens ein Programm V existiert, welches nicht sicher ist, also ein Virus verbreitet. Das ist erstens wahr, und zweitens wäre es sinnlos, ein Virentestprogramm entwickeln zu wollen, wenn gar keine Viren existieren. Nun gilt der folgende Satz:

▸ **Satz (Dowling 1989)** Es ist unmöglich, ein Programm (eine Turing-Maschine) zu konstruieren, welches selber sicher ist und von jedem beliebigen Programm (jeder beliebigen Turing-Maschine) entscheiden kann, ob dieses sicher ist oder nicht.

Beweis Wir führen einen Widerspruchsbeweis und nehmen zu diesem Zweck an, es würde ein sicheres Virentestprogramm VTEST existieren, welches zu jedem Programm P (das wir uns als Turing-Maschine denken) und jedem Input x entscheiden kann, ob P sicher ist mit x oder nicht. VTEST könnte seine Entscheidung etwa so anzeigen:

$$(P,x) \mapsto \boxed{VTEST} \mapsto \begin{cases} \textit{"sicher"}, \text{ falls } P \text{ sicher mit } x \\ \textit{"nicht sicher"}, \text{ sonst} \end{cases}$$

Würde VTEST tatsächlich existieren und wäre sicher, so wäre es ein Leichtes, eine diabolische Turing-Maschine D zu konstruieren, welche Folgendes leistet:

$$P \mapsto \boxed{D} \mapsto \begin{cases} \textit{"Ich liebe Dich"}, \text{ falls } VTEST\big(P,GN(P)\big) = \textit{"nicht sicher"} \\ \text{verändert BS mit Hilfe von } V, \text{ falls } VTEST\big(P,GN(P)\big) = \textit{"sicher"} \end{cases}$$

D simuliert also VTEST, reagiert aber mit der vermeintlich beruhigenden Aussage „*Ich liebe Dich*", wenn VTEST mit „*nicht sicher*" reagieren würde, und verändert das BS (ist also ein Virus), wenn VTEST mit „*sicher*" reagieren würde. Da wir die Existenz von mindestens einem Virus vorausgesetzt haben, wäre D einfach zu konstruieren. Nun können wir verfolgen, dass uns D in schreckliche Widersprüche verstrickt:

Es gibt trivialerweise zwei Möglichkeiten: D ist sicher mit Input GN(D), oder D ist nicht sicher mit Input GN(D).

Angenommen, D ist sicher mit Input GN(D), dann schreibt D „*Ich liebe Dich*" aufs Band, was bedeutet, dass VTEST(D, GN(D)) = „nicht sicher". Folglich ist D nicht sicher mit Input GN(D), im Widerspruch zur Annahme. Falls dagegen D nicht sicher ist mit Input GN(D), so gibt es zwei Möglichkeiten: Entweder verändert D das BS mit Hilfe von V, oder aber D schreibt „*Ich liebe Dich*", und der Aufruf der Subroutine VTEST verursacht das Virus. Im ersten Unterfall entsteht der Widerspruch, weil ja dann D mit GN(D) sicher sein müsste, und im zweiten Unterfall entsteht der Widerspruch, weil dann VTEST selber nicht sicher wäre, was wir aber angenommen haben.

□

Als drittes Beispiel untersuchen wir Sätze, die Daniel Richardson 1968 aufgestellt und bewiesen hat (Richardson 1968). Sie setzen der Entwicklung von immer besseren Taschenrechnern unangenehm enge Grenzen, weil sie aufzeigen, was Taschenrechner grundsätzlich nie können werden, ganz egal, wie schlau die Entwickler auch sein mögen.

Zunächst bezeichnen wir mit F eine Menge von auf den reellen Zahlen definierten Funktionen in einer Variablen x und mit reellen Funktionswerten. Wir fordern, dass F mindestens die Funktion $f : x \to x$ sowie für jede rationale Zahl r die konstante Funktion $f : x \to r$ enthält, und weiter, dass F abgeschlossen sein soll unter Addition, Subtraktion, Multiplikation und Komposition. Zu zwei beliebigen Funktionen f und g aus F befinden sich also auch $f \pm g, f \cdot g$, und $f \circ g$ in F. Schließlich führen wir noch die Schreibweise $f \equiv g$ ein, um auszudrücken, dass die Definitionsbereiche der beiden Funktionen übereinstimmen und dass für jedes x aus diesem Definitionsbereich $f(x)$ und $g(x)$ gleich sind.

Richardson wies nun nach, dass die folgenden Probleme unter gewissen Voraussetzungen nicht algorithmisch lösbar. Wir nennen erst die Probleme und geben dann die Voraussetzungen an, unter denen sie unlösbar sind:

▸ **Definition** Das Problem, algorithmisch zu entscheiden, ob für eine beliebige Funktion f aus F eine reelle Zahl x existiert, so dass $f(x) < 0$ ist, nennen wir *Negativitätsproblem*.

Das Problem, algorithmisch zu entscheiden, ob für eine beliebige Funktion f aus F $f \equiv 0$ gilt oder nicht, nennen wir *Identitätsproblem*.

Das Problem, algorithmisch zu entscheiden, ob zu einer beliebigen Funktion f aus F eine Funktion g aus F existiert, so dass $g' \equiv f$ ist, nennen wir *Integrationsproblem*.

Dass diese Probleme unter gewissen Voraussetzungen unlösbar sind, ist eigentlich ein Schlag. Es ist offenbar unmöglich, einen Taschenrechner zu konstruieren, der von jedem beliebigen Term in einer Unbekannten fehlerfrei entscheiden kann, ob dieser Term die Null darstellt oder nicht. Und es ist ebenso unmöglich, einen Taschenrechner herzustellen, der zu jeder beliebigen Funktion fehlerfrei entscheiden kann, ob eine Stammfunktion existiert oder nicht. Es besteht höchstens noch die leise Hoffnung, dass die Voraussetzungen so streng sind, dass sie bei handelsüblichen Taschenrechnern meist gar nicht erfüllt sind. Aber auch hier werden wir sofort enttäuscht. Die von Richardson bewiesenen Aussagen, auf deren Beweis wir hier verzichten, lauten nämlich so:

▶ **Satz (Richardson 1968)**

- Falls F die Funktionen $\log(2)$, π, $\exp(x)$ und $\sin(x)$ enthält, so ist das Negativitätsproblem unlösbar.
- Falls F die Funktionen $\log(2)$, π, $\exp(x)$ und $\sin(x)$ und überdies eine Funktion μ mit der Eigenschaft $\mu(x) = |x|$ $\forall x \neq 0$ enthält, so ist das Identitätsproblem unlösbar. (Man könnte etwa die Funktion $\mu : x \rightarrow \sqrt{x^2}$ wählen.)
- Falls F die Funktionen $\log(2)$, π, $\exp(x)$, $\sin(x)$ und $\mu(x)$ und überdies eine auf ganz $\mathbb{R}$ definierte Funktion $v(x)$ enthält, zu der in F keine Stammfunktion existiert, so ist das Integrationsproblem unlösbar.

Das zeigt, dass die Voraussetzungen nicht sonderlich streng sind. Von einem guten Taschenrechner erwarten wir natürlich, dass alle erwähnten Funktionen ausdrückbar sind. Folglich gibt es empfindlich enge Grenzen für Taschenrechner, wie klug wir sie auch programmieren mögen. Es gibt zwar sehr gute Algorithmen, die die meisten Instanzen des Negativitäts-, Identitäts- oder Integrationsproblems erfolgreich bewältigen, aber eben niemals alle. Eine gewisse Unsicherheit wird also immer bleiben, wenn wir eine Maschine anweisen, die genannten Probleme zu lösen.

Das vierte Problem wurde von David Hilbert anlässlich eines Vortrages angeregt, den er im Jahr 1900 auf dem internationalen Mathematiker-Kongress in Paris hielt. Dort sagte er:

Wer von uns würde nicht gern den Schleier lüften, unter dem die Zukunft verborgen liegt, um einen Blick zu werfen auf die bevorstehenden Fortschritte unserer Wissenschaft und in die Geheimnisse ihrer Entwicklung während der künftigen Jahrhunderte! Welche besonderen Ziele werden es sein, denen die führenden mathematischen Geister der kommenden Geschlechter nachstreben? Welche neuen Methoden und neuen Tatsachen werden die neuen Jahrhunderte entdecken auf dem weiten und reichen Felde mathematischen Denkens? (...) Unermesslich ist die Fülle von Problemen in der Mathematik, und sobald ein Problem gelöst ist, tauchen an dessen Stelle zahllose neue Probleme auf. Gestatten Sie mir im Folgenden, gleichsam zur Probe, aus verschiedenen mathematischen Disziplinen einzelne bestimmte Probleme zu nennen, von deren Behandlung eine Förderung der Wissenschaft sich erwarten lässt.

Dann nannte Hilbert 23 Probleme, zu denen er sich vom anbrechenden neuen Jahrhundert Klärung erhoffte. Als zehntes Problem formulierte Hilbert die Entscheidung der Lösbarkeit einer diophantischen Gleichung:

Eine diophantische Gleichung mit irgendwelchen Unbekannten und mit ganzen rationalen Zahlenkoeffizienten sei vorgelegt: Man soll ein Verfahren angeben, nach welchem sich mittels einer endlichen Anzahl von Operationen entscheiden lässt, ob die Gleichung in ganzen rationalen Zahlen lösbar ist.

Die Art der Formulierung zeigt, dass man in der Zeit um 1900 noch gar nicht erst in Betracht zog, dass ein Problem algorithmisch unlösbar ist. Es sollte ja nicht untersucht werden, ob ein solches Verfahren existiert oder nicht, sondern es sollte einfach eines angegeben werden. Worum ging es genau? Eine *diophantische Gleichung* ist eine nach dem griechischen Mathematiker Diophant benannte Polynomgleichung mit ganzzahligen Koeffizienten, wie etwa

$$x^3 - 8 = 0 \,,$$

$$x^2 + y^2 - z^2 = 0 \,,$$

$$6x^{18} - x + 3 = 0 \,,$$

$$x^n + y^n - z^n = 0 \,.$$

Dabei ist man aber nicht an beliebigen, sondern ausschließlich an ganzzahligen Lösungen interessiert. Die erste genannte Gleichung besitzt eine solche ganzzahlige Lösung, nämlich 2. Die zweite Gleichung besitzt unter anderem das ganzzahlige Lösungstupel $(3, 4, 5)$, und die dritte Gleichung hat sicher keine ganzzahlige Lösung, weil $6x^{18}$ für ein ganzzahliges x stets grösser ist als $x - 3$. Die vierte Gleichung besitzt für $n \geq 3$ keine ganzzahlige Lösung, wie der englische Mathematiker Andrew Wiles 1994 bewiesen hat (vgl. etwa Singh 1998). In der Tat ist das Aufspüren solcher Lösungen in den meisten Fällen alles andere als einfach. Darum wünschte sich Hilbert einen Algorithmus, der zu jeder Gleichung dieser Art entscheiden kann, ob sie eine ganzzahlige Lösung besitzt oder nicht.

Zum Nachdenken!

Das Entscheidungsproblem für diophantische Gleichungen in einer Variablen ist gelöst worden. Schreiben Sie einmal ein paar diophantische Gleichungen in einer Variablen hin, und fragen Sie sich, mit welchem Algorithmus man immer entscheiden kann, ob die Gleichung ganzzahlige Lösungen besitzt und welche? Hint: Isolieren Sie das konstante Glied auf einer Seite der Gleichung, und fragen Sie sich, was eine ganzzahlige Lösung der Gleichung mit dem konstanten Glied zu tun hat.

Während das Entscheidungsproblem für diophantische Gleichungen mit einer Variablen leicht zu lösen ist, sind diophantischen Gleichungen mit zwei oder noch mehr Unbekannten bedeutend schwieriger. In der Tat erfuhr Hilberts Fragestellung die denkbar unangenehmste Antwort: Sein zehntes Problem ist nämlich algorithmisch unlösbar. Zu Lebzeiten erfuhr Hilbert die schlechte Nachricht allerdings nicht, denn es sollte weitere 70 Jahre dauern, bis der damals erst 22jährige russische Mathematiker Yuri Matiyasevich, basierend auf Arbeiten von Martin Davis, Hilary Putnam und Julia Robinson, in seiner Doktorarbeit am Departement des Steklov Institutes für Mathematik in Leningrad den Beweis für die Unlösbarkeit erbringen konnte. Der Beweis benutzt einmal mehr die Methode der Reduktion, ist aber zu umfangreich und zu kompliziert, um in diesem Buch Eingang zu finden.

Unser fünftes Beispiel widmet sich einem Problem, welches der norwegische Mathematiker Axel Thue 1910 (Thue 1910) und 1914 (Thue 1914) eingeführt hat.

Abb. 5.7   Ein Würfel

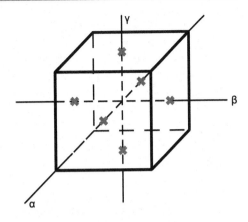

Im abgebildeten Würfel (Abb. 5.7) sind drei zueinander paarweise senkrechte Symmetrieachsen α, β, γ eingezeichnet. Zweifellos gibt es nun Bewegungen des Würfels, die ihn nach der Bewegung genau gleich aussehen lassen wie vor der Bewegung, zum Beispiel eine Drehung um 90° um eine der skizzierten Achsen. Freilich werden die Ecken dabei irgendwie permutiert, aber der Würfel „verändert sein Aussehen" nicht. Verifizieren Sie bitte, dass alle folgenden Bewegungen diese Eigenschaft besitzen:

- Bewegung a: Drehung um γ mit –90°, gefolgt von Drehung um α mit 180°
- Bewegung b: Drehung um α mit 90°, gefolgt von Drehung um γ mit 90°.
- Bewegung c: Drehung um β mit 90°
- Bewegung d: Drehung um γ mit –90°, gefolgt von Drehung um α mit –90°
- Bewegung e: Drehung um β mit –90°

Führen wir noch das Symbol □ für die „leere Bewegung", also die Bewegung, die den Körper unverändert, jede Ecke an ihrem Ort lässt, ein, so haben wir damit ein endliches Alphabet {a, b, c, d, e, □} von Zeichen. *Wörter* sind dann endliche Verkettungen von Zeichen des Alphabets, wie etwa „accce", „bbbd□e", und so weiter. Schreiben wir zwei Bewegungen hintereinander, wie etwa in „ac", so meinen wir, dass zuerst die linke Bewegung, also „a", und danach die rechte Bewegung, also „c", ausgeführt wird. Nun gibt es zweifellos Bewegungskombinationen, die auf den Würfel denselben Effekt haben wie gewisse andere Bewegungskombinationen; so ist zum Beispiel die Kombination der Bewegungen „c" und „e" gleich der leeren Bewegung, und wir schreiben dies in der Form „ce ↔ □" und nennen dies eine *Substitution*.

Können Sie einsehen, dass die folgenden Substitutionen alle korrekt sind, dass die beiden an ihnen beteiligten Bewegungskombinationen also denselben Effekt auf den Würfel haben? (Mit P und Q werden irgendwelche Wörter bezeichnet.)

$$aa \leftrightarrow \square, \quad bd \leftrightarrow \square, \quad db \leftrightarrow \square, \quad ce \leftrightarrow \square, \quad ec \leftrightarrow \square, \quad bb \leftrightarrow d, \quad ccc \leftrightarrow e,$$
$$abc \leftrightarrow \square, \quad P \square Q \leftrightarrow PQ$$

Kommt eine der Zeichenkombinationen dieser Substitutionen in einem Wort vor, so darf man sie jederzeit durch die jeweils andere Zeichenkombination der Substitution ersetzen. Sind wiederum P und Q zwei Wörter, so nennen wir die beiden Wörter *äquivalent*, wenn es möglich ist, das Wort P durch Anwendung endlich vieler Substitutionen in das Wort Q umzuwandeln. Können Sie nachweisen, dass „cabbdcccc" und „□" äquivalent sind? Und dass „babbbab" und „d" äquivalent sind?

Bei Emil L. Post, der sich später intensiv mit dem Problem von Thue auseinandergesetzt hat, kann man in Post (1947) eine sehr schöne Beschreibung der Problemstellung nachlesen:

Thue's (general) problem ist the following. Given a finite set of symbols a_1, a_2, ..., a_μ, we consider arbitrary *strings* (Zeichenreihen) on those symbols, that is, rows of symbols each of which is in the given set. Null strings are included. We further have given a finite set of pairs of corresponding strings on the symbols, (A_1, B_1), (A_2, B_2), ..., (A_n, B_n). A string R is said to be a *substring* of a string S if S can be written in the form URV (...). Strings P and Q are then said to be *similar* if Q can be obtained from P by replacing a substring A_i or B_i of P by its correspondent B_i, A_i. Clearly, if P and Q are similar, Q and P are similar. Finally, P and Q are said to be *equivalent* if there is a finite set P, R_1, R_2, ..., R_r, Q of strings such that in the sequence of strings each string except the last is similar to the following string. (...) Thue's problem is then the problem of determining for arbitrarily given strings A, B whether, or no, A and B are equivalent.

Dieses Problem ist sehr allgemein gehalten, und gerade darin besteht sein großer Vorteil. Je allgemeiner es gestellt ist, desto mehr konkrete Anwendungen findet das Problem. Irgendein endliches Alphabet liegt also vor, und man kann durch endliches Konkatenieren von Symbolen aus dem Alphabet Wörter bilden. Zudem liegt eine gewisse Menge von Substitutionen vor, und man darf jederzeit eine in einem Wort vorkommende Zeichenkette gemäß einer der Substitutionen durch eine andere Zeichenkette ersetzen. Wörter umformen gemäß irgendwelchen Ersetzungsregeln – das ist wahrlich eine sehr allgemeine Ausgangssituation, die auf vielfältige Weise interpretiert werden kann. Aber die Frage ist immer dieselbe: Wenn zwei beliebige Wörter genannt werden, kann man dann algorithmisch entscheiden, ob die beiden äquivalent sind, ob also das eine Wort aus dem anderen durch eine Reihe von Substitutionen hervorgeht?

▸ **Definition** Gegeben sei ein endliches Alphabet. Ein *Wort* ist jede endliche Konkatenation von Symbolen des Alphabets. Gegeben sei ferner eine Menge von *Substitutionen*; das sind Paare (A_1, B_1), (A_2, B_2), ..., (A_n, B_n) von Wörtern. Kommt ein A_i beziehungsweise B_i als Zeichenkette in einem Wort P vor, so darf man dieses Teilwort ersetzen durch B_i beziehungsweise A_i und erhält damit ein neues Wort Q. Geht ein Wort Q aus einem Wort P mittels einer solchen Substitution hervor, so nennt man die beiden Wörter *ähnlich*, in Zeichen $P \leftrightarrow Q$. Gibt es endlich viele Wörter R_1, R_2, ..., R_r, so dass $P \leftrightarrow R_1 \leftrightarrow R_2 \leftrightarrow \ldots \leftrightarrow R_r \leftrightarrow Q$, so nennt man die beiden Wörter *äquivalent*.

Das Problem, zu zwei beliebigen Wörtern P und Q algorithmisch zu entscheiden, ob sie äquivalent sind oder nicht, heißt *Thue's Wortproblem* (TWP).

Thues Arbeit wurde damals kaum wahrgenommen, was unter anderem an der nicht sehr prominenten Reihe, in der sie erschien, und an dem nichtssagenden Titel „Die Lösung eines Spezialfalls eines generellen logischen Problems" liegen mag; mit einem solchen Titel könnte man so manche wissenschaftliche Arbeit überschreiben. Thues Arbeit gilt heute aber als grundlegend für die moderne Informatik und als überaus originell. Er war in seinen Formulierungen sogar vorsichtiger als Hilbert wenige Jahre zuvor: Während Hilbert sein zehntes Problem mit dem schlichten Aufruf abschloss, einen Algorithmus zu finden, gelangte Thue zu der sehr bemerkenswerten und prophetischen Feststellung:

> Eine Lösung dieser Aufgabe im allgemeinsten Fall dürfte vielleicht mit unüberwindlichen Schwierigkeiten verbunden sein (zitiert nach Thomas 2010).

In der oben schon zitierten Arbeit von Emil Post bewies dieser, dass Thue's Wortproblem unlösbar ist.

▸   **Satz (Post 1947)** Thue's Wortproblem ist algorithmisch unentscheidbar.

Zum Beweis benutzte Post eine Reduktion auf das Translationsproblem. Man kann nämlich jede Konfiguration einer Turing-Maschine, jedenfalls den aktiven, während der Berechnung benutzten Teil des Bandes, als Wort über einem bestimmten Alphabet interpretieren. Zwei Wörter sind dann äquivalent, wenn die eine Konfiguration vermöge der TM-Berechnung in die andere übergehen wird. Auf diese Weise kann TWP auf TP reduziert werden, so dass wir nun also

$$HP \leq TP \leq TWP$$

haben.

Eine zusätzliche Bedeutung erlangte Thue's Wortproblem durch seine Beziehung zu den (endlichen) *Gruppen*. Wählen wir als Alphabet die Elemente der Gruppe inklusive Neutralelement e und als Substitutionen alle Regeln der Art uv ↔ w, wenn u multipliziert v w ergibt, so geht Thue's Wortproblem in das sogenannte *Gruppen-Identitäts-Problem* (GIP) über. Ein Wort ist nämlich genau dann ähnlich zu einem anderen Wort, wenn beide Wörter identische Gruppenelemente darstellen. Die Unlösbarkeit des allgemeinen Wortproblems hat aber nicht automatisch die Unlösbarkeit des GIP zur Folge, da letzteres spezielle Substitutionen zum Gegenstand hat und es ja sein könnte, dass gerade für solche Substitutionen ein algorithmischer Entscheid möglich ist. P. S. Novikov hat aber 1955 bewiesen, dass auch das GIP algorithmisch unentscheidbar ist. Wegen der großen Bedeutung der Gruppen für die moderne Mathematik hatte und hat dieses Resultat eine besondere Brisanz.

Zum Nachdenken!

Lesen Sie bitte, falls nötig, in Abschn. 2.8 nach, was wir unter einem *Graphen* versehen. Denken Sie nun darüber nach, wie ein Labyrinth mit all seinen Verzweigungen und Gängen als Graph interpretiert werden kann.

Angenommen, wir haben ein Labyrinth (als Graph) vor uns und wir kennen die Position des griechischen Helden Theseus und ebenso die Position des Minotaurus. Und wir fragen, ob es für Theseus möglich ist, das Ungeheuer zu erreichen (um es dann zu besiegen). Bedenken Sie, dass das nicht selbstverständlich ist; das Labyrinth könnte nämlich, obwohl unüblich, aus Teillabyrinthen bestehen, die untereinander nicht verbunden sind.

Können Sie nun das Problem, zu entscheiden, ob Theseus Minotaurus erreichen kann oder nicht, als ein Wortproblem interpretieren? Und wenn das geglückt ist: Kann aus der algorithmischen Unlösbarkeit von TWP auf die Unlösbarkeit des hier geschilderten Labyrinth-Problems geschlossen werden?

5.5 Die schwierigsten Probleme der Welt: P-NP

▸ Wir haben zahlreiche Probleme angetroffen, die, sofern man die These von Church akzeptiert, prinzipiell von keinem Computer gelöst werden können, jetzt nicht und auch in Zukunft nicht. Dabei gingen beinahe die algorithmisch lösbaren Probleme vergessen, von denen es natürlich auch unzählige gibt. Interessanterweise kann man gerade über die besonders schwierigen lösbaren Probleme besonders aufschlussreiche Aussagen machen. Die in einem bestimmten Sinne schwierigsten Probleme dieser Welt sind die NP-*vollständigen Probleme*. Wir können sehr präzise Aussagen darüber machen, wodurch sie charakterisiert sind. Wir können beweisen, dass sie zu Recht zu dieser Problemklasse gehören. Und es hätte überwältigende Konsequenzen, wenn es jemals jemandem gelänge, eines dieser Probleme effizient zu lösen. Davon zu wissen, ist auch deshalb wichtig, weil man immer dann, wenn man vor einem solchen Problem steht, keine Zeit darauf verschwenden sollte, nach einer effizienten Lösung zu forschen; Legionen von gescheiten Köpfen haben schon vergeblich danach gesucht.
Die Fragen, die uns durch dieses Kapitel leiten, sind also diese: Was genau sind NP-vollständige Probleme, und woran liegt es, dass sie so überaus schwierig sind? Welche Vorteile bringt es uns, davon Kenntnis zu haben? Und was würde geschehen, wenn jemals jemand ein solches Problem effizient lösen würde?

Die Turing-Maschinen, wie wir sie bisher definiert und benutzt haben, nennen wir auch *deterministisch*, um sie gegen einen etwas exotisch erscheinenden neuen Maschinentyp abgrenzen zu können, den wir gleich einführen werden. In der deterministischen Turing-Maschine sind alle Vorgänge vorausbestimmt, denn zu jedem Zustand und jedem gelesenen Zeichen ist die Tätigkeit der Maschine durch das Programm δ eindeutig fest-

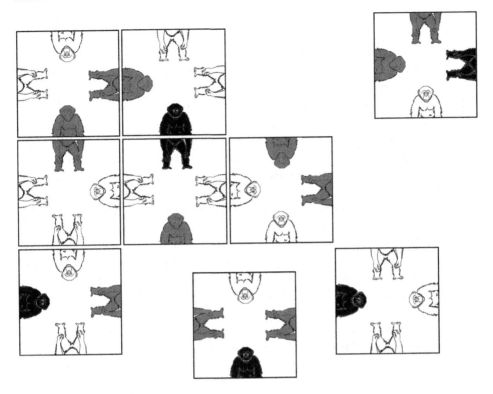

Abb. 5.8 Monkey Puzzle

gelegt. Präsentiert man einer solchen Maschine einen Input der Größe n und benötigt sie dann $T(n)$ Schritte (für irgendeine Funktion T) zur Berechnung beziehungsweise Entscheidung, so sagen wir, die Maschine sei *T-Zeit-beschränkt*. Wir haben schon oft gesehen, wie grundlegend es sein kann, um die Zeitkomplexität eines Problems zu wissen.

▸ **Definition** Präsentiert man einer deterministischen Turing-Maschine einen Input der Größe n und benötigt sie dann $T(n)$ Schritte zur Berechnung beziehungsweise Entscheidung, so nennen wir T die *Zeitkomplexität* der Maschine und die Maschine selbst *T-Zeit-beschränkt*.

Zum Nachdenken!

Bei dem berühmt-berüchtigten *Monkey Puzzle* liegen $n = m^2$ quadratische Kärtchen (meist $n = 9$) mit Bildern von halben Affen vor uns (Abb. 5.8). Das Ziel ist, die Kärtchen in einem $m \times m$-Quadrat so anzuordnen, dass überall die richtigen Affenhälften zusammenstoßen, wobei wir vereinfachend annehmen, die Kärtchen dürften nicht verdreht werden, sondern müssten die abgebildete Orientierung immer beibehalten.

Angenommen, Sie haben gar keine Strategie zur Lösung dieses Problems und bauen sich einfach einen deterministischen Algorithmus, der jede mögliche Legart ausprobiert. Durch was für eine Funktion wäre der Algorithmus dann Zeit-beschränkt?

Nun halten Sie sich fest, denn was jetzt kommt, klingt beim ersten Lesen ziemlich verrückt. Wir nehmen an, Sie könnten eine nicht-deterministische Turing-Maschine bauen, die Folgendes kann: Die Maschine hat einen direkten Draht zu einem weisen, alten, weißbärtigen Mann, der ganz allein auf der Spitze eines Berges sitzt. Dort fliegen ihm Wahrheiten zu, die für deterministisch arbeitende Wesen nicht nachvollziehbar sind, aber der Alte hat sich bisher bei all seinen Aussagen und Lösungen noch nie geirrt. Die Maschine, die Sie nun bauen, ist so programmiert, dass sie zuerst den weisen Mann kontaktiert. Dieser geht einen Moment in sich und verkündet dann, in welches Feld welches Kärtchen zu legen ist. Falls es eine korrekte Legart gibt, wird er diese mit Sicherheit nennen. Die Maschine setzt schließlich die von ihm vorgeschlagene Legart der Kärtchen um und überprüft sie bloß noch auf Korrektheit.

Angenommen, Sie könnten eine solche Maschine tatsächlich bauen, durch was für eine Funktion wäre sie dann Zeit-beschränkt? Und wie würden Sie den Unterschied der Arbeitsweisen der beiden Maschinen charakterisieren?

Um alle eingangs gestellten Fragen beantworten zu können, müssen wir uns zuerst mit einem neuen Typus der Turing-Maschine vertraut machen; wir nennen sie *Orakelmaschinen* oder *nicht-deterministische Maschinen*. Das Verblüffende dabei wird sein, dass solche Maschinen ganz und gar unrealistisch sind; sie lassen sich mit Sicherheit nie bauen. Und trotzdem – oder gerade deswegen – werden wir das Konzept der Orakelmaschine dazu benützen können, besonders präzise Aussagen über ganz reale Probleme und ihre Schwierigkeit zu machen. Wir sollten also etwas Geduld aufbringen, um einen scheinbar ganz verrückten Maschinentyp kennenzulernen; danach wird die Ernte umso reicher sein.

Unter einer nicht-deterministischen Turing-Maschine verstehen wir eine Maschine, die pro Zustand und gelesenes Zeichen mehrere Möglichkeiten, zu reagieren, hat und aufgrund irgendeiner höheren Intuition oder einer Orakeleingebung daraus auswählt. Weiß man also, dass eine nicht-deterministische Turing-Maschine zur Lösung eines Problems T-Zeit-beschränkt ist, so ist damit sicher, dass keine schnellere Lösung möglich ist, denn das Orakel verkündet natürlich den schnellsten Lösungsweg.

▸ **Definition** Eine *nicht-deterministische Turing-Maschine* oder *Orakelmaschine* ist definiert wie eine deterministische, außer dass das Programm δ jedem Paar (Zustand, Zeichen) eine Auswahl möglicher Aktionen zuordnet. Mathematisch kann man das so formulieren, dass $\delta(q, a)$ nicht ein *Element* von $Q \times A \times \{L, R, S\}$ ist, sondern eine *Teilmenge*; die Zielmenge des Programms ist also die Potenzmenge:

$$\delta : Q \times A \to P\left(Q \times A \times \{L, R, S\}\right) \, .$$

Genauso wie eine deterministische Maschine kann auch eine Orakelmaschine eine Sprache entscheiden. Präsentiert man ihr einen konkreten Input, so wird sie aufgrund der Orakeleingebung den kürzesten akzeptierenden Pfad wählen, also die kürzeste endliche Folge von Arbeitsschritten, nach der sie im akzeptierenden Zustand anhält. Um die Zeitkomplexität festzulegen, gehen wir so vor: Sei ein Input der Länge n auf dem Band. Wir setzen $T(n)$ als Schrittzahl der *längsten* akzeptierenden Berechnungsfolge über alle Inputs dieser Länge fest; dann sind wir sicher, dass der Input, um welchen es sich auch handelt, spätestens nach $T(n)$ Schritten entschieden ist. Für einen *bestimmten* Input zählen wir aber die *kürzeste* Länge aller möglichen akzeptierenden Berechnungsfolgen.

▸ **Definition** Präsentiert man einer nicht-deterministischen Turing-Maschine einen Input der Größe n, so setzen wir

$$T(n) := \max_{w \in A^*, |w|=n} \quad \min_{\text{akzept. Pfad zum Input } w} \{\text{Länge des akzeptierenden Pfades}\}$$

und nennen dies die *Zeitkomplexität* der Maschine. Die Maschine selbst heißt *T-Zeitbeschränkt*.

Nun vereinbaren wir, dass wir eine algorithmische Lösung eines Problems als *schnell* erachten wollen, wenn sie in polynomialer Zeit erfolgt, wenn es sich bei T also um eine Polynomfunktion handelt. Diese Denkweise ist für die Praxis vielleicht etwas grob, denn wir würden sicher zögern, einen Sortieralgorithmus mit Aufwand $O(n^3)$ als schnell zu bezeichnen, wenn wir einen haben können, der Aufwand $O(n \cdot \log_2(n))$ hat. Der japanische Mathematiker Akeo Adachi hat sogar zeigen können, dass es Spiele (*pebble games*) gibt, zu denen zwar in polynomialer Zeit entschieden werden kann, ob eine Gewinnstrategie für den ersten Spieler existiert, dass dabei der Grad des Polynoms aber beliebig hoch sein kann, so dass die Entscheidung eben doch nicht in vernünftiger Zeit zu machen ist (Adachi et. al 1984). Dennoch ist der Ansatz, polynomial Zeit-beschränkte Algorithmen als schnell einzustufen, in den meisten Fällen vertretbar. Solange der Grad des Polynoms klein ist, ist eine Polynomfunktion sicher viel günstiger als etwa eine Exponentialfunktion oder gar eine Fakultät. Wir nehmen hier also den Standpunkt ein, dass wir sehr zufrieden sein wollen, wenn ein Problem algorithmisch von einer polynomial Zeit-beschränkten Maschine gelöst werden kann. Dabei lassen wir bewusst sowohl deterministische als auch nicht-deterministische Maschinen zu. Letztere wirken ja noch immer sehr merkwürdig, aber nun werden die enormen Vorteile, die sich aus der Einführung solcher Maschinen ergeben, bald überdeutlich. Prägen wir uns die folgende Definition besonders gut ein:

▸ **Definition** Mit P oder *PTime* bezeichnen wir die Menge aller Probleme, die von einer deterministischen und polynomial Zeit-beschränkten Turing-Maschine gelöst werden können.

Mit *NP* oder *NPTime* bezeichnen wir die Menge aller Probleme, die von einer nicht-deterministischen und polynomial Zeit-beschränkten Turing-Maschine gelöst werden können.

Dabei steht P immer für „polynomial" und N für „nicht-deterministisch". Den Zusatz *Time* lassen wir weg, wenn es klar ist, dass wir über die Zeitkomplexität und nicht etwa über die Raumkomplexität reden.

P-Probleme sind also solche, für die ein schneller (polynomialer) Algorithmus bekannt ist. NP-Probleme sind solche, die von einer nicht-deterministischen Turing-Maschine mit Hilfe orakelhafter Eingebungen schnell gelöst werden können. Selbstverständlich gilt

$$P \subset NP$$

denn wenn für ein Problem ein schneller, deterministischer Algorithmus bekannt ist, dann wird eine Orakelmaschine genau denselben Berechnungspfad wählen oder sogar einen schnelleren, wenn es einen gibt, der aber bisher nur dem Orakel bekannt ist. Umgekehrt kann ein NP-Problem immer auch von einer deterministischen Maschine gelöst werden, allerdings kaum in polynomialer Zeit. Dazu programmiert man eine deterministische Maschine einfach so, dass sie alle möglichen Berechnungspfade (von denen die nicht-deterministische Maschine sofort den kürzesten wählt und darum so schnell ist) sequenziell abarbeitet. Wenn der Input von der Orakelmaschine akzeptiert wird, so ist wenigstens einer dieser Pfade akzeptierend, und die deterministische Maschine wird diesen Pfad früher oder später auch beschreiten und den Input darum auch akzeptieren. Es ist also zunächst völlig unklar, ob P eine echte Teilmenge von NP ist oder vielleicht sogar gleich.

Zum Nachdenken!

Jemand bittet Sie, folgendes 3-Farben-Problem zu lösen: Sie erhalten eine Landkarte, auf der ein Erdteil mit den Umrissen zahlreicher Länder abgebildet ist. Zudem erhalten Sie drei Farben und sollen nun jedes Land mit einer Farbe kolorieren, aber so, dass nie zwei aneinandergrenzende Länder dieselbe Farbe haben.

Können Sie eine Situation zeichnen, bei der dieses Problem unlösbar ist?

Sie programmieren nun eine deterministische Turing-Maschine so, dass sie schrittweise alle möglichen Färbungen der n Länder ausprobiert und am Ende entweder in den akzeptierenden Zustand übergeht, falls sie eine geeignete Färbung findet oder sonst einfach anhält. Was können Sie über die Zeitkomplexität dieser Maschine sagen? Gehört das 3-Farben-Problem zu P?

Nun lassen Sie das Problem von einer Orakelmaschine lösen. Ist diese polynomial Zeit-beschränkt? Gehört das Problem also zu NP?

Das eben beschriebene 3-Farben-Problem macht den Unterschied deutlich: Während die Orakelmaschine eine allfällige korrekte Färbung per Orakel eingeflüstert bekommt und diese nur noch umzusetzen und zu überprüfen braucht, muss die deterministische Maschine jede mögliche Färbung ausprobieren. Die Orakelmaschine kann ihre Aufgabe in einer polynomialen Zeit $p(n)$ erledigen, aber die deterministische Maschine benötigt hierfür $3^{p(n)}$

Schritte, was sicher nicht mehr polynomial ist. Das heißt, dass das 3-Farben-Problem zu NP gehört. Das heißt aber *nicht*, dass das 3-Farben-Problem nicht zu P gehört, denn es könnte ja durchaus ein polynomial Zeit-beschränkter deterministischer Algorithmus für dieses Problem existieren, auch wenn wir ihn noch nicht kennen. Es ist allerdings sehr unwahrscheinlich, wenn man weiß, dass bis heute kein schneller Algorithmus für dieses Problem bekannt ist. Wir stufen die Möglichkeit, dass P = NP sein könnte, als sehr unwahrscheinlich ein, weil das heißen würde, dass das deterministische *Auffinden* einer Lösung grundsätzlich gleich schnell erledigt werden kann wie das *Überprüfen* einer nicht-deterministisch gefundenen Lösung. Zur gleichen Vermutung kam der amerikanisch-kanadische Mathematiker Stephen A. Cook, als er in den 1970er-Jahren die folgende These aufstellte:

▸   **These von Cook**   P ⊂ NP und P ≠ NP

Obwohl sie sehr plausibel ist, konnte diese These bis heute nicht bewiesen werden. Das Clay Mathematics Institute in Cambridge (Massachusetts) hat sie in die Liste der *Millennium Probleme* aufgenommen, der im Jahr 2000 publizierten wichtigsten ungelösten Probleme der Mathematik, und es steht ein Preisgeld von einer Million US-Dollar bereit für diejenige Person, die zuerst einen Beweis für die Cooksche These findet. Um die Wichtigkeit dieses Problems besser verstehen zu können, sollten wir uns im Folgenden dem Begriff der NP-*Vollständigkeit* widmen.

Zuerst erinnern wir daran, was es heißt, eine Sprache zu entscheiden. Unter einer *Sprache* verstehen wir ja eine Teilmenge der Gesamtheit aller Wörter, die sich über einem bestimmten Alphabet bilden lassen. Besteht das Alphabet zum Beispiel aus den Ziffern 0, 1, 2, ..., 9, so könnte die Sprache gerade aus den Primzahlen bestehen. Und diese Sprache zu entscheiden, würde heißen, einen Algorithmus anzugeben, der von jedem Input, also jedem Wort, das sich aus besagten Ziffern bilden lässt, entscheidet, ob es eine Primzahl ist oder nicht. Da es einen solchen Algorithmus gibt, ist die Sprache der Primzahlen sicherlich entscheidbar. Uns geht es jetzt aber darum, *wie schnell* eine Sprache entscheidbar ist, genauer: Wir wollen irgendwie feststellen können, ob eine Sprache gleich schnell (oder eher schneller) entscheidbar ist wie eine andere Sprache. Dazu dient die folgende Definition:

▸   **Definition**   Eine Sprache L heißt *polynomial transformierbar* in eine Sprache K, in Zeichen: $L \leq_p K$, genau dann, wenn es eine deterministische, polynomial Zeit-beschränkte Turing-Maschine gibt, die eine Funktion f berechnet, so dass $x \in L \Leftrightarrow f(x) \in K$ gilt.

Wenn nun K schnell, das heißt in polynomialer Zeit, entscheidbar ist, so ist es auch L, denn um einen Input x auf L-Zugehörigkeit zu testen, muss man ja nur $f(x)$ berechnen, was schnell machbar ist, und dieses Element dann auf K-Zugehörigkeit testen, was ebenfalls schnell machbar ist. Die Bedeutung dieser Definition ist, dass immer dann, wenn K in polynomialer Zeit akzeptiert wird, auch L in polynomialer Zeit akzeptiert wird. Wir sagen auch: L ist *nicht schwieriger* als K. Diese Definition steht in enger Verwandtschaft zur Reduktionsfunktion aus Abschn. 5.2, wobei wir hier aber zusätzlich die polynomiale Zeitbeschränkung verlangen.

Nun sind wir in der Lage zu definieren, was NP-vollständige Probleme sind:

▸ **Definition** Eine Sprache K heißt NP-*vollständig*, genau dann, wenn $K \in$ NP ist und zudem für alle $L \in$ NP gilt, dass $L \leq_p K$. (Die zweite Eigenschaft nennt man auch NP-*hart*.)

Ein NP-vollständiges Problem ist also zunächst einmal ein Problem, welches zu NP gehört und somit von einer nicht-deterministischen Turing-Maschine in polynomialer Zeit gelöst wird. Es erfüllt aber überdies die Eigenschaft, dass jedes andere NP-Problem nicht schwieriger ist, weil jedes andere NP-Problem polynomial transformierbar in dieses eine ausgewählte Problem ist. Damit ist noch nicht gesagt, dass es NP-vollständige Probleme überhaupt gibt. Falls aber doch – und so ist es natürlich – handelt es sich hierbei um Entscheidungsprobleme, die nicht-deterministisch in polynomialer Zeit gelöst werden können und zu den absolut schwierigsten Problemen dieser Art gehören.

Könnte von irgendeinem NP-vollständigen Problem gezeigt werden, dass es zu P gehört, dass es also auch deterministisch in polynomialer Zeit gelöst werden kann, dann wäre in der Tat $P = $ NP, und damit könnten unzählige NP-Probleme, für die bis heute kein schneller Algorithmus bekannt ist, deterministisch und effizient gelöst werden. Seit der Geburt der Theorie der NP-Vollständigkeit in den 1970er-Jahren waren und sind zahlreiche Forscherinnen und Forscher rund um die Welt damit beschäftigt, für irgendeines der inzwischen unzähligen NP-vollständigen Probleme einen polynomial Zeit-beschränkten Algorithmus zu finden, bis heute allerdings ohne Erfolg. Und das wird sich wahrscheinlich auch nie ändern. NP scheint eine echt größere Klasse von Problemen zu sein als P. Trotzdem ist es sehr wertvoll, zu wissen, dass gewisse Probleme NP-vollständig sind, denn aufgrund dieses Wissens wird man sich davor hüten, einen allzu großen Aufwand in die Suche nach einem schnellen Algorithmus zu stecken. Und macht uns jemand einen Vorwurf, dass wir nicht in der Lage sind, ein solches Problem schnell zu lösen, so können wir immer auf die Legionen namhafter Forscherinnen und Forscher verweisen, die sich an ähnlichen Problemen bereits vergeblich die Zähne ausgebissen haben. Könnten wir trotzdem einen schnellen Algorithmus finden, so hieße das ja, dass all diese Personen bei mehr Talent oder Einsatz hätten Erfolg haben können, was sehr sehr unwahrscheinlich ist.

Das erste NP-vollständige Problem wurde 1971 von Stephen A. Cook gefunden (Cook 1971). Er stellte es anlässlich einer alljährlich stattfindenden Konferenz über Computer-Theorie vor. Die Beiträge an dieser Konferenz müssen jeweils ein halbes Jahr zuvor zur Begutachtung und Selektion eingereicht werden. Und dabei wurde Cooks Beitrag zuerst beinahe zurückgewiesen, weil man seine Bedeutung nicht sofort erkannte; 1982 erhielt er dafür aber den Turing-Award, die höchste Auszeichnung auf dem Gebiet der Informatik. Cook erkannte und bewies, dass das Problem SAT (Satisfiability) NP-vollständig ist. Worum geht es dabei?

▸ **Satz (Cook 1971)** SAT ist NP-vollständig.

Die Instanzen dieses Problems sind *aussagenlogische Formeln*. Darunter versteht man Formeln der Art

$$A \wedge B \rightarrow A \vee B \, ,$$

$$A \wedge (\neg A) \, ,$$

$$(A \vee B) \wedge (A \vee C) \wedge (B \vee C) \, ,$$

$$(A \vee B \vee (\neg C)) \wedge ((\neg A) \vee B \vee C) \, .$$

Dabei sind die Großbuchstaben Platzhalter für irgendwelche Aussagen, also Äußerungen, denen eindeutig einer der beiden Wahrheitswerte w (wahr) oder f (falsch) zugeordnet werden können. Verbunden werden diese Platzhalter mit logischen Junktoren wie $\wedge$ (und), $\vee$ (oder), $\neg$ (nicht) und $\rightarrow$ (impliziert). Die Frage ist nun, ob eine Belegung einer solchen Formel gefunden werden kann, für die sie insgesamt den Wahrheitswert w erhält. Man müsste also die Platzhalter so durch Wahrheitswerte ersetzen, dass insgesamt eine wahre Aussage entsteht. In einem solchen Fall nennt man die Formel *erfüllbar* (satisfiable). Die zweite abgebildete Formel ist sicher nicht erfüllbar, denn egal, welchen Wahrheitswert man A zuordnet, die Negation hat den gegenteiligen Wahrheitswert, und durch die Konjunktion beider Wahrheitswerte entsteht der Wert f. Die drei anderen Formeln sind dagegen erfüllbar. Aussagenlogische Formeln benutzt man zum Beispiel in der Schaltkreistechnik.

Nun wird beim Problem SAT weiter gefordert, dass sich die aussagenlogischen Formeln in einer besonderen Form befinden, die man *konjunktive Normalform* nennt. Das bedeutet, dass die Formel eine Konjunktion (und-Verbindung) von Klammerausdrücken sein muss, wobei innerhalb der Klammern sich ausschließlich Disjunktionen (oder-Verbindungen) von Variablen oder negierten Variablen befinden. Die dritte und vierte Formel der obigen Formelliste befindet sich in konjunktiver Normalform. Der Hintergrund ist, dass jede aussagenlogische Formel schnell (in polynomialer Zeit) in die konjunktive Normalform überführt werden kann, was zur Hoffnung Anlass gibt, dass eine solche Formel ebenso schnell auf Erfüllbarkeit getestet werden kann. Der oben genannte Satz von Cook macht diese Hoffnung leider mit großer Wahrscheinlichkeit zunichte.

Der Beweis des Satzes von Cook ist ziemlich aufwändig und technisch, weshalb wir uns an dieser Stelle darauf beschränken, die Grundidee zu erläutern. Zunächst einmal muss man nachweisen, dass SAT überhaupt zu NP gehört. Das ist leicht. Betrachten wir dazu irgendeine aussagenlogische Formel in konjunktiver Normalform:

$$(X_{11} \vee X_{12} \vee \ldots X_{1v_1}) \wedge (X_{21} \vee X_{22} \vee \ldots X_{2v_2}) \wedge \ldots \wedge (X_{s1} \vee X_{s2} \vee \ldots X_{sv_s}) \, .$$

Alle X_{ij} sind Aussagenvariablen oder negierte Aussagenvariablen und heißen auch *Literale*. Die Klammern nennt man auch *Klauseln*. Nun wählt man einfach in einer Schleife die erste noch nicht besuchte Aussagenvariable A von links und ordnet ihr nichtdeterministisch (also per Orakel) einen Wahrheitswert zu. Falls die Formel überhaupt erfüllbar ist, wird das Orakel natürlich gerade den richtigen Wahrheitswert zuordnen. Dann besucht man jedes weitere Auftreten von A oder $\neg A$ in allen Klauseln. Kommt diesem Literal der Wahrheitswert f zu, so streicht man das Literal weg, denn ein f in

einer Disjunktion ändert den Wahrheitswert der Disjunktion nicht. Kommt dem Literal
aber der Wahrheitswert w zu, so streicht man die ganze Klausel, denn ein w in einer Disjunktion macht die ganze Disjunktion wahr. Durch diese Schleife wird die Formel immer
kürzer. Entsteht zuerst eine leere Disjunktion, so ist die ganze Formel unerfüllbar. Entsteht
zuerst eine leere Konjunktion, so ist die Formel erfüllbar. All das lässt sich sicherlich in
polynomialer Zeit erledigen.

Um nun nachzuweisen, dass SAT sogar NP-vollständig ist, muss man für ein beliebiges
NP-Problem L nachweisen, dass $L \leq_p SAT$ gilt. Dazu müssen wir eine von einer deterministischen und polynomial Zeit-beschränkten Turing-Maschine berechenbare Funktion f
herstellen, die die Eigenschaft $x \in L \Leftrightarrow f(x) \in SAT$ hat. Das ist die eigentliche Knacknuss.
Unabhängig davon, worin das Problem L genau besteht, man muss nun einem typischen
Input x von L eine aussagenlogische Formel in konjunktiver Normalform zuordnen, so dass
diese genau dann erfüllbar ist, wenn x zur Sprache L gehört. Der entscheidende Punkt ist,
dass L zu NP gehört und somit von einer nicht-deterministischen Turing-Maschine M in
polynomialer Zeit $T(n)$ akzeptiert wird. Man muss die aussagenlogische Formel also gerade so gestalten, dass sie – interpretiert – die Arbeit der Turing-Maschine M beschreibt,
genauer: Die aussagenlogische Formel muss „aussagen", dass zu jeder Zeit höchstens ein
Zustand angenommen wird, zu jeder Zeit an jeder Stelle höchstens ein Zeichen steht, zu
jeder Zeit höchstens eine Position des Lese/Schreibkopfes markiert ist, zu jeder Zeit genau
eine Wahl getroffen wird, zur Zeit 0 die Startkonfiguration angenommen wird, die Berechnung insgesamt akzeptierend ist und dass das Programm δ befolgt wird. Das alles durch
eine einzige (riesige!) aussagenlogische Formel auszudrücken, ist eine hohe Kunst, für die
Stephen Cook große Bewunderung verdient.

Beispielsweise kann man Aussagenvariablen Q_{tl} einführen, die interpretiert bedeuten,
dass die Maschine M zur Zeit t im Zustand q_l ist. Die Forderung, dass zu jedem Zeitpunkt
höchstens ein Zustand angenommen wird, lässt sich dann so ausdrücken:

$$((\neg Q_{11}) \vee (\neg Q_{12})) \wedge ((\neg Q_{11}) \vee (\neg Q_{13})) \wedge ((\neg Q_{11}) \vee (\neg Q_{14})) \wedge \dots,$$

wobei man über alle Zeitpunkte bis zum letzten Zeitpunkt $T(n)$ und alle Zustände gehen
muss. Es gelingt in der Tat, die gesamte Arbeit der Maschine M durch eine einzige aussagenlogische Formel zu beschreiben, welche genau dann erfüllbar ist, wenn M den Input
x akzeptiert. Und diese Zuordnung geschieht deterministisch und in polynomialer Zeit,
wodurch der Satz von Cook dann bewiesen sein wird.

Es ist interessant, dass bestimmte Spezialfälle des Problems SAT sogar P-Probleme sind.
Beschränkt man sich bei den aussagenlogischen Formeln in konjunktiver Normalform zum
Beispiel auf solche, die pro Klausel höchstens eine unnegierte Variable enthalten, so ist
das zugehörige Entscheidungsproblem in P. Solche Formeln spielen eine wichtige Rolle in
der logischen Programmierung und werden nach dem US-amerikanischen Mathematiker
Alfred Horn *Horn-Formeln* genannt.

Nachdem Cook 1971 das erste NP-vollständige Problem gefunden hatte, wurden und
werden ständig neue NP-vollständige Probleme entdeckt. Allein 1972 bewies Richard Karp

die NP-Vollständigkeit von 21 weiteren Problemen, und heute kennt man einige Tausend solcher Probleme. Das Wissen um sie hilft, wie schon gesagt, im negativen Sinne; man wird dann darauf verzichten, einen schnellen Algorithmus für ein solches Problem zu suchen, da diese Suche einem Versuch gleichkäme, Cooks Hypothese zu widerlegen, was zwar nicht unmöglich, aber eben doch extrem unwahrscheinlich ist.

Cooks Satz ist mit dem Halteproblem von Turing vergleichbar; in beiden Fällen hatte man das erste Problem einer bestimmten Klasse gefunden und konnte nun mit der Methode der Reduktion weitere darauf aufbauen. Wir zeigen das hier nur an einem einzigen Beispiel:

▶   **Satz**   CLIQUE ist NP-vollständig.

Worum geht es dabei? Nun, wir haben in Abschn. 2.8 eingeführt, was man unter einem Graphen versteht. Ein *Graph* ist eine Menge von Punkten, die man *Knoten* nennt, wobei einige dieser Knoten mit einigen anderen durch *Kanten* verbunden sind. Wir haben damals die Knoten als Städte interpretiert und die Kanten als Straßenverbindungen, was bloß eine von unzähligen möglichen Interpretationen von Graphen ist. Nun trifft man manchmal ganz besondere Graphen an, die die Eigenschaft haben, dass jeder Knoten mit jedem anderen Knoten durch eine Kante verbunden ist. Das ist dann so, als würde von jeder beliebigen Stadt zu jeder anderen Stadt eine direkte Straße führen. Graphen dieser Art nennt man *Cliquen*.

▶   **Definition**   Eine *Clique* ist ein Graph, bei dem jeder Knoten mit jedem anderen Knoten durch eine Kante verbunden ist.

Unter der Sprache CLIQUE versteht man nun das Problem zu entscheiden, ob ein beliebiger vorgegebener Graph G einen Teilgraphen aus k Knoten enthält, welcher eine Clique ist.

▶   **Definition**

$$\text{CLIQUE} := \{ (G, k) \,/\, \text{Graph } G \text{ enthält eine Clique aus } k \text{ Knoten} \}$$

Beispielsweise enthält der in Abb. 5.9 gezeigte Graph eine Clique mit $k = 4$.

Der Satz, wonach CLIQUE NP-vollständig ist, lässt sich nun ganz leicht durch Reduktion auf SAT beweisen:

Beweis   Wir müssen also zeigen, dass wir eine in polynomialer Zeit durchführbare und von einer deterministischen Turing-Maschine berechenbare Zuordnung herstellen können, welche einer beliebigen aussagenlogischen Formel F in konjunktiver Normalform ein Paar (G, k) aus einem Graphen G und einer natürlichen Zahl k zuordnet, so dass F genau

Abb. 5.9 Ein Graph mit einer
4-Clique

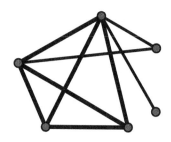

dann erfüllbar ist, wenn der Graph G eine Clique aus k Knoten enthält. Wir betrachten also eine beliebige aussagenlogische Formel in konjunktiver Normalform:

$$F := \left(X_{11} \vee X_{12} \vee \ldots X_{1v_1} \right) \wedge \left(X_{21} \vee X_{22} \vee \ldots X_{2v_2} \right) \wedge \ldots \wedge \left(X_{s1} \vee X_{s2} \vee \ldots X_{sv_s} \right) .$$

Als Knoten des Graphen wählen wir gerade sämtliche Literale der Formel, also

$$X_{11}, X_{12}, \ldots, X_{1v_1}, X_{21}, X_{22}, \ldots, X_{sv_s} ,$$

und wir verbinden zwei Knoten genau dann durch eine Kante, wenn sie aus verschiedenen Klauseln stammen und sich nicht widersprechen. Das alles ist deterministisch und in polynomialer Zeit zu machen. Ferner wählen wir als k die Anzahl Klauseln.

Nun gilt: Falls F erfüllbar ist, erhält mindestens ein Literal pro Klausel den Wahrheitswert w. Alle diese Literale, als Knoten des Graphen aufgefasst, widersprechen sich nicht und sind folglich paarweise verbunden. Wir haben also in der Tat eine Clique aus k Knoten gefunden. Falls umgekehrt der Graph eine Clique aus k Knoten enthält, so müssen diese zwingend aus verschiedenen Klauseln stammen, da nur solche Knoten miteinander verbunden werden. Folglich enthält diese Clique aus jeder Klausel genau ein Literal. Da sie paarweise verbunden sind, bedeutet das, dass sich all diese Literale nicht widersprechen. Deshalb kann man allen den Wahrheitswert w geben, und damit ist die Formel erfüllbar.

□

Heute kennt man sehr viele NP-vollständige Probleme, und häufig betreffen sie ganz empfindliche Bereiche. Damit ist gemeint, dass es sich um Probleme handelt, die in der Praxis immer wieder anfallen und bei denen man es sehr begrüßen würde, wenn eine schnelle algorithmische Lösung gefunden werden könnte. Die folgende Liste zeigt nur eine kleine Auswahl solcher Probleme:

- SAT
- CLIQUE
- *Monkey Puzzle*
- *3-Färbbarkeit von Graphen*
- *k-Färbbarkeit von Graphen für $k \geq 3$*

- *Hamiltonkreis* (Das Problem zu entscheiden, ob in einem Graphen ein geschlossener Weg existiert, der jeden Knoten genau einmal passiert)
- *Traveling Salesman Problem* (Das Problem zu entscheiden, ob ein Rundgang durch eine bestimmte Anzahl von Orten existiert, welcher jeden Ort einmal besucht und insgesamt kürzer ist als eine bestimmte maximal zugelassene Weglänge)
- *Rucksack* (Das Problem zu entscheiden, ob aus einer Menge von Proviantstücken so ausgewählt werden kann, dass die Auswahl gerade dem Fassungsvermögen des Rucksacks entspricht)
- *Lineare Diophantische Ungleichung* (Das Problem zu entscheiden, ob eine lineare diophantische Ungleichung eine ganzzahlige Lösung besitzt oder nicht)
- *Spannbaum mit Grad-Einschränkung* (Das Problem zu entscheiden, ob ein Graph einen Spannbaum enthält, in welchem alle Knotengrade kleiner sind als ein bestimmter vorgegebener Wert)
- *Timetabel Design* (Das Problem, einen optimalen Stundenplan herzustellen, der alle Vorgaben erfüllt)

Es gibt NP-vollständige Probleme aus praktisch allen Teilbereichen der Mathematik und Informatik, aus der Graphentheorie, dem Netzwerk-Design, der Mengenlehre, der Algebra und Zahlentheorie, der Logik, der Welt der Spiele und Puzzles, der Automatentheorie, der Programmoptimierung, und so weiter. Der Klassiker der NP-Vollständigkeit ist das Buch von Michael R. Garey und David S. Johnson (Garey und Johnson 1979).

Wir beschließen dieses Kapitel mit einigen Bemerkungen zur Raumkomplexität:

Es leuchtet schnell ein, dass die Frage nach der Raumkomplexität sehr wichtig ist, wenn auch etwas weniger wichtig als die Frage nach der Zeitkomplexität, zumal das Fassungsvermögen von Speichern laufend erhöht wird. Dennoch: Will man sich der Raumkomplexität widmen, so empfiehlt es sich, die Turing-Maschine so umzurüsten, dass sie drei Bänder aufweist, ein Inputband, auf dem nur gelesen werden darf, ein Outputband, auf dem der Lese/Schreibkopf nur nach rechts wandern darf und ein Arbeitsband. Diese Vorsichtsmaßnahme verhindert, dass die Maschine auch auf dem Input- oder Outputband rechnet. Unter der *Raumkomplexität* eines Problems versteht man dann einfach die maximale Anzahl Felder, die während der Bearbeitung des Problems auf dem Arbeitsband gleichzeitig benutzt werden. Und wir definieren weiter:

▶ **Definition**   Eine Turing-Maschine heißt $s(n)$-*Raum-beschränkt*, genau dann, wenn auf dem Arbeitsband bei jedem Input der Länge n höchstens $s(n)$ Felder besucht werden.

Unter DSpace($s(n)$) verstehen wir die Gesamtheit aller Sprachen, die von einer deterministischen $s(n)$-Raum-beschränkten Turing-Maschine akzeptiert werden. Und unter NSpace($s(n)$) verstehen wir die Gesamtheit aller Sprachen, die von einer nicht-deterministischen $s(n)$-Raum-beschränkten Turing-Maschine akzeptiert werden.

Die Frage drängt sich auf, ob sich uns die Situation bei der Raumkomplexität ähnlich darbietet wie bei der Zeitkomplexität, ob es also in Analogie zur Zeitkomplexität *PSpace-*

Probleme und *NPSpace*-Probleme gibt. Auf diese Frage ist die Antwort erfreulicherweise „nein". Walter Savitch hat nämlich im Jahr 1970 einen großartigen Satz zu diesem Thema bewiesen:

▶ **Satz (Savitch 1970)**

$$\text{NSpace}\left(s\left(n\right)\right) \subset \text{DSpace}\left(s^2\left(n\right)\right)$$

Das bedeutet, dass zur deterministischen Lösung eines Problem, welches nicht-deterministisch auf dem Raum $s(n)$ gelöst werden kann, bereits der quadratische Raum ausreicht. Ist also s ein Polynom, so auch s^2, und daher ist *PSpace* = *NPSpace*. Den Satz von Savitch samt Beweis findet man in Savitch (1970).

5.6 Widerspenstige Formeln

▶ In den Abschn. 5.1–5.4 sind wir zahlreichen Problemen begegnet, zu denen prinzipiell keine algorithmische Lösung hergestellt werden kann. Das hat unseren Blick geschärft für die Tatsache, dass Algorithmen und Computer kein Heilmittel für alle wissenschaftlichen Probleme sind; in vielen Fällen müssen diese grundsätzlich versagen. In Abschn. 5.5 haben wir gesehen, dass die Kategorisierung der Probleme in entscheidbare und unentscheidbare bloß *eine* Möglichkeit ist, Ordnung und Übersicht zu gewinnen, und oftmals nicht einmal die beste. Denn wenn ein Problem lösbar, eine Sprache entscheidbar ist, heißt das noch lange nicht, dass die Lösung oder Entscheidung *effektiv* herbeigeführt werden kann; der Algorithmus kann auch am schieren Aufwand scheitern. Darum ist Entscheidbarkeit nicht immer das Entscheidende. In der englischen Sprache teilte man lösbare Probleme darum gerne in *tractable* und *intractable problems* ein. „Tractable" bedeutet etwa „gefügig" oder „lenkbar", und diese Unterscheidung ist für die Praxis in der Tat von besonders großer Wichtigkeit. Als *tractable* werden meist die *P*-Probleme bezeichnet, denn sie sind es, die in der Praxis mit vertretbarem Aufwand algorithmisch bearbeitet werden können.
In diesem Kapitel widmen wir uns widerspenstigen Formeln. Das sind solche, die entweder nicht bewiesen werden können, obwohl sie wahr sind, oder solche, für deren algorithmische Entscheidung ein so hoher zeitlicher Aufwand getrieben werden müsste, dass die Algorithmen nicht mehr „gefügig" sind. Diese Betrachtungen präzisieren unsere Vorstellungen davon, was algorithmisch möglich ist und was nicht.

In gewisser Hinsicht kann die Mathematik als eine Menge von *Theorien* aufgefasst werden. Die Namen einiger Theorien sind weiterum bekannt, wie etwa die (Euklidische) Geometrie, die Mengenlehre, die Wahrscheinlichkeitsrechnung, die Logik, die Zahlentheorie, und so weiter. Viele dieser Theorien sind wiederum aufteilbar in Untertheorien, so enthält etwa die Geometrie mindestens die Planimetrie, die Raumgeometrie und die Vektorgeometrie, und die Logik enthält mindestens die Aussagenlogik, die Prädikatenlogik erster Stufe, die Prädikatenlogik zweiter Stufe und die Stufenlogik. Dies allein ist noch nicht bedeutend, denn es ist eine bloße Einteilung aufgrund von äußerlichen Merkmalen.

Wenn wir den Begriff *Theorie* für eine mathematische Teildisziplin verwenden, so wollen wir wesentlich mehr sagen, als nur, dass in dieser Theorie mit den und den Methoden die und die Probleme gelöst werden. Wir wollen sagen, dass diese Disziplin in einem ganz bestimmten Sinne ein abgeschlossenes System ist, genauer, dass

1. klar ist, welches die erlaubten Zeichen sind,
2. geregelt ist, wie aus diesen Zeichen korrekt gebaute Terme, Formeln und Aussagen hergestellt werden,
3. angegeben ist, welches die *Axiome* sind, also die Formeln und Aussagen, die ohne Beweis als gültig und grundlegend akzeptiert werden,
4. abschließend aufgezählt ist, wie *Beweise* geführt werden, das heißt, wie aus Axiomen und schon bewiesenen Formeln oder Aussagen auf neue gültige Formeln oder Aussagen geschlossen werden kann.

Solche Angaben sind den Regeln eines Spiels nicht unähnlich. Denken wir etwa an das Schachspiel, so bedeutet (1.) die Auflistung aller erlaubten Spielfiguren, (2.) die Regelung der erlaubten Stellungen, (3.) die Angabe, welches die Startstellung ist, und (4.) die Auflistung aller Spielregeln, die die Bewegung von Figuren (also die „Herleitung" einer Stellung aus einer anderen) betreffen. Es darf aber nicht unerwähnt bleiben, dass eine mathematische Teildisziplin niemals von Anfang an als Theorie konzipiert wird. Vielmehr wächst sie natürlich, entwickelt sich mit jedem neuen Satz, um den sie bereichert wird, bildet Haupttriebe und Nebenarme, und irgendwann ist sie groß und spezifisch genug, dass sie (oder dass ein Teil von ihr) ein sinnvolles Ganzes bildet. Und dieses Ganze kann dann zur Theorie vervollständigt werden.

Im 20. Jahrhundert wurden große Anstrengungen unternommen, um möglichst viele Theorien der Mathematik präzise aufzubauen und darzulegen. Im Zusammenhang mit diesen Untersuchungen stellten sich einige naheliegende Fragen, zu denen eine positive Antwort mehr als erwünscht ist, nämlich:

1. Ist jede (korrekt gebildete) Formel/Aussage entweder beweisbar oder widerlegbar? Falls ja, heißt die Theorie *syntaktisch vollständig*.
2. Ist jede (korrekt gebildete) Formel/Aussage, die wahr ist, auch beweisbar? Falls ja, heißt die Theorie *semantisch vollständig*.
3. Gibt es einen Algorithmus, der zu jeder (korrekt gebildeten) Formel/Aussage entscheiden kann, ob sie wahr oder falsch ist? Falls ja, heißt die Theorie *entscheidbar*.

Stellen wir uns einen Augenblick vor, für eine bestimmte Theorie wären die Antworten auf diese Fragen „nein". Was würde das bedeuten? Nun, zunächst müsste eine korrekt gebildete Formel oder Aussage existieren, die grundsätzlich jedem Versuch, sie zu beweisen oder zu widerlegen, standhält, egal, wie geschickt unsere Versuche sind. Bezogen auf das Schachspiel hieße das, dass es eine regelkonforme Stellung gibt, von der man unmöglich sagen kann, ob und wie sie aus der Grundstellung erreicht werden kann – eine beunruhigende Vorstellung. Des Weiteren müsste eine Formel oder Aussage existieren, deren Wahrheit zwar eingesehen werden kann, die sich aber prinzipiell nicht beweisen lässt. Am wenigsten würden wir uns wohl darüber wundern, dass kein Algorithmus existieren kann, der jede Formel oder Aussage erfolgreich auf Wahrheit prüft, haben wir uns doch schon daran gewöhnt, dass zahlreiche Probleme algorithmisch unlösbar sind.

Gibt es überhaupt mathematische Theorien, für die eine oder mehrere dieser Fragen verneint werden muss? Die Antwort ist schockierender, als wir es vielleicht erwarten: Es gibt nur ganz wenige Theorien, für die diese Fragen *nicht* verneint werden müssen.

Die meisten großen und wichtigen mathematischen Theorien sind nicht entscheidbar. Sucht man nach entscheidbaren Theorien, so muss man sie förmlich konstruieren. Die *Theorie der dichten Ordnung* ist beispielsweise entscheidbar, auf die wir hier aber nicht eingehen wollen. Ebenso ist die *Presburger-Arithmetik* entscheidbar. Sie ist benannt nach dem polnischen Mathematiker Mojżesz Presburger, der vermutlich 1943, noch keine vierzig Jahre alt, in einem deutschen Konzentrationslager starb. Presburger führte im Jahr 1929 in Presburger (1929) eine Theorie ein, die nur von natürlichen Zahlen handelt und in der Zahlen nur addiert und mit dem Ordnungszeichen „<" verglichen werden dürfen. Natürlich lässt sich in dieser Theorie keine reichhaltige Mathematik ausdrücken. Wir können beispielsweise sagen, dass

$$\forall a \exists b \, (a + 1 = b)$$

oder

$$\forall a \forall b \, ((a < b) \rightarrow (a + 1 < b + 1))$$

und so weiter. Formeln, die in dieser sehr eingeschränkten Theorie bildbar sind, sind tatsächlich entscheidbar, indem man sie erst in eine größere Struktur einbettet und dann schrittweise alle Quantoren eliminiert, bis der Wahrheitswert ablesbar ist. Obwohl sie entscheidbar ist, ist sie doch auch zu eingeschränkt in ihren Mitteln; keine Mathematikerin und kein Mathematiker würde sich freiwillig die Beschränkung auferlegen, nur innerhalb dieser engen Theorie arbeiten zu dürfen. Zudem wird die Freude über die Entscheidbarkeit der Presburger-Arithmetik durch eine überraschende Nachricht getrübt: Es zeigte sich nämlich, dass die effektive Entscheidung von Formeln dieser Theorie durch einen Algorithmus an dem viel zu hohen Aufwand scheitern kann. Die in diesem Zusammenhang besonders wichtigen Resultate sind die folgenden:

Derek C. Oppen hat einen (eigentlich auf D. C. Cooper 1972, zurückgehenden) Entscheidungsalgorithmus für die Presburger-Arithmetik (*PA*) analysiert und die folgenden oberen Schranken angeben können Oppen (1973):

▸   **Satz (Oppen 1973)**

$$PA \in DTime\left(2^{2^{2^{c \cdot n \cdot \log(n)}}}\right)$$

$$PA \in DSpace\left(2^{2^{2^{c \cdot n \cdot \log(n)}}}\right)$$

für eine Konstante $c > 1$.

Diese Aufwandschranken sind unglaublich hoch, aber natürlich kann es sein, dass der bis dahin gefundene Entscheidungsalgorithmus einfach viel zu langsam war und dass man einen deutlich schnelleren herstellen könnte, mit dem die Entscheidung der Formeln in vertretbarer Zeit abläuft. Aber nur ein Jahr später fanden Michael J. Fischer und Michael O. Rabin erschreckende untere Schranken, indem sie die folgenden Sätze bewiesen (Fischer und Rabin 1974):

▸   **Satz (Fischer-Rabin 1974)** Zu jedem Entscheidungsalgorithmus für *PA* gibt es eine Zahl n_0, so dass zu jedem $n > n_0$ eine Formel *F* der Länge *n* existiert, so dass der Algorithmus mehr als

$$2^{2^{k \cdot n}}$$

Schritte benötigt, um zu entscheiden, ob die Formel in *PA* gilt oder nicht. ($k > 0$)

Und:

▸   **Satz (Fischer-Rabin 1974)** Es gibt ein n_0, so dass für jedes $n > n_0$ eine wahre Formel *F* der Länge *n* existiert, so dass der kürzeste Beweis der Formel in der *PA* länger als

$$2^{2^{k \cdot n}}$$

sein wird. ($k > 0$)

Sowohl die Zeit-, als auch die Raumkomplexität von PA-Formeln ist also *superexponentiell*. Überlegen wir einmal, was diese Sätze bedeuten: Angenommen, n_0 ist kleiner als 100, so garantiert der erste dieser Sätze die Existenz einer Formel aus 100 Zeichen, mit der Eigenschaft, dass ein Algorithmus, der diese Formel auf Wahrheit testet, mindestens

$$2^{2^{k \cdot 100}}$$

Schritte aufzuwenden hat. Und der zweite Satz bedeutet die Existenz einer Formel der Länge 100 mit der Eigenschaft, dass ein Beweis dieser Formel mindestens ebenso viele Speicherzellen benötigen wird. Das zeigt deutlich, dass uns die Entscheidbarkeit der Theorie nicht viel nützt, da die praktische Entscheidung nicht in vertretbarer Zeit und nicht auf vertretbarem Raum abgewickelt werden kann – und zwar grundsätzlich nicht. Merken wir uns also: Fast alle großen, mathematischen Theorien sind unentscheidbar. Entscheidbarkeit hat man nur in sehr eingeschränkten Theorien, aber auch dort gibt es besonders widerspenstige Formeln, deren tatsächliche Entscheidung an Komplexitätsschranken scheitert. Übrigens: Das ist kein exotischer Einzelfall; ähnlich katastrophale Sätze gibt es über die entscheidbare *Theorie der dichten Ordnung* und auch über die ebenfalls entscheidbare Theorie *Elementare Algebra*, in der man die reellen Zahlen betrachtet mit der Addition als einziger Operation.

Was kann man über die eingangs gestellten Fragen 1 und 2 sagen? Wenn eine Formel oder Aussage einer Theorie vorliegt, sollte man da nicht annehmen, dass sie entweder beweisbar oder widerlegbar ist, wenn man sie nur intensiv genug untersucht? Und wenn sie tatsächlich wahr ist, sollte man da nicht annehmen, dass sie sich auch beweisen lässt?

Im Jahr 1931 ging ein Beben durch die ganze mathematische Fachwelt, das die Fundamente dieser Wissenschaft erschütterte und dessen Grollen noch heute hörbar ist. In diesem Jahr gelang dem österreichischen Mathematiker Kurt Gödel der Nachweis, dass die Zahlentheorie, eine der wichtigsten mathematischen Theorien, syntaktisch und semantisch unvollständig ist (Gödel 1931).

> ▸ **Unvollständigkeitssätze (Gödel 1931)** Ist die Zahlentheorie widerspruchsfrei,
> so existieren korrekt gebaute Formeln der Zahlentheorie, die weder beweisbar,
> noch widerlegbar sind.
> Zudem: Die Widerspruchsfreiheit der Zahlentheorie kann nicht innerhalb des
> Kalküls bewiesen werden.

Es kann also kein Algorithmus, kein Computer, existieren, der *jede* Formel über natürliche Zahlen erfolgreich prüft. Das Beweisen oder Widerlegen von Aussagen kann niemals gänzlich einer Maschine überlassen werden; stets ist der Einsatz von Kreativität und Erfindungsreichtum unerlässlich. Diese Sätze waren die definitive Absage an den Traum von Llull und die *mathesis universalis* von Leibniz: Das Entscheidungsproblem scheitert sogar schon an der Zahlentheorie. Und die Gödelschen Sätze waren überdies eine vernichtende Niederlage für das Programm von Hilbert, die Widerspruchsfreiheit der Axiome der mathematischen Theorien nachzuweisen.

Für den Beweis dieser Sätze ging Gödel von der Aussage „Diese Aussage ist unbeweisbar!" aus, die also ihre eigene Unbeweisbarkeit behauptet, und er schaffte es mit Hilfe eines überaus raffinierten Codierungsverfahrens, sie allein mit den in der Zahlentheorie zulässigen Symbolen

$$0, 1, 2, 3, \ldots, x, y, z, \ldots <, >, +, -, \ldots (\ )^2, (\ )^3, \ldots, \forall, \exists, \neg, \wedge, \vee,), (, \ldots$$

auszudrücken. Und von dieser *Gödelformel* bewies er dann, dass sie innerhalb der Zahlentheorie weder beweisbar, noch widerlegbar ist, und mehr noch, dass es unendlich viele solcher widerspenstiger Gödelformeln geben muss. Der Defekt lässt sich also nicht einfach dadurch beheben, dass man die Gödelformel zu einem Axiom erklärt. Für weitere Details dazu siehe etwa Rucker (1995) oder Barth (2010).

Hinzu kommt, dass wir die Wahrheit der Gödelformel leicht einsehen können, denn sie ist eben unbeweisbar und behauptet das ja auch, wenn sie interpretiert wird. Dass also wahre zahlentheoretische Formeln existieren, die grundsätzlich nicht beweisbar sind, zeigt, dass *Wahrheit* und *Beweisbarkeit* zwei verschiedene Konzepte sind: Mit streng formalisierten Zeichensätzen, Axiomensystemen und Beweisregeln, wie das in Theorien ja der Fall ist, können niemals alle wahren Aussagen erfasst werden; formale Systeme haben grundsätzlich einen blinden Fleck. Neue Beweismethoden, gute Ideen, Kreativität und Fantasie sind also mit Garantie aus der Mathematik nicht wegzudenken. Und es ist auch nicht so, wie man manchmal liest, dass die Gödelschen Sätze einen Mangel des menschlichen Denkens aufdecken; sie decken einzig einen prinzipiellen Mangel von formalen Kalkülen auf.

Die Unvollständigkeit von Theorien ist keine Katastrophe. Sie bedeutet nur, dass wir beim mathematischen Beweisen nach immer neuen Wegen suchen müssen, dass Mathematik nicht als ein System starrer, formaler Theorien betrieben werden kann und dass wir uns bei Uneinigkeiten nicht zurücklehnen dürfen, um auf den algorithmisch herbeigeführten Entscheid zu warten, wie es Leibniz vorschlug. Die algorithmisch unlösbaren Probleme und unentscheidbaren oder nur mit hohem Aufwand entscheidbaren Theorien zeigen prinzipielle Grenzen der Algorithmik auf, und Gödels Sätze zeigen Grenzen streng formalisierter Systeme auf, doch daraus folgt einzig, dass gewisse menschliche Wege zur Erkenntnisgewinnung limitiert sind. Über andere, vielleicht noch nicht versuchte Wege wird nichts gesagt ...

5.7 Aufgaben zu diesem Kapitel

1. Zeigen Sie, dass die Funktion, die jedem (natürlichen) Input dessen doppelten Wert zuordnet, TM-berechenbar ist.
2. In Ihren eigenen Worten: Welches ist die zentrale Idee, um zu einsehen zu können, dass es unberechenbare Funktionen geben muss?
3. Nennen Sie unendlich viele natürliche Zahlen, die sicher nicht Gödelnummern von Turing-Maschinen sein können. (Dabei müssen Sie sich an die Art der Codierung halten, die wir in Abschn. 4.6 benutzt haben.)
4. Weisen Sie mit je einem TM-Programm nach, dass $bb(2) = 4$ und $bb(3) = 6$ ist.
5. Jemand behauptet, dass man gewisse Werte der busy-beaver-Funktion gar nicht kennen könne, bevor nicht gewisse ungelöste mathematische Probleme (wie etwa die Goldbach-Vermutung) gelöst seien. Trifft diese Behauptung zu oder nicht? Bitte argumentieren Sie.
6. Erklären Sie einem fiktiven Laien, was man unter dem Halteproblem versteht und wie man einsehen kann, dass es algorithmisch unentscheidbar ist.
7. Können Sie einem fiktiven Laien die Grundidee der Reduktion erläutern und deutlich machen, worin der enorme Wert dieser Methode besteht?
8. Unter dem *USP* (*useless state problem*) versteht man das Problem zu entscheiden, ob eine Turing-Maschine nutzlose Zustände besitzt, also solche, die in keiner der Prämissen vorkommen und folglich auch nie zur Anwendung gelangen. Versuchen Sie bitte zu beweisen, dass *USP* algorithmisch unentscheidbar ist.

9. Gibt es für die abgebildete Instanz des Postschen Korrespondenzproblems eine Korrespondenz?

$$\left\{ \left[\frac{12}{1212}\right], \left[\frac{2}{1}\right], \left[\frac{121}{2}\right], \left[\frac{11}{1}\right] \right\}$$

10. Formulieren Sie in einem präzisen Satz eine Antwort auf die Frage: Was bedeutet es, dass das Postsche Korrespondenzproblem algorithmisch unentscheidbar ist?

11. Können Sie unendlich viele Lösungen der diophantischen Gleichung $x^2 + y^2 - z^2 = 0$ angeben?

12. Üblicherweise stellt man die Gitterpunkte des ersten Quadranten des Koordinatensystems als Tupel der Art (x, y) mit natürlichen Koeffizienten dar. Hier wählen wir einmal eine andere Darstellung: Das Tupel (x, y) schreiben wir in der Form rrrr … roo … o mit x Buchstaben r, gefolgt von y Buchstaben o. So hätte der Punkt $(7,5)$ zum Beispiel die Darstellung rrrrrrrooooo

   Auf solchen Wörtern erlauben wir nun die folgenden Substitutionen: rr ↔ o, oo ↔ o und r ↔ rr. Können Sie diese Substitutionen in geometrischen Worten als Bewegungen in der Ebene beschreiben, welche eine Spielfigur ausführt, die sich in einem Gitterpunkt befindet? Sind die Wörter rrrrrrroooo und rrooooo äquivalent?

13. In Ihren eigenen Worten: Was versteht man unter den Problemklassen P und NP? Welche Hypothese hat S. Cook dazu aufgestellt? Und können Sie gute Argumente für die Plausibilität dieser Hypothese nennen?

14. Können Sie einem fiktiven Laien erklären, was man unter einem NP-vollständigen Problem versteht?

15. Ein Graph besteht ja aus einer Menge V von Knoten und einer Mengen E von Kanten. Wir können einen Graphen also auch als Paar $G = (V, E)$ darstellen. Nehmen wir nun an, es seien zwei Graphen $G = (V, E)$ und $G' = (V', E')$ gegeben. Manchmal passiert es, dass sich der eine Graph in den anderen *einbetten* lässt; das bedeutet, dass eine injektive Funktion $f : V \to V'$ existiert mit der Eigenschaft $(u, v) \in E \Rightarrow (f(u), f(v)) \in E'$.
   Bitte zeichnen Sie ein Beispiel eines solchen Graphenpaars auf, bei dem sich der eine Graph in den anderen einbetten lässt.
   Das Problem, zu entscheiden, ob bei einem beliebigen Paar von Graphen der eine in den anderen eingebettet werden kann, nennt man *Einbettungsproblem*. Beweisen Sie, dass das Einbettungsproblem NP-vollständig ist.

16. Recherchieren Sie, was man unter den Problemen *Traveling Salesman Problem* und *Rucksack* genau versteht, und beschreiben Sie sie in eigenen Worten. Was bedeutet es genau, dass diese Probleme NP-vollständig sind?

Literatur

Adachi, A., Iwata, S., Kasai, T.: Some combinatorial game problems require O(n^k) time. Journal of the ACM **31**(2), 361–376 (1984)

Barth, A.P.: Algorithmik für Einsteiger. Vieweg, Wiesbaden (2003)

Barth, A.P.: Logik? – Logisch! (Teil 2). VSMP Bulletin **112**, 21–31 (2010)

Berger, R.: The undecidability oft the domino problem. Memoirs Amer. Math. Soc. **66**, 1 (1966)

Buntrock, J., Marxen, H.: Attacking the Busy Beaver. Bulletin of the EATCS **5**(40), 247–251 (1990)

Cook, S.A.: The complexity of theorem proving procedures. Proceedings of the 3rd annual ACM Symposium on Theory of Computing, S. 151–158 (1971)

Dewdney, A.K.: Computer. Kurzweil. In: Spektrum der Wissenschaft, S. 8–13 (1984)

Dowling, W.F.: There are no safe virus tests. American Mathematical Monthley, S. 835–836 (1989)

Dunham, C.B.: A candidate for the simplest uncomputable function. Comm. of the ACM **8**, 4 (1965)

Eves, H.: Great moments in mathematics (After 1650). Dolciani Mathematical Expositions No. 7, The Mathematical Association of America (1981)

Fischer, M.J., Rabin, M.O.: Super-exponential complexity of Presburger-Arithmetic. Proceedings of SIAM-AMS **7**, 27–41 (1974)

Garey, M.R., Johnson, D.S.: Computers and intractability – A guide to the Theory of NP-Completeness. W. H. Freeman and Company, New York (1979)

Gödel, K.: Über formal unentscheidbare Sätze der Principia Mathematica und verwandter Systeme. Monatshefte für Mathematik und Physik **38**, 175–198 (1931)

Oppen, D.C.: Elementary bounds for Presburger Arithmetic, In: Proceedings of STOC (Symposium on Theory of Computing), S. 34–37 (1973)

Post, E.L.: Recursive unsolvability of a problem of Thue. The Journal of Symbolic Logic **12**(1), 1–11 (1947)

Presburger, M.: Über die Vollständigkeit eines gewissen Systems der Arithmetik ganzer Zahlen, in welchem die Addition als einzige Operation hervortritt. In: Comptes-rendus du I Congrès des Mathématiciens des Pays Slaves, S. 92–101. Warschau (1929)

Rado, T.: On non-computable functions. Bell System Technical Journal **41**, 877 (1962)

Richardson, D.: Some undecidable problems involving elementary functions of a real variable. The Journal of Symbolic Logic **33**(4), 514–520 (1968)

Rucker, R.: Infinity and the Mind. Princeton University Press, Princeton, New Jersey (1995)

Savitch, W.: Relationship between nondeterministic and deterministic tape complexities. Journal of Computer and System Sciences **4**(2), 177–192 (1970)

Singh, S.: Fermats letzter Satz. Carl Hauser, München (1998)

Thomas, W.: „When nobody else dreamed of these things" – Axel Thue und die Termersetzung. Informatik Spektrum **33**(5), 504 (2010)

Thue, A.: Die Lösung eines Spezialfalles eines generellen logischen Problems. Kra. Videnskabs-Selskabets Skrifter I, Mat. Nat. Kl. **8**, Oslo (1910)

Thue, A.: Probleme über Veränderungen von Zeichenreihen nach gegebenen Regeln. Kra. Videnskabs-Selskabets Skrifter I, Mat. Nat. Kl. **10**, Oslo (1914)

Wang, H.: Proving theorems by pattern recognition. Bell System Tech. Journal **40**(1), 1–41 (1961)

Wang, H.: Games, logic and computers. Scientific American **213**, 98–106 (1965)

Winfree, E., Liu, F., Wenzler, L.A., Seeman, N.C.: Design and Self-Assembly of Two-Dimensional DNA Crystals. Nature **394**, 539–544 (1998)

Lösungen zu ausgewählten Aufgaben

6.1 Kapitel 1

- Aufg. 1: 3, 4, 5, 6, 7
- Aufg. 2: 479.001.600 Sekunden, also mehr als 15 Jahre
- Aufg. 3: $a = 2, b = 1, c = 0, d = 1$
- Aufg. 4: 620 mal
- Aufg. 5: 100 mal
- Aufg. 6: unendlich oft; die If-Anweisung gelangt nie zur Ausführung.
- Aufg. 7: Der Algorithmus berechnet den ggT der beiden Inputzahlen und zeigt ihn an.
- Aufg. 8:

Algorithmus Aufgabe 8

```
Var i, n, s
Input n                //Natürliche Zahl eingeben
0 → s                  //Initialisierung der Summenbildung
For i = 1 to n do
    s + (-1)^(i+1) · i → s
Endfor
Print s
End
```

A. P. Barth, *Algorithmik für Einsteiger*, DOI 10.1007/978-3-658-02282-2_6, © Springer
Fachmedien Wiesbaden 2013

- Aufg. 9.:

Algorithmus Aufgabe 9

```
Var n, t, s
100 → n                          //erste dreistellige Zahl
Loop
    0 → s                        //Initialisierung der Summe
    For t = 1 to ⌊n/2⌋  do
        If n mod t = 0 then
            s + t → s
        Endif
    Endfor
    If s = n then
        Exit loop
    Endif
    n + 1 → n
Endloop
Print „vollkommene dreistellige Zahl:", n
```
End

Die einzige dreistellige vollkommene Zahl ist 496.

- Aufg. 10:

Algorithmus Aufgabe 10

```
Var n, q, z
Input n                  //Natürliche Zahl eingeben
0 → q                    //Initialisierung der Quersummenbildung
While n > 0
    n - 10 · ⌊n/10⌋  → z      //Hinterste Ziffer bestimmen
    q + z → z
    ⌊n/10⌋  → n               //Hinterste Ziffer abschneiden
Endwhile
Print „Quersumme=", q
```
End

- Aufg. 14:

Algorithmus Aufgabe 14

```
Var n
Input n              //Natürliche Zahl eingeben
                     //Dieses Programm zeigt alle Ziffern der
                     //Binärdarstellung von hinten nach vorne an.
While n > 0
    Print n mod 2
    ⌊n/2⌋  → n
Endwhile
End
```

- Aufg. 16:
  Seien x, y, z die natürlichen Maßzahlen für die drei Seitenlängen. Dann muss also Folgendes gelten:

$$x\,y\,z = 2\left(x\,y + x\,z + y\,z\right) \Leftrightarrow \frac{1}{2} = \frac{1}{x} + \frac{1}{y} + \frac{1}{z}.$$

Es muss auf jeden Fall einer dieser drei Brüche, ohne Beschränkung der Allgemeinheit der erste, $\geq 1/6$ sein. Also ist $x \leq 6$. Man kann also in einer Schleife alle natürlichen Zahlen $x = (1,2,)3,4,5,6$ überprüfen.
Sei nun x einer dieser Werte. Dann ist

$$\frac{1}{p} := \frac{1}{2} - \frac{1}{x} = \frac{1}{y} + \frac{1}{z}.$$

Dann muss auf alle Fälle entweder der Bruch $1/y$ oder der Bruch $1/z$ grösser oder gleich $1/(2p)$ sein. Wir können also annehmen, dass

$$\frac{1}{y} \geq \frac{1}{2p} \Leftrightarrow y \leq 2p$$

ist. Man kann also in einer zweiten Schleife alle natürlichen Zahlen $y \leq 2p$ testen.

- Aufg.17:

Algorithmus Aufgabe 17
```
Var n, z, c, p, h
Input n                  //Natürliche Zahl eingeben
Loop
    0 → c                //Zähler (counter) auf Null setzen
    n → h                //Sicherheitskopie der Inputzahl herstellen
    Loop
        1 → p            //Initialisierung der Produktbildung
        While n > 0
            n - 10 · ⌊n/10⌋ → z  //hinterste Ziffer bestimmen
            p·z → p
            ⌊n/10⌋ → n           //hinterste Ziffer abschneiden
        Endwhile
        c + 1 → c        //Zähler um 1 erhöhen
        p → n            //Produkt wird neue Inputzahl
        If n < 10 then
            Exit Loop
        Endif
    Endloop
    If c = 7 then
        Print „Die Zahl lautet", h
    Endif
    h + 1 → n
Endloop
End
```

Die gesuchte Zahl ist 68.889.

6.2   Kapitel 2

- Aufg. 3: In den 10.000 natürlichen Zahlen von $10.001! + 2$ bis $10.001! + 10.001$ (einschließlich Grenzen) befindet sich sicher keine Primzahl.
- Aufg. 4:
  a) 6 und 3.
  b) –
  c) Alle liefern den Wert 1.
- Aufg. 5: Nein, durchaus nicht. Der „kleine Fermat" ist nur eine Implikation.
- Aufg. 6: $\mathbb{Z}_{13}^{\times} = \{1, 2, 3, \dots, 12\}$ und $\mathbb{Z}_{12}^{\times} = \{1, 5, 7, 11\}$.
- Aufg. 7: Ein Wochentag später als heute, weil $247^{3198} \bmod 7 = 1$.
- Aufg. 8: Vor dem Jubiläum bestand die Garde (inklusive Offiziere) aus $3n + 2$ Personen für eine natürliche Zahl n. Die Frage ist, ob eine solche Zahl ein Quadrat x^2 sein kann für eine natürliche Zahl x. Nun, wegen dem kleinen Fermat ist $x^2 \bmod 3 = 1$ und nicht 2, also geht es nicht.

- Aufg. 11: Sei also n prim und $a \leq n - 1$. Da n ungerade ist, ist $(n-1)/2$ ein Element von $\mathbb{Z}_n$. Nun gilt:

$$\left(a^{\frac{n-1}{2}} + 1\right)\left(a^{\frac{n-1}{2}} - 1\right) = a^{n-1} - 1 = 0 \pmod{n} .$$

Da das Produkt zweier Zahlen im Körper $\mathbb{Z}_n$ nur dann 0 sein kann, wenn wenigstens einer der beiden Faktoren 0 ist, folgt, dass

$$a^{\frac{n-1}{2}} + 1 = 0 \quad \text{oder} \quad a^{\frac{n-1}{2}} - 1 = 0 .$$

Im zweiten Fall ist $a^{\frac{n-1}{2}} = 1$, im ersten Fall ist $a^{\frac{n-1}{2}} = -1 = n - 1 \pmod{n}$. Also ist, wie behauptet, das Resultat vor der letzten Quadratur gleich 1 oder $n - 1$.

- Aufg. 12: ggT = 92
- Aufg. 17: $x = -1, y = 3$
- Aufg. 18: Division mit Rest liefert $x = a \cdot y + r$ mit $r = x \bmod y$. Aus dieser Gleichung wird sofort ersichtlich, dass jeder gemeinsame Teiler von x und y auch eine Teiler von $r = x \bmod y$ ist und umgekehrt, dass jeder gemeinsame Teiler von y und $r = x \bmod y$ auch ein Teiler von x sein muss. Deshalb sind die beiden folgenden Mengen gleich:

$$\{\text{gemeinsame Teiler von } x \text{ und } y\} = \{\text{gemeinsame Teiler von } y \text{ und } x \bmod y\} .$$

Und natürlich stimmen auch die größten Elemente dieser beiden Mengen überein. Wendet man diese Erkenntnis auf jede Zeile des Euklidischen Algorithmus an, so wird klar, dass dieser wirklich den ggT der beiden Inputzahlen produziert.

- Aufg. 26: Sei also $n = p \cdot q$ mit verschiedenen Primzahlen p und q. *Nicht* teilerfremd zur Inputzahl sind alle Vielfachen der beiden Primzahlen, also die Zahlen

$$p, 2p, 3p, \ldots, qp ,$$
$$q, 2q, 3q, \ldots, pq .$$

Das sind $p + q - 1$ Zahlen. Teilerfremd zur Inputzahl sind folglich $pq - p - q + 1 = (p - 1)(q - 1)$ Zahlen.

- Aufg. 27: Wegen $\varphi(20) = 8$, ist sicher $1^8 = 3^8 = 7^8 = 9^8 = 11^8 = 13^8 = 17^8 = 19^8 = 1$ in $\mathbb{Z}_{20}$.
- Aufg. 28: Ist die Primfaktorzerlegung einer beliebigen natürlichen Zahl gleich

$$n = \prod_{p_i \mid n} p_i^{n_i} ,$$

so ist

$$\varphi(n) = \prod_{p_i \mid n} p_i^{n_i - 1} (p_i - 1) .$$

(Hint: Überlegen Sie zuerst, dass $\varphi(p^n) = p^{n-1} \cdot (p-1)$ und dass die Phi-Funktion multiplikativ ist.)

6.3 Kapitel 3

- Aufg. 2:
  a) Wegen $n^2 \le 1 \cdot n^3$ für alle natürlichen Zahlen genügen $c = 1$ und $n_0 = 1$.
  b) Wegen $S(n) = \frac{n^3 - n}{6} < \frac{1}{6} n^3$ für alle natürlichen Zahlen genügen $c = 1/6$ und $n_0 = 1$.
  c) Wegen $\log(n) < n$ für alle natürlichen Zahlen genügen $c = 1$ und $n_0 = 1$.
- Aufg. 3: Nach Voraussetzung existieren zwei Zahlen c und n_0, so dass $S(n) \le c \cdot n$ für $\forall n \ge n_0$. Dann ist aber $S^2(n) \le (c \cdot n)^2 = c^2 \cdot n^2$. Somit belegen die beiden Zahlen c^2 und n_0 die Behauptung.
- Aufg. 4: Die Behauptung ist falsch. Als Gegenbeispiel betrachten wir etwa $S(n) = 3n$, welches die Voraussetzung natürlich erfüllt. Dann ist aber $2^{S(n)} = 2^{3n} = 8^n$, und es gibt keine Konstante c, so dass schließlich $8^n \le c \cdot 2^n$ ist. (Man kann ja sogar leicht die Stelle berechnen, ab der $8^n > c \cdot 2^n$ ist.)
- Aufg. 8:

$$AB = \begin{bmatrix} 19 & 10 \\ 13 & 50 \end{bmatrix}, \quad BA = \begin{bmatrix} 23 & -14 \\ -17 & 46 \end{bmatrix}, \quad CA = \begin{bmatrix} -3 & 4 \\ -2 & 6 \\ 1 & 2 \end{bmatrix},$$

$$CB = \begin{bmatrix} 7 & 8 \\ 12 & 2 \\ 5 & -6 \end{bmatrix}, \quad DE = \begin{bmatrix} 0 \\ 1 \\ 15 \end{bmatrix}.$$

- Aufg. 9: $x = (1,2,3,4)^{\mathrm{T}}$
- Aufg. 13: Ist die Seitenzahl eine Zweierpotenz, etwa $n = 2^s$, so werden wir die Stelle nach spätestens $s = \log_2(n)$ Schritten gefunden haben. Da die sortierte Teilliste anfangs Länge 1 und am Ende Länge $n - 1$ hat, benötigen alle Einfügschritte zusammen den Aufwand

$$A = \lceil \log_2(1) \rceil + \lceil \log_2(2) \rceil + \lceil \log_2(n - 1) \rceil .$$

Das lässt sich zum Beispiel so nach oben abschätzen:

$$A \le \int_1^n \log_2(n)\,\mathrm{d}x = x \cdot \left(\log_2(x) - \log_2(e) \right) \Big|_1^n$$
$$= n(\log_2(n) - \log_2(e)) + \log_2(e)$$
$$\le n \cdot \log_2(n) .$$

- Aufg. 15:
  Wir wählen das Pivot 11 und beheben alle Fehlstände. Dies führt auf:

$$\boxed{9}\,\boxed{7}\,\boxed{2}\,\boxed{1}\,\boxed{8}\,\boxed{11}\,\boxed{15}\,\boxed{30}\,\boxed{19}\,\boxed{31}$$

Nun wird Quicksort rekursiv auf bei beiden Teillisten links und rechts vom Pivot angewendet. Die Pivotelemente der Teillisten sind 2 und 30. Behebung der Fehlstände in den Teillisten führt auf:

$$\boxed{1}\,\boxed{2}\,\boxed{7}\,\boxed{9}\,\boxed{8}\,\boxed{11}\,\boxed{15}\,\boxed{19}\,\boxed{30}\,\boxed{31}$$

Eine weitere rekursive Anwendung von Quicksort auf die neu entstandenen Teillisten führt schließlich zu der vollständig sortierten Liste.

- Aufg. 17:
  Wir beginnen mit der Liste

$$\boxed{2}\,\boxed{4}\,\boxed{6}\,\boxed{8}\,\boxed{9}\,\boxed{5}\,\boxed{3}\,\boxed{7}\,\boxed{1}$$

und dem Pivot 9. Da das Pivot ausgerechnet das größte Element ist, werden im ersten Schleifendurchgang einzig die Zahlen 1 und 9 vertauscht, obwohl der linke Zeiger durch die gesamte Liste wandert.

$$\boxed{2}\,\boxed{4}\,\boxed{6}\,\boxed{8}\,\boxed{1}\,\boxed{5}\,\boxed{3}\,\boxed{7}\,\boxed{9}$$

Der erste Schleifendurchgang benötigt also n Schritte. Nun ist eine einzige (und zwar die längst mögliche) Teilliste entstanden, in der der Algorithmus das Pivot 8 auswählt, also erneut das größte Element der Teilliste. Wiederum wandert der linke Zeiger durch die ganze Restliste ; es werden lediglich die Zahlen 7 und 8 vertauscht , so dass wir nach weiteren $n-1$ Schritten diese Situation antreffen:

$$\boxed{2}\,\boxed{4}\,\boxed{6}\,\boxed{7}\,\boxed{1}\,\boxed{5}\,\boxed{3}\,\boxed{8}\,\boxed{9}$$

Es ist erneut nur eine (und die längst mögliche) Teilliste entstanden, und erneut ist die größte Zahl das Pivot, so dass nun $n-2$ Schritte für den nächsten Schleifendurchgang anfallen. So fortfahrend erhält man einen Gesamtaufwand von $O(n^2)$.

Wir haben ganz zu Beginn der Aufwandanalyse davon Gebrauch gemacht, wo wir festgelegt haben, dass zwei Teillisten mit den Längen i und $n-i$ mit der Wahrscheinlichkeit $1/n$ entstehen können.

- Aufg. 20:
  a) Wir berechnen der Reihe nach:

$$b_{1+1} = a_n \cdot x + a_{n-1} \, ,$$
$$b_{1+2} = (a_n \cdot x + a_{n-1}) \cdot x = a_n \cdot x^2 + a_{n-1} \cdot x \, ,$$
$$b_{1+3} = (b_{1+2} + a_{n-2}) \cdot x = a_n \cdot x^3 + a_{n-1} \cdot x^2 + a_{n-2} \cdot x \, ,$$
$$b_{1+4} = (b_{1+3} + a_{n-3}) \cdot x \, ,$$
$$\ldots$$

  b) Nach a) kann der Zähler mit einer Berechnungsfolge der Länge m und der Nenner mit einer Berechnungsfolge der Länge n berechnet werden. Um den Quotienten zu erhalten, ist ein weiterer Berechnungsschritt nötig, so dass die Behauptung also zutrifft.

c) Es genügt, die drei Produkte $a \cdot c$, $b \cdot d$ und $(a + b) \cdot (c + d)$ zu berechnen. Die restlichen Terme lassen sich dann gratis herstellen:

$$a \cdot d + b \cdot c = (a + b) \cdot (c + d) - a \cdot c - b \cdot d$$

d) Wir berechnen zuerst den Term

$$\frac{x}{y},$$

wozu ein Rechenschritt nötig ist. Danach berechnen wir den Term

$$\sum_{i=0}^{n} a_i \cdot \left(\frac{x}{y}\right)^i,$$

wozu, gemäß Teilaufgabe a), n Schritte ausreichen. Nun berechnen wir die Potenz y^n, wozu, nach Scholz, $2 \cdot \log_2(n)$ Schritte ausreichen. Zum Schluss bilden wir das Produkt

$$y^n \cdot \left(\sum_{i=0}^{n} a_i \cdot \left(\frac{x}{y}\right)^i\right),$$

welches genau dem verlangten Term entspricht. Insgesamt benötigen wir also $1 + n + 2\log(n) + 1$ Rechenschritte.

6.4 Kapitel 4

- Aufg. 1: Zwei Wörter sind genau dann äquivalent, wenn sie aus denselben Buchstaben bestehen, genauer, wenn jedes der fünf Zeichen in jedem Wort mit derselben Häufigkeit vorkommt. Darum sind auch die beiden Wörter aus Teilaufgabe a) äquivalent.
- Aufg. 2:
  a) Das kürzeste Axiom lautet: -p-g--.
  b) Ja, der Weltausschnitt ist entscheidbar. Dazu interpretieren wir einfach – durch 1, p durch „plus" und g durch „gleich". Bezeichnen wir noch mit x' den Nachfolger der Zahl x, so sind die Axiome also alle Gleichungen der Art $x + 1 = x'$; das kürzeste lautet $1 + 1 = 2$. Und die Schlussregel erlaubt, aus einer schon gültigen Aussage der Art $x + y = z$ auf die ebenfalls gültige Aussage $x + y' = z'$ zu schließen. Folglich ist eine Aussage genau dann gültig, wenn sie einer korrekten arithmetischen Rechnung der Art $x + y = z$ entspricht.
- Aufg. 4: Angenommen, auf dem Band steht lediglich eine Folge von n Einsen für die Zahl n und der Lese/Schreibkopf sieht die Eins am linken Ende. Der Rest des Bandes

enthält Blanks. Durch das Programm

$$(q_0, 1) \mapsto (q_1, 1, R) \ ,$$
$$(q_1, 1) \mapsto (q_0, 1, R) \ ,$$
$$(q_0, B) \mapsto (q_e, g, S) \ ,$$
$$(q_1, 1) \mapsto (q_1, u, S)$$

gelangt der Lese/Schreibkopf genau dann im Zustand q_0 zum ersten Blank nach dem Ende des Inputs, wenn es eine gerade Anzahl von Einsen hat.

- Aufg. 5: Angenommen, der Lese/Schreibkopf sieht die Ziffer am rechten Ende der Dezimalzahl. Dann genügt das folgende Programm:

$$(q_0, 0) \mapsto (q_e, 1, S) \ ,$$
$$(q_0, 1) \mapsto (q_e, 2, S) \ ,$$
$$(q_0, 2) \mapsto (q_e, 3, S) \ ,$$
$$\cdots$$
$$(q_0, 8) \mapsto (q_e, 9, S) \ ,$$
$$(q_0, 9) \mapsto (q_0, 0, L) \ ,$$
$$(q_0, B) \mapsto (q_e, 1, S) \ .$$

- Aufg. 6:

a)

$$(q_0, 0) \mapsto (q_0, 0, R) \ ,$$
$$(q_0, 1) \mapsto (q_0, 1, R) \ ,$$
$$(q_0, B) \mapsto (q_e, B, S) \ .$$

b)

$$(q_0, B) \mapsto (q_0, B, R) \ ,$$
$$(q_0, 0) \mapsto (q_e, 0, S) \ ,$$
$$(q_0, 1) \mapsto (q_e, 1, S) \ .$$

c)

$$(q_0, 0) \mapsto (q_0, 0, R) \ ,$$
$$(q_0, 1) \mapsto (q_0, 1, R) \ ,$$
$$(q_0, B) \mapsto (q_1, B, R) \ ,$$
$$(q_1, 0) \mapsto (q_0, 0, R) \ ,$$
$$(q_1, 1) \mapsto (q_0, 1, R) \ ,$$
$$(q_1, B) \mapsto (q_2, B, L) \ ,$$
$$(q_2, B) \mapsto (q_e, B, S) \ .$$

d) Wir statten die Maschine noch mit dem Sonderzeichen v aus, mit dem wir alle vergeblich besuchten Felder belegen.

$$(q_0, 0) \mapsto (q_e, 0, S) \ ,$$
$$(q_0, 1) \mapsto (q_e, 1, S) \ ,$$
$$(q_0, B) \mapsto (q_1, v, R) \ ,$$
$$(q_1, 0) \mapsto (q_e, 0, S) \ ,$$
$$(q_1, 1) \mapsto (q_e, 1, S) \ ,$$
$$(q_1, B) \mapsto (q_2, v, L) \ ,$$
$$(q_1, v) \mapsto (q_1, v, R) \ ,$$
$$(q_2, v) \mapsto (q_2, v, L) \ ,$$
$$(q_2, 0) \mapsto (q_e, 0, S) \ ,$$
$$(q_2, 1) \mapsto (q_e, 1, S) \ ,$$
$$(q_2, B) \mapsto (q_1, v, R) \ .$$

- Aufg. 7:
Zuerst ersetzen wir den letzten Befehl des Kopierprogramms durch

$$(q_4, B) \mapsto (q_7, 1, L)$$

und ergänzen noch die beiden Befehle

$$(q_7, 1) \mapsto (q_7, 1, L) \ ,$$
$$(q_7, B) \mapsto (q_8, B, R) \ .$$

Damit haben wir erreicht, dass der Lese/Schreibkopf nach dem Kopieren wieder unter der ersten 1 (von links) der Inputzahl steht. Merken wir uns noch, dass das Kopierprogramm mit dem Zustand q_0 beginnt und dem Zustand q_8 endet. Wenn es Bestandteil des Multiplikationsprogramms sein soll, müssen wir dafür sorgen, dass die Zustände $q_0, q_1, \ldots, q_8$ für die Subroutine des Kopierens reserviert bleiben. Wir beginnen daher das Multiplikationsprogramm ausnahmsweise mit dem Zustand q_{10} und stellen uns vor, dass die beiden Inputzahlen a und b, durch ein Blank getrennt, auf dem Band stehen und dass der Lese/Schreibkopf zu Beginn die erste 1 (von links) der ersten Inputzahl sieht. Zuerst überschreiben wir die erste 1 durch 0 und überspringen den Rest der Zahl a sowie die Lücke:

$$(q_{10}, 1) \mapsto (q_{11}, 0, R) \ ,$$
$$(q_{11}, 1) \mapsto (q_{11}, 1, R) \ ,$$
$$(q_{11}, B) \mapsto (q_0, B, R) \ .$$

Nach der Lücke sieht die Maschine die erste 1 der Zahl b. Sie wechselt in den Zustand q_0, wodurch das Kopierprogramm startet. Dieses fertigt nun eine Kopie der Zahl b an und legt sie rechts davon (mit einem Blank dazwischen) ab. Nach dem Kopieren sieht die Maschine bekanntlich im Zustand q_8 die erste 1 (von links) der zu kopierenden Zahl b. Nun müssen wir die Lücke überspringen und von rechts her in die Zahl a eintreten:

$$(q_8, 1) \mapsto (q_8, 1, L) \, ,$$
$$(q_8, B) \mapsto (q_{12}, B, L) \, .$$

Nun geht es darum, durch die Zahl a zu wandern, bis die vorher gelöschte 1 gefunden ist, diese wiederherzustellen, ein Feld nach rechts zu rücken und die nächste 1 zu löschen:

$$(q_{12}, 1) \mapsto (q_{13}, 1, L) \, ,$$
$$(q_{13}, 1) \mapsto (q_{13}, 1, L) \, ,$$
$$(q_{13}, 0) \mapsto (q_{14}, 1, R) \, ,$$
$$(q_{14}, 1) \mapsto (q_{11}, 0, R) \, .$$

Wir haben die Maschine in den Zustand q_{11} zurückversetzt, damit das Kopierprogramm erneut starten kann. Die folgenden Befehle gelangen dann zur Anwendung, wenn die Maschine beim Eintritt in die Zahl a (von rechts) sofort die 0 sieht. Das bedeutet ja, dass b zum letzten Mal kopiert worden ist:

$$(q_{12}, 0) \mapsto (q_{15}, 1, L) \, ,$$
$$(q_{15}, 1) \mapsto (q_{15}, 1, L) \, ,$$
$$(q_{15}, B) \mapsto (q_e, B, R) \, .$$

- Aufg. 8:
  a) bb(1) = 1 mit dem Programm $(q_0, B) \mapsto (q_0, 1, S)$.
  b) unendlich
  c) bb(2) $\geq$ 4:

$$(q_0, B) \mapsto (q_1, 1, R) \, ,$$
$$(q_1, B) \mapsto (q_0, 1, L) \, ,$$
$$(q_0, 1) \mapsto (q_1, 1, L) \, ,$$
$$(q_1, 1) \mapsto (q_1, 1, S) \, .$$

  d)

$$(q_0, B) \mapsto (q_1, 1, R) \, ,$$
$$(q_1, B) \mapsto (q_0, 1, L) \, ,$$
$$(q_0, 1) \mapsto (q_2, 1, L) \, ,$$
$$(q_2, B) \mapsto (q_1, 1, L) \, ,$$
$$(q_1, 1) \mapsto (q_1, 1, R) \, ,$$
$$(q_2, 1) \mapsto (q_2, 1, S) \, .$$

- Aufg. 10: $A(2,5) = 13$ und $A(3,3) = 61$
- Aufg. 11: Das Wort kann zum Klartext „zweideutig" decodiert werden. Allerdings ist diese Decodierung nicht eindeutig, so dass sich die beschriebene Art von Codierung also nicht empfiehlt.
- Aufg. 12:

  a) Das standardisierte Programm lautet zum Beispiel so:

$$(q_0, 1) \mapsto (q_1, 1, S) \ ,$$
$$(q_0, B) \mapsto (q_1, B, R) \ ,$$
$$(q_1, 1) \mapsto (q_1, 1, R) \ ,$$
$$(q_1, B) \mapsto (q_1, 1, S) \ .$$

  b) Die Codes der vier Konklusionen sind der Reihe nach: 375, 450, 150, 750.

  c) Gödelnummer: $2^{375} \cdot 3^{450} \cdot 5^{150} \cdot 7^{750}$

- Aufg. 13: Aus der Gödelnummer kann das Programm eindeutig rekonstruiert werden: Auf ein leeres Band schreibt diese Maschine das Wort $1B1B1B1B1B \ldots$

6.5   Kapitel 5

- Aufg. 3: Zum Beispiel alle Potenzen der Primzahl 7. Jedes Programm enthält ja mindestens eine Konklusion, und der Code einer Konklusion kann nicht 0 sein. Folglich beginnt der Code einer Turing-Maschine sicher mit einer Potenz der Zahl 2.
- Aufg. 5: Wir konstruieren einfach eine TM, die die Goldbach-Vermutung zu lösen versucht, indem sie zu jeder geraden Zahl ab 4 eine Darstellung als Summe zweier Primzahlen sucht. Da dies bis hinauf zu sehr großen Zahlen möglich ist, wird die Maschine viele Einsen schreiben. Stimmt nun die Vermutung, so hört die Maschine nie auf und ist in der busy-beaver-Konkurrenz (in der Klasse ihrer Anzahl Zustände) gar nicht zugelassen. Stimmt sie aber nicht, so hält die Maschine irgendwann an, und wir wissen nicht, ob sie bis dann vielleicht mehr Einsen geschrieben haben wird als die beste bisher bekannte Maschine derselben Klasse. Ist also m die Anzahl Zustände dieser Maschine, so kann bb(m) nicht bekannt sein, bis die Goldbach-Vermutung gelöst ist.
- Aufg. 8: Man kann das USP auf das HP reduzieren. Dazu müssen wir eine TM-berechenbare Reduktionsfunktion finden, die jeder Instanz (n, x) des Halteproblems, bei der n GN einer TM M und x ein Input ist, eine Instanz des USP zuordnet, also eine GN einer TM M', so dass M mit Input x genau dann anhält, wenn M' einen sinnlosen Zustand besitzt.

  Dazu soll M' sich genau gleich verhalten wie M, mit dem Unterschied, dass M' erst den Input x auf das leere Band schreibt und genau dann, wenn M anhält, in den sinnlosen Zustand q_u übergeht, der in keiner Prämisse vorkommt. Wäre nun USP entscheidbar, so könnte man für die GN von M' entscheiden, ob M' einen sinnlosen Zustand besitzt. Damit wäre aber auch entschieden, ob M mit Input x anhält oder nicht.

Beide Änderungen der Maschine M können erreicht werden, indem man mit der GN Multiplikationen und Divisionen durchführt; solche sind sicher TM-berechenbar.

- Aufg. 9: Ja:

- Aufg. 11: $(3k, 4k, 5k)$
- Aufg. 12:
Die drei Substitutionen bewirken der Reihe nach eine Translation um

$$\begin{pmatrix} -2 \\ 1 \end{pmatrix}, \quad \begin{pmatrix} 0 \\ -1 \end{pmatrix}, \quad \begin{pmatrix} 1 \\ 0 \end{pmatrix}$$

rrrrrrrooooo → rrrrrrrrooooo → rrrrrrooooooo → rrrroooooooo → rroooooooo → rrooooooo

- Aufg. 15: Man kann leicht CLIQUE $\leq_p$ EINBETTUNG nachweisen:
Dazu müssen wir eine polynomial Zeit-beschränkte Funktion finden, die einem beliebigen Paar (G, k) ein Paar (H, H') zuordnet, so dass der Graph G eine Clique der Größe k hat, genau dann wenn sich der Graph H in den Graphen H' einbetten lässt. Dazu wählen wir einfach $H' = G$ und als H irgendeinen Graphen aus k Knoten, von denen jeder mit jedem anderen verbunden ist. Dann lässt sich H genau dann in $H' = G$ einbetten, wenn G eine Clique besagter Größe besitzt.

Sachverzeichnis

A. P. Barth, *Algorithmik für Einsteiger*, DOI 10.1007/978-3-658-02282-2, © Springer
Fachmedien Wiesbaden 2013

Printed in the United States
By Bookmasters